马田系统理论、拓展及应用

常志朋 著

科学出版社
北京

内 容 简 介

本书全面、系统地论述了马田系统的基本理论及其拓展和应用，是作者长期从事马田系统理论探索、实际应用和教学工作的结晶，展示了作者在马田系统领域研究的最新成果.

全书共 8 章，第 1 章和第 2 章介绍了马田系统的产生、发展动态和基本理论. 第 3 章 ~ 第 6 章介绍了马田系统的 4 种拓展版本，分别为区间马田系统、度量马田系统、弱监督马田系统和核马田系统. 第 7 章介绍了 4 种马田系统的拓展版本在贫困识别领域的应用. 第 8 章介绍了马田系统在多属性决策领域中的应用.

本书可作为质量工程学、管理科学与工程、模式识别、公共管理等专业的高年级本科生、研究生的教材或参考书，也可以供相关领域的科研人员或实际工作者阅读参考.

图书在版编目(CIP)数据

马田系统理论、拓展及应用/常志朋著. —北京：科学出版社，2023.12

ISBN 978-7-03-076838-4

Ⅰ. ①马… Ⅱ. ①常… Ⅲ. ①模式识别-应用-质量管理-研究 Ⅳ. ①F273.2

中国国家版本馆 CIP 数据核字(2023)第 211375 号

责任编辑：胡庆家 孙翠勤 / 责任校对：彭珍珍

责任印制：张 伟 / 封面设计：无极书装

科学出版社 出版

北京东黄城根北街 16 号

邮政编码：100717

http://www.sciencep.com

北京九州迅驰传媒文化有限公司 印刷

科学出版社发行 各地新华书店经销

*

2023 年 12 月第 一 版 开本: 720 × 1000 1/16

2023 年 12 月第一次印刷 印张: 13

字数：261 000

定价: 98.00 元

(如有印装质量问题，我社负责调换)

前　言

马田系统是日本著名质量工程学家田口玄一博士提出的一种模式识别方法, 该方法由马氏距离和田口方法整合而来, 可以面向不平衡数据展开异常值识别和特征筛选, 不需要任何数据分布假设, 具有原理简单、易于操作的优势. 但是, 马田系统的理论基础相对薄弱, 难以适应较为复杂的数据环境, 特别是无法从学习的角度自适应数据环境. 在应用方面, 马田系统的应用领域主要局限于产品质量检测和机械故障诊断等质量工程学领域.

本书一方面结合现有文献, 对马田系统进行全面深入的介绍; 另一方面结合作者多年在该领域的研究成果, 介绍四种马田系统的拓展版本, 主要有度量马田系统、核马田系统、弱监督马田系统和区间马田系统. 度量马田系统可以从学习的角度自适应地给出最能反映数据间内在联系的马氏距离, 使后续的识别任务更好地掌握数据间的一般性规律, 从而提高马田系统的识别性能; 核马田系统可以有效处理非线性数据, 本书介绍三种核马田系统, 第一种是通过核技巧直接推导得到的核马田系统, 第二种是通过核主成分理论间接推导得到的核马田系统, 第三种是可以处理区间型非线性数据的核马田系统; 弱监督马田系统不需要收集先验信息较强的类标签样本筛选特征, 而是通过成对比较收集先验信息较弱的成对样本筛选特征; 区间马田系统的核心是区间马氏距离的构建, 本书分别从均匀分布和中心化两个视角提出两种区间马氏距离的构建方法, 并相应得到两种区间马田系统.

本书将马田系统的应用领域拓展到多属性决策和贫困识别领域. 解决多属性决策问题的关键之一是属性的测度, 本书利用马田系统的特征筛选原理构建了四种非可加测度计算方法和一种可加测度计算方法, 并在此基础上构建了五种模糊积分多属性决策方法. 另外, 本书从立体视角切入, 提出利用马田系统的三个关键工具 (马氏距离、正交表和信噪比) 来处理区间数决策信息, 构建了一种基于广义马田系统的区间数多属性决策方法, 拓展了区间数多属性决策问题的研究思路. 贫困识别本质上是一种面向不平衡数据的异常值识别问题, 本书应用区间马田系统、核马田系统和度量马田系统构建了三种绝对贫困识别方法, 应用弱监督马田系统构建了一种相对贫困关键识别指标筛选方法.

为了使本书的研究成果便于在实践中应用和推广, 本书提出的四种拓展版马田系统, 仍然保持了传统马田系统原理简单、易于操作的优势, 同时本书运用大量的实例详细介绍了方法的计算过程, 突出方法的实际应用.

本书正文涉及的图均可扫描封底的二维码查看.

本书出版得到了国家自然科学基金面上项目 (项目编号: 71673001) 的资助, 在此表示衷心感谢!

由于水平有限, 书中遗漏在所难免, 恳切希望读者指正.

常志朋

2023 年 2 月

目　　录

第 1 章 绪　论

1.1 马田系统的产生

马田系统[1](Mahalanobis-Taguchi System, MTS) 是日本著名质量工程学家田口玄一 (Taguchi, G) 博士在 20 世纪 90 年代初提出的一种模式识别方法, 该方法由马氏距离 (Mahalanobis Distance, MD) 和田口方法 (Taguchi Method, TM) 整合而来. 田口方法是一种通过设计过程和试验技术来增强产品稳健性, 同时降低产品研发成本的质量工程方法, 这与现代经济所追求的低成本和高效益高度契合. 田口方法的基本原理是通过信噪比 (Signal to Noise Ratio, SNR) 和正交试验控制可控因素 (试验参数) 的水平及组合, 使产品质量对误差因素 (噪声或干扰源) 的敏感程度降低, 从而使误差因素对产品质量的影响作用减少甚至消除, 以实现提高和稳定产品质量的目的. 下面以产品质量设计模型为例, 说明田口方法的基本原理. 图 1.1 是一个产品质量设计模型, 该模型包含的基本要素主要有: 输入信号 y_0、特征变量 $X=\{X_1,X_2,\cdots,X_p\}$、噪声因素 $Z=\{Z_1,Z_2,\cdots,Z_d\}$ 和输出特性 y, 其中输入信号和特征变量为可控因素.

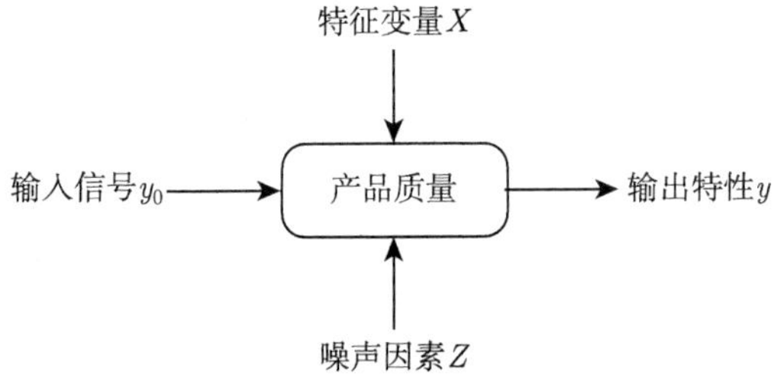

图 1.1　产品质量设计模型

图 1.1 中的输入信号是指输出特性所需要达到的目标值, 一般要求易于控制、检测、校正和调整, 且与输出特性呈线性或非线性关系; 特征变量是产品设计中的一些可控因素组合; 噪声因素是不可控因素的集合, 一般是服从某种概率分布的随机变量; 输出特性是产品设计结果的输出, 由于受到特征变量和噪声因素的影响, 输出特性是特征变量和噪声因素的线性、非线性、显式或隐式的随机函数[2], 即

$$y=f(X,Z) \tag{1.1}$$

如果能观测得到输出特性 y 的一组值, 那么可以将输出特性的均值与标准差的比值定义为信噪比用来衡量产品的稳健性. 由于噪声因素很难控制, 只能通过控制可控因素提高输出特性的稳健性, 因此田口方法通过正交试验设计寻求信噪比最大的特征变量组合, 然后在稳健性得到控制的情况下再致力于减少输出特性值的偏差, 提高产品质量.

田口玄一在田口方法的基础上引入马氏距离构建了马田系统. 马田系统是一种处理多元系统的模式识别方法, 该方法不仅可以用于特征筛选还可以用于异常值识别. 在马田系统中, 输出特性采用马氏距离表示, 即

$$y = \mathrm{MD} \tag{1.2}$$

由于输出特性主要受特征变量和噪声因素影响, 噪声因素虽然不可控但可以通过正交试验将影响降到最低, 特征变量虽然可控但变量间可能存在一定的相关性, 因此田口玄一采用马氏距离克服相关性对输出特性的影响. 另外, 根据这些特征变量所收集到的正常样本, 可以为马田系统的特征筛选和异常值识别提供重要信息. 在马田系统中, 将正常样本数据定义为基准空间 (Mahalanobis Space, MS), 任意样本到基准空间中心的马氏距离即为输出特性, 如图 1.2.

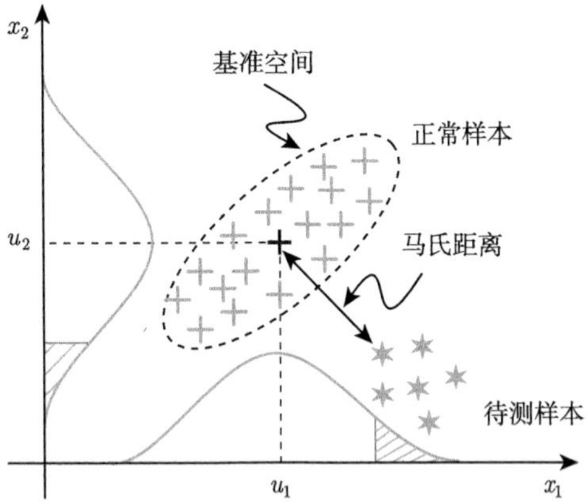

图 1.2　马田系统识别原理

但是, 马田系统中采用的是尺度化的马氏距离, 即在马氏距离的基础上除以特征变量的个数. 通过尺度化处理, 基准空间内所有样本的马氏距离均值等于 1[1], 因此基准空间也称单位组 (Unit Group). 为提高多元系统输出特性的稳健性 (如图 1.3), 马田系统利用田口方法选择最优的变量组合, 使系统输出 (马氏距离) 对噪声的敏感程度降低, 从而提高马氏距离的稳健性, 进而提高马田系统的识别能力.

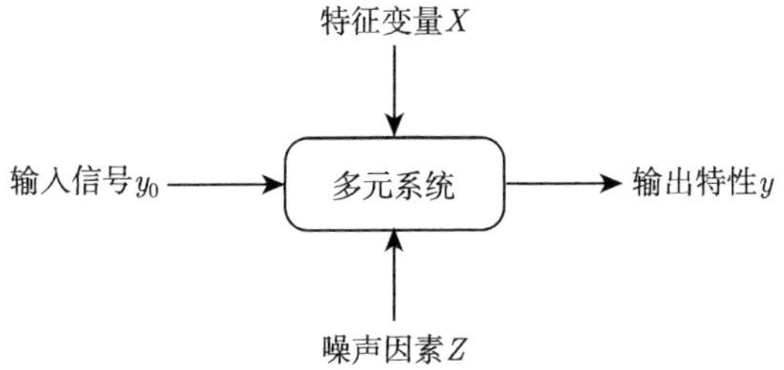

图 1.3 多元系统的输入和输出

因此, 在利用马田系统进行异常值识别之前, 往往需要进行特征筛选 (Feature Selection), 将影响马氏距离波动的因素去掉. 田口玄一给出了马田系统的输入和输出以及影响输出的因素[1], 如图 1.4 所示, 马田系统的输出特性为 MD, 输入为信号 M, 信号 M 可以看作输出特性 MD 的理想值, 输出特性 MD 主要受两类因素影响; 一类为可控因素 $X = \{X_1, X_2, \cdots, X_p\}$; 另一类为噪声因素 $Z = \{Z_1, Z_2, \cdots, Z_d\}$, 噪声因素对 MD 有影响, 但很难控制, 如环境因素 (温度、湿度等)、诊断对象、操作人员等. 为便于讨论, 可以将 MD 同 X 和 Z 之间可能存在的函数关系写成如下形式:

$$\mathrm{MD} = f(X, Z) \tag{1.3}$$

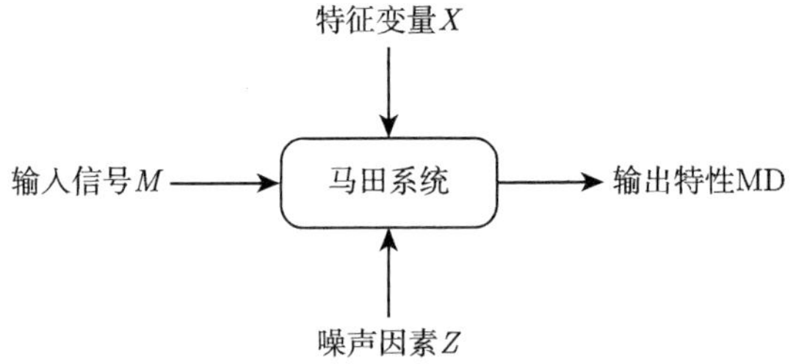

图 1.4 马田系统的输入和输出

MD 在 X 和 Z 的共同影响下会产生一定的波动性, 波动性越大, MD 的稳健性越差, 马田系统的识别能力也越差. MD 的波动性主要来自可控因素 X 的微小变差 ΔX 和不可控的噪声因素 Z, 为使 MD 对 ΔX 和 Z 不敏感, 可以利用 X 和 Z 之间存在的交互效应, 通过改变 X 中因素组合来减小 MD 的波动性. 下面可以用公式 (1.3) 的一个特例来更好地解释这一点, 考虑下面的模型[3]:

$$\mathrm{MD} = \mu + \alpha X_1 + \beta Z_1 + \gamma X_2 Z_1 + \varepsilon \tag{1.4}$$

其中, X_1 和 X_2 为两个可控因素, Z_1 为一个噪声因素.

在公式 (1.4) 中, 有一个显著的 X_1 主效应和一个显著的 X_2 与 Z_1 的交互作用, ε 表示不包含在 Z_1 中的剩余变差. 如果对公式 (1.4) 进一步整理可得

$$\mathrm{MD} = \mu + \alpha X_1 + (\beta + \gamma X_2)Z_1 + \varepsilon \tag{1.5}$$

那么, 可以通过选择 X_2 的值使公式 (1.5) 中 Z_1 的系数 $\beta + \gamma X_2$ 的绝对值尽可能地小, 于是就减弱了 Z_1 对 MD 的影响. 在进行数据分析时, 可以选择使 MD 和 Z_1 之间最平坦的可控因素组合来实现. 例如在图 1.5 中, 可控因素 X_2 在 $[a, b]$ 范围内可以使 MD 和 Z_1 之间的响应更为平坦, 因此保留 X_2 删除 X_1 可以减少 MD 波动性.

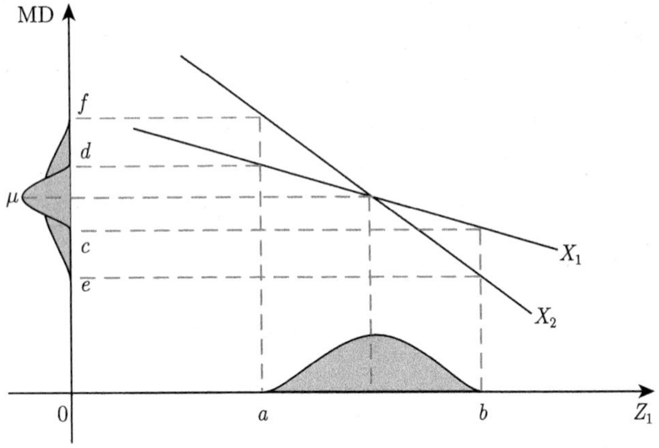

图 1.5　马田系统的特征筛选原理

2000 年, 田口玄一在 “New trends in multivariate diagnosis”[4] 中详细介绍了马田系统的基本原理、使用方法和适用条件, 标志着马田系统的正式产生, 同年马田系统被引入到我国[5,6]. 2001 年和 2002 年, 田口玄一又分别出版了两本专著[1,7], 对马田系统进行了系统介绍和补充. 马田系统同其他模式识别方法相比, 主要具有以下四个特点: (1) 马田系统是一种数据分析方法, 而非分布和概率方法, 因而不需要复杂的统计知识就可以快速实现识别, 并且需要的样本量较小; (2) 采用正交试验代替穷举法筛选特征, 原理简单, 可操作性强, 效率高; (3) 数据环境只有一个正常总体, 没有异常总体, 因此可以处理不平衡数据的识别问题; (4) 通过构建度量尺度进行识别, 原理简单, 易于操作, 便于在实践中应用.

根据马氏距离计算方式的不同, 田口玄一给出了三种马田系统: 第一种采用逆矩阵计算马氏距离, 故称逆矩阵马田系统; 第二种通过施密特正交化计算马氏距离, 故称施密特正交马田系统 (Mahalanobis-Taguchi-Gram-Schmidt, MTGS); 第三种采用伴随矩阵计算马氏距离, 故称伴随矩阵马田系统 (Mahalanobis-Taguchi

Adjoint, MTA). 三种马田系统的基本原理是一致的, 但是逆矩阵马田系统和伴随矩阵马田系统只能判别样本正常与否, 无法判别异常方向, 也就是无法判断是"好的"异常值还是"坏的"异常值. 逆矩阵马田系统除了无法解决"方向性"的问题外, 另一个无法处理的是"共线性"问题, 当变量间的相关性较高时, 若使用逆矩阵马田系统计算马氏距离, 其相关矩阵的行列式会接近于 0, 这将导致相关矩阵几乎是奇异的 (Singular), 此时可能无法计算相关矩阵的逆或相关矩阵的逆计算不正确. 施密特正交马田系统可以判别异常方向, 这是逆矩阵马田系统和伴随矩阵马田系统无法做到的.

1.2 马田系统的发展动态

1.2.1 方兴未艾的马田系统研究

经过多年的发展, 马田系统受到越来越多国内外学者的关注, 相关研究成果无论在"数量"还是"质量"上都在逐年提高. 从 EV Compendex、Elsevier Science Direct 和 SCIE 数据库的检索结果可以看出, 2000~2021 年, 以"Mahalanobis-Taguchi System"为主题词的论文逐年增加, 见表 1.1~ 表 1.3.

表 1.1 EV Compendex 数据库

年份	2000	2001	2002	2003	2004	2005	2006	2007	2008	2009	2010
数量	0	4	0	6	2	1	6	4	12	17	16
年份	2011	2012	2013	2014	2015	2016	2017	2018	2019	2020	2021
数量	17	9	15	18	11	11	12	16	14	26	12

表 1.2 Elsevier Science Direct 数据库

年份	2000	2001	2002	2003	2004	2005	2006	2007	2008	2009	2010
数量	0	0	0	0	1	0	0	1	0	3	2
年份	2011	2012	2013	2014	2015	2016	2017	2018	2019	2020	2021
数量	0	0	3	2	1	0	1	0	2	2	2

表 1.3 SCIE 数据库

年份	2000	2001	2002	2003	2004	2005	2006	2007	2008	2009	2010
数量	0	0	0	0	0	0	0	0	0	3	5
年份	2011	2012	2013	2014	2015	2016	2017	2018	2019	2020	2021
数量	1	0	4	2	2	2	3	4	5	9	4

从中文学术期刊数据库 (CNKI) 检索结果可以看到, 2000~2021 年, 以"马田系统"和"马氏田口"为主题词的论文也呈现持续增长的趋势, 见表 1.4.

表 1.4 CNKI 数据库

年份	2000	2001	2002	2003	2004	2005	2006	2007	2008	2009	2010
数量	1	0	1	3	1	1	1	3	5	3	3
年份	2011	2012	2013	2014	2015	2016	2017	2018	2019	2020	2021
数量	4	10	7	5	12	7	9	8	12	17	7

马田系统理论已经由最初的二分类马田系统拓展到多分类马田系统, 由监督学习拓展到非监督学习, 基本形成了相对完整的理论框架, 如图 1.6.

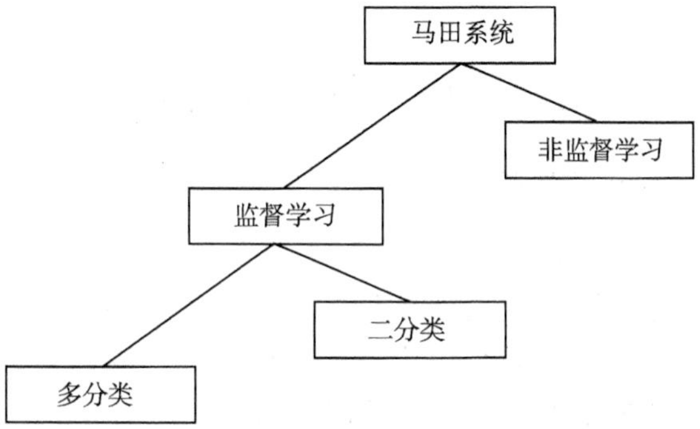

图 1.6 马田系统理论框架

1.2.2 马田系统的理论发展动态

马田系统的理论研究主要聚焦于马氏距离改进、基准空间构建、阈值确定方法、特征筛选方法、数据环境拓展等五个领域.

1. 马氏距离改进

马田系统同其他一些模式识别方法一样, 也采用距离来测度样本之间的相似性, 以达到识别的目的, 但马田系统并没采用欧氏距离, 而是采用马氏距离. 马氏距离是由印度统计学家马哈拉诺比斯[8](P. C. Mahalanobis) 提出的一种协方差距离. 在马田系统中, 采用尺度化的马氏距离, 其计算公式如下:

$$\mathrm{MD}_k^2 = \frac{1}{p}\boldsymbol{z}_k^{\mathrm{T}}\mathbf{R}^{-1}\boldsymbol{z}_k \tag{1.6}$$

其中, p 为特征个数; $\boldsymbol{z}_k$ 为第 k 个样本的标准化向量, $k = 1, 2, \cdots, n$, n 为样本的个数; $\mathbf{R}$ 为样本标准化后的相关系数矩阵.

为便于叙述, 本书将尺度化的平方马氏距离简称为马氏距离, 公式 (1.6) 一般称为逆矩阵马氏距离. 当特征变量存在多重共线性 (Multicollinearity) 时, 此时逆矩阵马氏距离很难计算或计算不准确. 田口玄一[1] 提出通过施密特正交化

(Gram-Schmidt Orthogonalization Process, GSP) 的方法计算马氏距离, 该方法不依赖协方差矩阵, 因而不受多重共线性的影响, 并且利用该方法计算的马氏距离与利用逆矩阵方法计算的马氏距离相等[1], 其计算公式如下:

$$\mathrm{MD}_k^2=\frac{1}{p}\sum_{j=1}^{p}\frac{u_{kj}^2}{s_j^2} \tag{1.7}$$

其中, u_{kj} 为施密特正交化后第 k 个样本的第 j 个变量值; s_j^2 为施密特正交化后第 j 个变量的方差.

田口玄一[1] 认为伴随矩阵与逆矩阵具有相同的性质, 因而可以利用相关矩阵 $\mathbf{R}$ 的伴随矩阵 $\mathbf{R}_{adj}$ 计算马氏矩阵, 将其称为伴随矩阵马氏距离, 具体计算公式如下:

$$\mathrm{MD}_k^2=\frac{1}{p}\boldsymbol{z}_k^{\mathrm{T}}\mathbf{R}_{adj}\boldsymbol{z}_k \tag{1.8}$$

一些学者针对以上三种马氏距离的不足, 提出了多种改进, 如 Su[9] 在施密特正交马氏距离的基础上构建加权施密特正交马氏距离

$$\mathrm{MD}_k^2=\frac{1}{p}\sum_{j=1}^{p}w_j\frac{u_{kj}^2}{s_j^2} \tag{1.9}$$

其中, $0\leqslant w_j\leqslant 1$ 为第 j 个变量的权重, 且 $\sum\limits_{j=1}^{p}w_j=1$.

陶建波等[10] 提出利用岭估计处理多重共线性问题, 构建岭马氏距离, 其计算公式如下:

$$\mathrm{MD}_k^2=\frac{1}{p}\boldsymbol{z}_k^{T}(\mathbf{R}+\lambda\mathbf{I})^{-1}\boldsymbol{z}_k \tag{1.10}$$

其中, $\lambda\in[0,1]$ 为岭参数; $\mathbf{I}$ 为单位矩阵.

Hwang 等[11] 针对特征变量有时呈现正偏度或负偏度分布, 提出一种偏度 (Skewness) 马氏距离, 其计算公式如下:

$$\mathrm{SMD}_k^2=\frac{1}{p}\left[\sum_{j=1}^{p}\left((x_{kj}-\bar{x}_j)/s_j\right)^3\right]\mathrm{MD}_k^2 \tag{1.11}$$

其中, x_{kj} 为第 k 个样本的第 j 个变量值; $\bar{x}_j$ 为第 j 个变量的均值; s_j 为第 j 个变量的标准差.

Wang 等[12] 针对传统马田系统无法从方向上识别异常样本的缺点, 提出了一种余弦 (Cosine) 马氏距离, 计算公式如下:

$$\mathrm{CMD}_k^2 = \alpha \mathrm{MD}_k^2 + \beta \mathrm{CS}_k \tag{1.12}$$

其中, MD_k^2 为第 k 个样本的逆矩阵马氏距离; CS_k 为第 k 个样本与正常样本均值之间的夹角余弦; α 和 β 为权重系数.

Xiao 等[13] 针对高维小样本数据的分类问题, 利用正则化和平滑技术对马氏距离进行了改进, 旨在减小小样本条件下矩阵逆不稳定的影响.

2. 基准空间构建

基准空间一般依靠专业人员的领域内知识或丰富经验来界定, 但具有一定的主观性和不确定性. 针对这种情况, Yang 等[14] 提出利用 $\bar{x}$ 控制图构建基准空间, 如图 1.7.

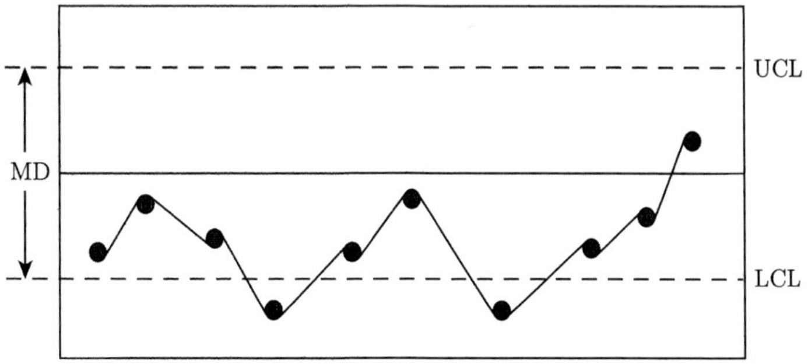

图 1.7　$\bar{x}$ 控制图

在图 1.7 中, $\mathrm{UCL} = \bar{x}_{\mathrm{MD}} + 3s_{\mathrm{MD}}$ 和 $\mathrm{LCL} = \bar{x}_{\mathrm{MD}} - 3s_{\mathrm{MD}}$ 分别为控制上限和下限, 其中 $\bar{x}_{\mathrm{MD}}$ 和 s_{MD} 分别为马氏距离的均值和标准差, 可以分别利用下式计算

$$\bar{x}_{\mathrm{MD}} = \frac{1}{n}\sum_{k=1}^{n} \mathrm{MD}_k, \quad s_{\mathrm{MD}} = \sqrt{\frac{1}{n-1}\sum_{k=1}^{n}(\mathrm{MD}_k - \bar{x}_{\mathrm{MD}})^2}$$

Wang 等[15] 采用 Soylemezoglu 等[16] 的实例数据, 对该方法进行了有效性验证. Das 等[17] 提出利用 k-means 聚类分析构建基准空间, 并在此基础上构建了一种非监督马田系统. Liparas[18,19] 分别采用两步聚类分析 (Two-Step Cluster Analysis) 和 k-means 聚类分析构建基准空间. 由于数据包络分析 (Data Envelopment Analysis, DEA) 模型可以将有效率的样本和无效率的样本分开, 叶芳羽

等[20] 采用 DEA 模型构建基准空间, 该模型具体形式如下:

$$\begin{cases} \min \theta_o \\ \text{s.t.} \ \sum_{j=1}^{n} \lambda_j x_{ij} \leqslant \theta_o x_{io}, \ \ i = 1, 2, \cdots, m; \\ \qquad \sum_{j=1}^{n} \lambda_j y_{rj} \geqslant y_{ro}, \quad r = 1, 2, \cdots, s; \\ \qquad \lambda_j \geqslant 0, \ \ j = 1, 2, \cdots, n \end{cases} \tag{1.13}$$

其中, θ_o 表示被评价决策单元的 DEA 效率值, λ_j 为产出和投入的权重系数, x_{ij} 和 y_{rj} 分别表示第 j 个决策单元的第 i 个输入指标和第 r 个输出指标, x_{io} 和 y_{ro} 分别表示被评价决策单元的第 i 个输入指标和第 r 个输出指标.

3. 阈值确定方法

田口玄一[1] 提出利用质量损失函数 (Quality Loss Function, QLF) 法确定阈值. 然而, QLF 法缺乏合理的统计解释, 主要依据领域内知识确定阈值, 具有一定的主观性[21,22], 并且在实际应用中确定每个样本的相对成本或损失很困难. 针对这种情况, 一些替代 QLF 法的阈值确定方法被提出, 通过梳理发现这些方法主要从两个方面切入确定阈值:

(1) 从马田系统的分类结果切入. 一些学者[23-25] 根据分类结果, 提出采用两类错误法确定最优阈值. Liparas 等[18] 在两类错误的基础上, 提出采用 “受试者工作特征”(Receiver Operating Characteristics, ROC) 曲线确定阈值, Mahmoud[26] 在此基础之上构建了一种阈值优化模型.

(2) 从马氏距离的概率分布切入. 由于马氏距离的概率分布未知, Su 等[27] 利用切比雪夫定理 (Chebyshev Theorem) 提出了一种概率阈值计算方法, 其计算公式如下:

$$\lambda = \overline{\text{MD}} + \sqrt{\frac{1}{1+\delta-\theta}} \cdot s_{\text{MD}} \tag{1.14}$$

其中, $\overline{\text{MD}}$ 为正常样本的马氏距离平均值; s_{MD} 为正常样本马氏距离的标准差; δ 是一个比较小的参数; θ 表示在正常样本马氏距离中比异常样本中最小马氏距离还小的百分比.

牛俊磊等[28] 在此基础上根据误判率构建了一种优化模型来确定阈值, 优化模

型如下:

$$\begin{cases} \min \alpha \\ \text{s.t.}1-\beta \leqslant \dfrac{s_{\text{md}}^2}{(\overline{\text{MD}}+s_{\text{MD}}/\sqrt{\alpha}-\overline{\text{md}})} \\ \alpha=\beta \end{cases} \tag{1.15}$$

其中, α 为将正常样本误判为异常的概率上限, β 为将异常样本误判为正常的概率上限, $\overline{\text{MD}}$ 和 s_{MD} 分别为正常样本的均值和标准差, $\overline{\text{md}}$ 和 s_{md} 分别为异常样本的均值和标准差.

Huang[29] 根据正常样本和异常样本的重叠比率, 提出一种确定阈值方法, 其计算公式如下:

$$\lambda=\overline{\text{MD}}\cdot\sqrt{\frac{100}{100+\alpha-\nu}}\cdot s_{\text{MD}} \tag{1.16}$$

其中, α 为模型置信水平; ν 为正常样本马氏距离和异常样本马氏距离的重叠比率.

Kumar 等[30] 提出对马氏距离进行 Box–Cox 变换, 将其转换为正态分布, 具体转换公式如下:

$$\begin{cases} \text{MD}_k^2(\gamma)=\dfrac{1}{\gamma}\left(\left(\text{MD}_k^2\right)^{\gamma}-1\right), & \gamma\neq 0, \\ \text{MD}_k^2(\gamma)=\ln \text{MD}_k^2, & \gamma=0, \end{cases} \quad k=1,2,\cdots,n \tag{1.17}$$

其中, MD_k^2 为第 k 个样本的马氏距离; $\text{MD}_k^2(\gamma)$ 为 MD_k^2 的 Box-Cox 变换值, γ 值由如下最大似然公式求得

$$\max_{\gamma}\ f(\gamma)=-\frac{n}{2}\ln\left[\frac{1}{n}\sum_{k=1}^{n}\left(\text{MD}_k^2(\gamma)-\bar{x}_{\text{MD}(\gamma)}\right)^2\right]+(\gamma-1)\sum_{k=1}^{n}\ln\left(\text{MD}_k^2\right) \tag{1.18}$$

其中, $\bar{x}_{\text{MD}(\gamma)}=\dfrac{1}{n}\sum\limits_{k=1}^{n}\text{MD}_k^2(\gamma)$, n 为样本个数.

由于 $\text{MD}_k^2(\gamma)$ 服从正态分布, 且 $\text{MD}_k^2(\gamma)>0$, 因此可以采用一元质量控制图确定阈值, Kumar 给出了两种阈值的计算公式, 具体如下:

$$\lambda=\bar{x}_{\text{MD}(\gamma)}+2s_{\text{MD}(\gamma)},\quad \lambda=\bar{x}_{\text{MD}(\gamma)}+3s_{\text{MD}(\gamma)}$$

马氏距离一般服从卡方分布[31], 因此未被尺度化的马氏距离服从自由度为 p 的卡方分布, 进而可知尺度化马氏距离具有如下性质:

$$\text{MD}^2=\frac{1}{p}(\boldsymbol{x}-\boldsymbol{\mu})^{\text{T}}\boldsymbol{\Sigma}^{-1}(\boldsymbol{x}-\boldsymbol{\mu})\sim\frac{1}{p}\chi^2(p) \tag{1.19}$$

Das 等[17,32] 根据卡方分布提出一种确定阈值方法, 其计算公式如下:

$$\lambda = \frac{1}{p}\chi^2(p) \tag{1.20}$$

由于卡方分布是更一般的伽马分布[31], Rai 等[33] 提出通过对正常样本马氏距离进行伽马分布拟合来确定阈值, 如图 1.8.

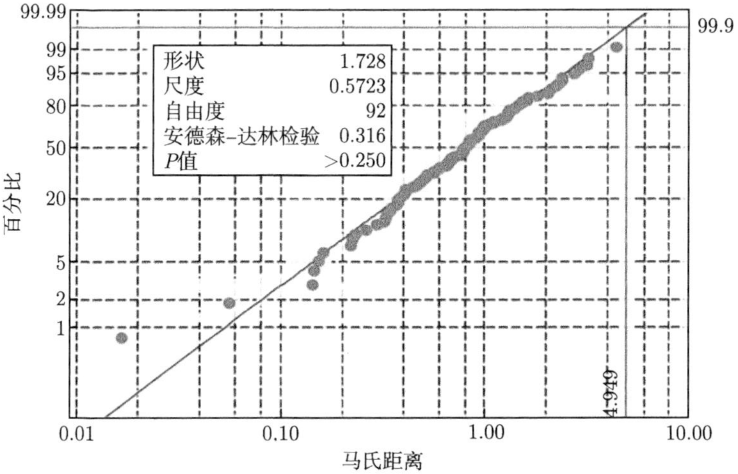

图 1.8 正常样本马氏距离的伽马分布[33]

4. 特征筛选方法

马田系统采用田口方法筛选特征, 但是 Woodall 等[21] 指出该方法存在如下缺陷: ①缺乏完备的统计理论基础; ②用正交表筛选出的特征子集 (Feature Subset, FS) 其信噪比未必较大; ③信噪比较大的特征子集其分类效果未必良好, 因此建议使用搜索算法筛选特征. Abraham 等[34] 进一步证实正交表和信噪比并不是最优的特征子集筛选策略, 并质疑其是否是一种最优的特征筛选方法. Jagulum 等[35] 也指出, 如果一种特征筛选方法能够构建更好的度量尺度, 那么就可以将其应用于马田系统. 在此背景下, 一些学者尝试采用其他方法进行特征筛选, 如 Foster 等[36] 采用自适应一次一个因子设计 (adaptive One-Factor-At-a-Time, aOFAT) 法代替正交表, 即采用下式筛选特征

$$\max_{\mathrm{FS}\subset X} \mathrm{SNR}_{\mathrm{FS}} \xrightarrow{\mathrm{aOFAT}} \mathrm{FS}^{\mathrm{opt}} \tag{1.21}$$

其中, $\mathrm{SNR}_{\mathrm{FS}}$ 为利用特征子集 FS 计算的信噪比; $\mathrm{FS}^{\mathrm{opt}}$ 为最优特征子集.

Ramlie 等[37] 利用蜂群算法 (Bees Algorithm, BA) 对公式 (1.22) 优化求解得到 $\mathrm{FS}^{\mathrm{opt}}$.

$$\max_{\mathrm{FS}\subset X} \mathrm{SNR}_{\mathrm{FS}} \xrightarrow{\mathrm{BA}} \mathrm{FS}^{\mathrm{opt}} \tag{1.22}$$

Pal 等[38] 根据样本误分率和变量选择率构建了如下二进制多目标整数规划模型.

$$\begin{cases} \min f(\boldsymbol{x}) = \alpha \underbrace{\left(\omega_1 \dfrac{n_1^e}{n_1} + \omega_2 \dfrac{n_2^e}{n_2}\right)}_{f_1(\boldsymbol{x})} + \beta \dfrac{p_{\text{selected}}}{p} \\ \text{s.t.} \ \displaystyle\sum_{j=1}^{p} x_j \leqslant p \\ \displaystyle\sum_{j=1}^{p} x_j = p_{\text{selected}} \\ f_1(\boldsymbol{x}) \leqslant f_1^{\max} \end{cases} \tag{1.23}$$

其中, $\boldsymbol{x}$ 是一个 p 维向量, 如果变量 x_j 未被选择, 则 $x_j = 0$, 如果变量 x_j 被选择, 则 $x_j = 1$; n_1 是正常样本数, n_2 是异常样本数; n_1^e 是正常样本被错分为异常样本的数量, n_2^e 是异常样本被错分为正常样本的数量; p_{selected} 为被选择的变量数; $\omega_1 = c_1/(c_1 + c_2)$, $\omega_2 = c_2/(c_1 + c_2)$, c_1 和 c_2 分别为错分正常样本和异常样本的成本; $f_1^{\max}$ 为所有变量均被选择时的误分率.

对于该模型的求解, Pal 等[38] 和 Edgar 等[39] 分别尝试利用二进制粒子群优化 (Binary Particle Swarm Optimization, BPSO) 算法和二进制蚁群优化 (Binary Ant Colony Optimization, BACO) 算法对该模型进行求解. Edgar 等[40] 引入戈珀兹二进制粒子群优化 (Gompertz Binary Particle Swarm Optimization, GBPSO) 算法对公式 (1.23) 展开求解, 并同 BPSO 和 BACO 两种算法进行比较, 结果表明 GBPSO 算法比 BPSO 算法和 BACO 算法更快, 建议使用 GBPSO 算法. Edgar 等[41] 利用该模型筛选工业泡沫注射过程中的关键特征, 并采用 BPSO 算法和二进制引力搜索算法 (Binary Gravitational Search Algorithm, BGSA) 进行求解. Yadira 等[42] 采用黏性二进制粒子群优化 (Sticky Binary Particle Swarm Optimization, SBPSO) 算法对该模型进行求解, 并同 BPSO 和 GBPSO 两种算法进行比较, 比较结果表明三种算法法得到的 $\mathrm{FS}^{\mathrm{opt}}$ 相同, 但是 SBPSO 算法收敛速度最快, Yadira 推荐使用 SBPSO 算法.

牛俊磊等[43] 在公式 (1.23) 的基础上, 根据样本误分率、变量选择率和望大特性信噪比构建多目标优化模型, 并采用全方位 (Omni-optimizer) 优化算法对该模型进行求解, 通过 UCI(University of California Irvine) 数据进行实例验证表明, 该多目标优化模型的特征筛选性能和分类效果均优于传统马田系统. 另外, 牛俊磊等[28] 还针对不平衡数据环境, 采用 G-means、F-value、降维效率和望大特性信噪比构建多目标优化模型, 同样采用全方位优化算法对模型求解, 通过八个 UCI 数据集进行实例验证, 结果表明该模型能够处理不平衡数据的异常值识别问题, 并且降维效果显著.

但上述研究没有考虑过拟合和正则化问题, Iquebal 等[44] 基于粗糙集理论 (Rough Set Theory, RST), 利用特征子集 FS 和样本类别集 ω 之间的依赖度构建如下目标函数, 并采用 GA 对其优化得到 FS^{opt}.

$$\max_{\text{FS}\subset X} \delta_{\text{FS}}(\omega) \xrightarrow{\text{GA}} \text{FS}^{\text{opt}} \tag{1.24}$$

其中, ω 为样本类别集, $\delta_{\text{FS}}(\omega)$ 为 FS 对 ω 的依赖度.

由于该方法充分考虑了过拟合和正则化问题, 因此分类效果优于 PSO 算法. Liparas 等[45] 根据最小正常样本马氏距离和异常样本马氏距离分布的重叠率, 即最大化图 1.9 中阴影面积, 构建如下目标函数

$$\max_{\text{FS}\subset X} f(\text{FS}) = \frac{h}{n_2} \xrightarrow{\text{GA}} \text{FS}^{\text{opt}} \tag{1.25}$$

其中, h 为比最大正常样本马氏距离大的异常样本数; n_2 为异常样本数.

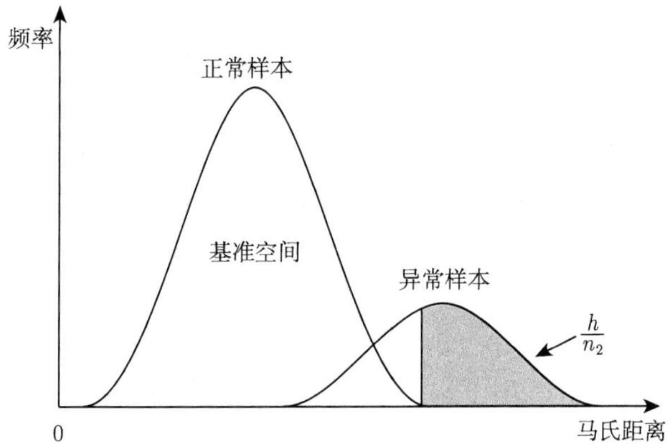

图 1.9 阴影面积分布

对于该模型的求解, Liparas 等[45] 采用 GA 算法对其优化求解得到 FS^{opt}, 并分别同传统马田系统、朴素贝叶斯 (Naive Bayes)、支持向量机 (Support Vector Machine, SVM)、多层感知器 (Multilayer Perceptron, MP)、决策树 (Decision Tree, DT) 和随机森林 (Random Forest) 等方法进行分类性能比较, 验证结果表明该方法在训练准确率、测试准确率、敏感度、AUC(Area Under ROC Curve) 和相对敏感度等五类性能指标优于其他方法.

综上所述, 可以将特征筛选的目标函数及优化方法归纳如表 1.5 所示.

表 1.5 特征筛选的目标函数及优化方法

目标函数	优化方法	代表性文献
信噪比	正交表	[4]
	自适应一次一个因子设计	[36]
	蜂群算法	[37]
样本误分率、变量选择率	二进制粒子群	[38]
	二进制蚁群	[39]
	戈珀兹二进制粒子群	[40]
	黏性二进制粒子群	[42]
G-means、F-value、降维效率、望大特性信噪比	全方位算法	[28]
样本误分率、变量选择率、望大特性信噪比	全方位算法	[43]
依赖度 (粗糙集)	遗传算法	[44]
最小正常样本和异常样本马氏距离分布的重叠率	遗传算法	[45]

5. 数据环境拓展

传统马田系统只能应用于低维、静态的实数环境, 但是随着互联网和大数据技术的飞速发展, 现代工业过程大都具备完整的传感测量装置, 可以在线获得大量的高维动态数据. 为使马田系统的数据环境拓展到高维动态数据环境中, 一些学者提出首先对高维动态数据进行特征提取, 然后再利用马田系统进行特征筛选或异常值诊断, 如 Lv 等[46] 利用多重分形去趋势分析 (Multifractal Detrended Fluctuation Analysis, MF-DFA) 算法从时间序列数据中提取非线性特征, 然后利用马田系统进行诊断. Hu 等[47] 利用多重分形谱 (Multifractal Spectrum) 和广义分形维数 (Generalized Fractal Dimensions) 提取振动信号数据的特征, 然后利用马田系统进行特征筛选. Wang 等[48] 针对非线性、非平稳的振动信号数据, 首先利用经验模态分解 (Empirical Mode Decomposition, EMD) 把信号分解为若干个本征模函数 (Intrinsic Mode Functions, IMF), 然后将其构建为特征矩阵, 在此基础上再利用奇异值分解提取特征向量, 最后利用马田系统进行特征筛选和诊断, 陈俊洵等[49] 将该方法应用于滚动轴承的质量诊断. 陈俊洵等[50] 利用 EMD 对振动信号数据提取 IMF, 然后直接应用马田系统进行特征筛选. Chen 等[51] 首先利用集成经验模态分解 (Ensemble Empirical Mode Decomposition, EEMD) 对振动信号数据提取 IMF, 然后利用马田系统进行特征筛选. Lu 等[52] 针对非线性、非平稳的信号, 首先利用小波包变换 (Wavelet Packet Transforms, WPT) 和自回归 (Autoregression, AR) 模型构建特征矩阵, 然后利用奇异值分解提取特征向量, 最后利用马田系统对特征向量进行特征筛选并进行诊断. Zhao 等[53] 提出利用拉普拉斯特征映射 (Laplacian Eigenmaps, LE) 对高维非线性数据进行特征提取, 然后利用马田系统进行特征筛选. Ohkubo 等[54] 提出利用稀疏主成分 (Sparse Principal Component Analysis, SPCA) 对高维数据进行特征提取, 然后利用马田系统进行特征筛选.

通过以上梳理, 对拓展后的马田系统数据环境、相应的特征提取方法以及代表性文献进行归纳, 具体见表 1.6.

表 1.6 数据环境、特征提取方法及代表性文献

数据环境	特征提取方法	代表性文献
高维数据	稀疏主成分	[54]
高维非线性数据	拉普拉斯特征映射	[53]
时间序列数据	多重分形去趋势分析	[46]
振动信号数据	多重分形谱和广义分形维数	[47]
	经验模态分解和奇异值分解	[48]
	经验模态分解	[50]
	集成经验模态分解	[51]
非线性、非平稳的信号	小波包变换和自回归模型	[52]

1.2.3 马田系统的应用发展动态

随着马田系统理论研究的不断深入, 应用研究也越来越广泛, 除了传统的产品质量诊断和机械故障识别, 还进一步扩展到综合评估、医疗诊断等领域, 具体相关文献如下:

(1) 质量诊断. 如晶片质量诊断[55]、萨克斯风音色诊断[56]、热轧钢质量诊断[57]、关键部件识别[58]、电机风扇诊断[59]、刀具磨损分类[60] 等.

(2) 故障识别. 如轴承故障识别[61]、车削故障识别[62]、物流操作系统诊断[63]、设备状态识别[64,65] 等.

(3) 综合评估. 如金融风险评估[23]、化学品风险评估[66]、满意度评价[67]、虾类养殖业标准制定[68]、学生成绩综合评价[69]、区域能源安全绩效评价[70]、混凝土性能退化评价[71] 等.

(4) 医疗诊断. 如褥疮和阻塞性睡眠窒息症诊断[72,73]、基于步态的健康诊断[74] 等.

参 考 文 献

[1] Taguchi G, Jugulum R. The Mahalanobis-Taguchi Strategy: A Pattern Technology System[M]. New York: John Wiley & Sons, 2002.

[2] 陈立周. 稳健设计 [M]. 北京: 机械工业出版社, 2000.

[3] Wu J, Michael H. 试验设计与分析及参数优化 [M]. 北京: 中国统计出版社, 2003.

[4] Taguchi G, Jugulum R. New trends in multivariate diagnosis[J]. The Indian Journal of Statistics, 2000, 62B(2): 233-248.

[5] 郑称德, 韩之俊. MTS 原理及其设计模型 [J]. 管理工程学报, 2000, 14(3): 43-47.

[6] 李昭阳, 韩之俊. 一种新的判别预测方法: 马田系统 (MTS)[J]. 管理工程学报, 2000, 14(2): 54-55.

[7] Taguchi G, Chowdhury S, Wu Y. The Mahalanobis-Taguchi System[M]. New York: McGraw-Hill, 2001.

[8] Mahalanobis P C. On the generalized distance in statistics[C]. Proceedings of the National Institute of Sciences of India, 1936(2): 49-55.

[9] Su C T, Hsiao Y H. Multiclass MTS for simultaneous feature selection and classification[J]. IEEE Transactions on Knowledge and Data Engineering, 2009, 21(2): 192-205.

[10] 陶建波, 程龙生, 王会灵, 等. 基于岭估计和 AMOGA 的马田系统分类方法 [J]. 系统工程, 2017, 35(4): 137-142.

[11] Hwang I J, Park G J. A multi-objective optimization using distribution characteristics of reference data for reverse engineering[J]. International Journal for Numerical Methods in Engineering, 2011, 85: 1323-1329.

[12] Wang Y, Li L, Wang K. An online operating performance evaluation approach using probabilistic fuzzy theory for chemical processes with uncertainties[J]. Computers & Chemical Engineering, 2021, 144: 1-13.

[13] Xiao X, Fu D, Shi Y, et al. Optimized Mahalanobis-Taguchi system for high-dimensional small sample data classification[J]. Computational Intelligence and Neuroscience, 2020, 2020: 1-15.

[14] Yang T, Cheng Y T. The use of Mahalanobis-Taguchi system to improve flip-chip bumping height inspection efficiency[J]. Microelectronics Reliability, 2010, 50(3): 407-414.

[15] Wang N, Saygin C, Sun S D. Impact of Mahalanobis space construction on effectiveness of Mahalanobis-Taguchi system[J]. International Journal of Industrial and Systems Engineering, 2013, 13(2): 233-249.

[16] Soylemezoglu A, Jagannathan S, Saygin C. Mahalanobis Taguchi system (MTS) as a prognostics tool for rolling element bearing failures[J]. Journal of Manufacturing Science and Engineering, 2010, 132(5): 1-12.

[17] Das P, Datta S. Developing an unsupervised classification algorithm for characterization of steel properties[J]. International Journal of Mechatronics and Manufacturing Systems, 2012, 29(4): 368-383.

[18] Liparas D, Laskaris N, Feldt R. Applying the Mahalanobis-Taguchi strategy for software defect diagnosis[J]. Automated Software Engineering, 2012, 19(2): 141-165.

[19] Liparas D, Laskaris N, Angelis L. Incorporating resting state dynamics in the analysis of encephalographic responses by means of the Mahalanobis-Taguchi strategy[J]. Expert Systems with Applications, 2013, 40(7): 2621-2630.

[20] 叶芳羽, 单汨源, 韩之俊, 等. 基于马田系统与数据包络分析的工业运行质量评价研究 [J]. 管理学报, 2018, 15(5): 767-773.

[21] Woodall W H, Koudelik R, Tsui K L, et al. A review and analysis of the Mahalanobis-Taguchi system[J]. Technometrics, 2003, 45(1): 1-15.

[22] Das P, Datta S, Bhattacharyay B K. Classifying tensile strength of HSLA steel: an investigation through neural networks using Mahalanobis Distance[J]. International Journal of Mechatronics and Manufacturing Systems, 2010, 4(6): 600-614.

[23] Lee Y C, Teng H L. Predicting the financial crisis by Mahalanobis-Taguchi system[J]. Expert Systems with Applications, 2009, 36(4): 7469-7478.

[24] Huang C L, Chen Y H, Wan T L J. The Mahalanobis Taguchi system-adaptive resonance theory neural network algorithm for dynamic product designs[J]. Journal of Information and Optimization Sciences, 2012, 33(6): 623-635.

[25] Huang C L, Hsu T S, Liu C M. The Mahalanobis-Taguchi system-neural network algorithm for data-mining in dynamic environments[J]. Expert Systems with Applications, 2009, 36(3): 5475-5480.

[26] Mahmoud E. Modified Mahalanobis Taguchi system for imbalance data classification[J]. Computational Intelligence and Neuroscience, 2017, 2017: 1-15.

[27] Su C T, Hsiao Y H. An evaluation of the robustness of MTS for imbalanced data[J]. IEEE Transactions on Knowledge and Data Engineering, 2007, 19(10): 1321-1332.

[28] 牛俊磊, 程龙生. 一种基于改进马田系统的不平衡数据分类方法 [J]. 管理工程学报, 2012, 26(2): 85-93.

[29] Huang J C Y. Reducing solder paste inspection in surface-mount assembly through Mahalanobis-Taguchi analysis[J]. IEEE Transactions on Electronics Packaging Manufacturing, 2010, 33(4): 265-274.

[30] Kumar S, Chow T W S, Pecht M. Approach to fault identification for electronic products Using Mahalanobis Distance[J]. IEEE Transactions on Instrumentation and Measurement, 2010, 59(8): 2055-2064.

[31] Johnson R A, Wichern D W. Applied Multivariate Statistical Analysis[M]. 3rd ed. Englewood Cliffs, New Jersey: Prentice Hall, 1992.

[32] Das P, Datta S. A statistical concept in determination of threshold value for future diagnosis in MTS: an alternative to Taguchi's loss function approach[J]. International Journal for Quality Research, 2010, 4(2): 95-103.

[33] Rai B K, Chinnam R B, Singh N. Prediction of drill-bit breakage from degradation signals using Mahalanobis-Taguchi system analysis[J]. International Journal of Industrial and Systems Engineering, 2008, 3(2): 134-148.

[34] Abraham B, Asokan Mulayath V. Discussion-a review and analysis of the Mahalanobis-Taguchi system[J]. Technometrics, 2003, 1(45): 22-25.

[35] Jagulum R, Taguchi G, Taguchi S, et al. Discussion-a review and analysis of the Mahalanobis-Taguchi system[J]. Technometrics, 2003, 45(1): 16-21.

[36] Foster C R, Jugulum R, Frey D D. Evaluating an adaptive One-Factor-At-a-Time search procedure within the Mahalanobis- Taguchi system[J]. International Journal of Industrial and Systems Engineering, 2009, 4(6): 600-614.

[37] Ramlie F, Jamaludin K, Dolah R, et al. Optimal feature selection of Taguchi character recognition in the Mahalanobis-Taguchi system using bees algorithm[J]. Global Journal of Pure and Applied Mathematics, 2016, 12(3): 2651-2671.

[38] Pal A, Maiti J. Development of a hybrid methodology for dimensionality reduction in Mahalanobis-Taguchi system using Mahalanobis distance and binary particle swarm optimization[J]. Expert Systems with Applications, 2010, 37(2): 1286-1293.

[39] Edgar R, Luis A, Georian S. Binary ant colony optimization applied to variable screening in the Mahalanobis-Taguchi system[J]. Expert Systems with Applications, 2013, 40(2): 634-637.

[40] Edgar R, Carlos A. Mahalanobis-Taguchi system applied to variable selection in automotive pedals components using Gompertz binary particle swarm optimization[J]. Expert Systems with Applications, 2013, 40(7): 2361-2365.

[41] Edgar R, Jesús A, Agustín H. Optimal feature selection in industrial foam injection processes using hybrid binary particle swarm optimization and gravitational search algorithm in the Mahalanobis-Taguchi system[J]. Soft Computing, 2020, 24(1): 341-349.

[42] Yadira R C, Cecilia M G, Edgar R F. Optimal variable screening in automobile motor-head machining process using metaheuristic approaches in the Mahalanobis-Taguchi system[J]. The International Journal of Advanced Manufacturing Technology, 2018, 95: 3589-3597.

[43] 牛俊磊, 程龙生. 基于全方位优化算法的改进马田系统分类方法 [J]. 系统工程理论与实践. 2012, 32(6): 1324-1336.

[44] Iquebal A S, Pal A, Ceglarek D, et al. Enhancement of Mahalanobis-Taguchi system via rough sets based feature selection[J]. Expert Systems with Applications, 2014, 41(17): 8003-8015.

[45] Liparas D, Pantraki E. An evolutionary improvement of the Mahalanobis-Taguchi strategy and its application to intrusion detection[C]. International Conference on Advanced Information Systems Engineering, Thessaloniki, Greece: 2014: 16-28.

[46] Lv Y Q, Gao J M, Gao Z Y, et al. Multifractal information fusion based condition diagnosis for process complex systems[J]. Proceedings of the Institution of Mechanical Engineers, Part E: Journal of Process Mechanical Engineering, 2012, 227(3): 178-184.

[47] Hu J Q, Zhang L B, Liang W. Dynamic degradation observer for bearing fault by MTS-SOM system[J]. Mechanical Systems and Signal Processing, 2013, 36(2): 385-400.

[48] Wang Z P, Liu C. Fault diagnosis and health assessment for bearings using the Mahalanobis-Taguchi system based on EMD-SVD[J]. Transactions of the Institute of Measurement and Control, 2013, 35(6): 798-807.

[49] 陈俊洵, 程龙生, 余慧, 等. 基于 EMD-SVD 与马田系统的复杂系统健康状态评估 [J]. 系统工程与电子技术, 2017, 39(7): 1542-1548.

[50] 陈俊洵, 程龙生, 胡绍林, 等. 基于 EMD 的改进马田系统的滚动轴承故障诊断 [J]. 振动与冲击, 2017, 35(5): 151-156.

[51] Chen J X, Cheng L S. Rolling bearing fault diagnosis and health assessment using EEMD and the adjustment Mahalanobis-Taguchi system[J]. International Journal of Systems Science, 2018, 49(1): 147-159.

[52] Lu C, Cheng Y, Wang Z, et al. An approach for tool health assessment using the Mahalanobis- Taguchi system based on WPT-AR[J]. Journal of Vibroengineering, 2014, 16(3): 1424-1433.

[53] Zhao S, Huang Y X, Wang H R. A modified Mahalanobis-Taguchi system analysis for monitoring of ball screw health assessment[C]. IEEE International Conference on Prognostics and Health Management, Ottawa,ON,Canada: IEEE, 2016.

[54] Ohkubo M, Nagata Y. Anomaly detection in high-dimensional data with the Mahalanobis-Taguchi system[J]. Total Quality Management & Business Excellence, 2018, 29(9-10): 1213-1227.

[55] Riho T, Suzuki A, Oro J, et al. The yield enhancement methodology for invisible defects using the MTS+ method[J]. IEEE Transactions on Semiconductor Manufacturing, 2005, 18(4): 561-568.

[56] Hsiao Y H, Su C T. Multiclass MTS for saxophone timbre quality inspection using waveform-shape-based features[J]. IEEE Transactions on Systems Man Cybernetics-Systems, 2009, 39(3): 690-704.

[57] Das P, Datta S. Exploring the effects of chemical composition in hot rolled steel product using Mahalanobis distance scale under Mahalanobis–Taguchi system[J]. Computationl Materials Science, 2007, 38(4): 671-677.

[58] Yang N, Zhang M, Wangdu F, et al. Identification of critical components of complex product based on hybrid intuitionistic fuzzy set and improved Mahalanobis-Taguchi system[J]. Journal of Systems Science and Systems Engineering, 2021, 30(5): 533-551.

[59] Toma E. Analysis of motor fan radiated sound and vibration waveform by automatic pattern recognition technique using "Mahalanobis distance"[J]. Journal of Industrial Engineering International, 2019, 15(1): 81-92.

[60] Rizal M, Ghani J A, Nuawi M Z, et al. Cutting tool wear classification and detection using multi-sensor signals and Mahalanobis-Taguchi system[J]. Wear, 2017, 376-377: 1759-1765.

[61] Kim S, Park D, Jung J. Evaluation of one-class classifiers for fault detection: Mahalanobis classifiers and the Mahalanobis-Taguchi system[J]. Processes, 2021, 9(8): 1450.

[62] Watanabe T, Kono I, Onozuka H. Anomaly detection methods in turning based on motor data analysis[J]. Procedia Manufacturing, 2020, 48: 882-893.

[63] Asakura T, Yashima W, Suzuki K, et al. Anomaly detection in a logistic operating system using the Mahalanobis–Taguchi method[J]. Applied Sciences, 2020, 10(12): 4376.

[64] Wang N, Zhang Z. Feature recognition and selection method of the equipment state based on improved Mahalanobis-Taguchi system[J]. Journal of Shanghai Jiaotong University (Science), 2020, 25(2): 214-222.

[65] Wang N, Zhang Z, Zhao J, et al. Recognition method of equipment state with the

FLDA based Mahalanobis–Taguchi system[J]. Annals of Operations Research, 2022, 311(1): 417-435.

[66] Lim H L, Huh E H, Huh D A, et al. Priority setting for the management of chemicals using the globally harmonized system and multivariate analysis: use of the Mahalanobis-Taguchi system[J]. International Journal of Environmental Research and Public Health, 2019, 16(17):1-12.

[67] Cudney E A, Paryani K, Ragsdell K M. Applying the Mahalanobis-Taguchi system to vehicle handling[J]. Concurrent Engineering, 2006, 14(4): 343-354.

[68] Mahalakshmi P, Ganesan K. Mahalanobis Taguchi system based criteria selection for shrimp aquaculture development[J]. Computers and Electronics in Agriculture, 2009, 65(2): 192-197.

[69] Ketkar M, Vaidya O S. Evaluating and ranking candidates for MBA program: Mahalanobis Taguchi system approach[J]. Procedia Economics and Finance, 2014, 11: 654-664.

[70] Yuan J, Luo X. Regional energy security performance evaluation in China using MTGS and SPA-TOPSIS[J]. Science of The Total Environment, 2019, 696: 1-11.

[71] Habib M A, Rai A, Kim J. Performance degradation assessment of concrete beams based on acoustic emission burst features and Mahalanobis-Taguchi system[J]. Sensors, 2020, 20(12): 1-17.

[72] Su C T, Wang P C, Chen Y C, et al. Data mining techniques for assisting the diagnosis of pressure ulcer development in surgical patients[J]. Journal of Medical Systems, 2012, 36(4): 2387-2399.

[73] Su C T, Chen K H, Chen L F, et al. Prediagnosis of obstructive sleep apnea via multiclass MTS[J]. Computational and Mathematical Methods in Medicine, 2012, 2012: 1-8.

[74] Sakeran H, Abu Osman N A, Abdul Majid M S. Gait classification using Mahalanobis-Taguchi system for health monitoring systems following anterior cruciate ligament reconstruction[J]. Applied Sciences, 2019, 9(16): 1-18.

第 2 章　马田系统理论

马田系统由马氏距离和田口方法整合而来, 本章首先介绍马氏距离以及田口方法中的信噪比和正交试验设计, 然后给出质量损失函数的类型及确定识别阈值的方法, 最后详细介绍逆矩阵马田系统和施密特正交马田系统的基本操作步骤.

2.1 基本概念

2.1.1 马氏距离

不同于其他模式识别方法, 马田系统是通过构建一个具有参照基准的度量尺度对异常值进行识别的. 因此, 马氏距离是马田系统的核心工具之一, 马氏距离是由印度统计学家马哈拉诺比斯提出的一种协方差距离, 其定义如下:

定义 2.1　设总体 G 是 p 维总体, 均值向量和协方差矩阵分别为 $\boldsymbol{\mu}$ 和 $\boldsymbol{\Sigma}$, 则样本 $\boldsymbol{x}$ 与总体 G 的马氏距离为

$$\mathrm{MD}^2 = (\boldsymbol{x}-\boldsymbol{\mu})^{\mathrm{T}}\boldsymbol{\Sigma}^{-1}(\boldsymbol{x}-\boldsymbol{\mu}) \tag{2.1}$$

其中, $\boldsymbol{x}$ 为总体中任意一样本, $\boldsymbol{\Sigma}$ 为总体协方差矩阵.

根据公式 (2.1), 两个服从同一分布并且其协方差矩阵为 $\boldsymbol{\Sigma}$ 的两个样本 $\boldsymbol{x}$ 与 $\boldsymbol{y}$ 的马氏距离可以写成如下形式

$$\mathrm{MD}^2 = (\boldsymbol{x}-\boldsymbol{y})^{\mathrm{T}}\boldsymbol{\Sigma}^{-1}(\boldsymbol{x}-\boldsymbol{y}) \tag{2.2}$$

马氏距离可以看作是欧氏距离的一种修正, 修正了欧氏距离中各个变量尺度不一致且相关的问题. 与欧氏距离不同的是, 马氏距离考虑到各变量之间的联系并且是尺度无关的. 如果协方差矩阵是单位向量, 也就是各变量独立同分布, 马氏距离就变成了欧氏距离, 即

$$\mathrm{MD}^2 = (\boldsymbol{x}-\boldsymbol{y})^{\mathrm{T}}(\boldsymbol{x}-\boldsymbol{y}) = \sum_{j=1}^{p}(x_j-y_j)^2 \tag{2.3}$$

如果假定各变量之间相互独立, 即样本的协方差矩阵是对角矩阵, 则马氏距离就退化为用各个变量的标准差倒数作为权数进行加权的欧氏距离, 如下式:

$$\mathrm{MD}^2 = \sum_{j=1}^{p}\frac{(x_j-y_j)^2}{\sigma_j^2} \tag{2.4}$$

其中, σ_j 是第 j 个特征变量的标准差.

因此, 马氏距离不仅考虑了变量之间的相关性, 也考虑到了各个变量取值的差异程度. 在实际应用中, 假设有 n 个 p 维样本, 组成的样本矩阵为

$$\mathbf{X} = \begin{bmatrix} x_{11} & x_{12} & \cdots & x_{1p} \\ x_{21} & x_{22} & \cdots & x_{2p} \\ \vdots & \vdots & & \vdots \\ x_{n1} & x_{n2} & \cdots & x_{np} \end{bmatrix}$$

则第 k 个样本的马氏距离为

$$\mathrm{MD}_k^2 = (\boldsymbol{x}_k - \bar{\boldsymbol{x}})^{\mathrm{T}} \mathbf{S}^{-1} (\boldsymbol{x}_k - \bar{\boldsymbol{x}}) \tag{2.5}$$

其中, $\bar{\boldsymbol{x}}$ 为样本的均值向量; $\mathbf{S}$ 为样本的协方差矩阵, 计算公式如下

$$\mathbf{S} = \frac{1}{n-1} \sum_{k=1}^{n} (\boldsymbol{x}_k - \bar{\boldsymbol{x}})(\boldsymbol{x}_k - \bar{\boldsymbol{x}})^{\mathrm{T}} \tag{2.6}$$

如果对公式 (2.5) 中的协方差矩阵 $\mathbf{S}$ 进行特征值分解

$$\mathbf{S} = \mathbf{Q}\boldsymbol{\Lambda}\mathbf{Q}^{\mathrm{T}} \tag{2.7}$$

其中, $\mathbf{Q} = [\boldsymbol{e}_1, \boldsymbol{e}_2, \cdots, \boldsymbol{e}_p]$, $\boldsymbol{\Lambda} = \mathrm{diag}(\lambda_1, \lambda_2, \cdots, \lambda_p)$, $\lambda_1, \lambda_2, \cdots, \lambda_p$ 为 $\mathbf{S}$ 的特征值, $\boldsymbol{e}_1, \boldsymbol{e}_2, \cdots, \boldsymbol{e}_p$ 为特征值对应的标准化特征向量, 其中 $\boldsymbol{e}_i^{\mathrm{T}}\boldsymbol{e}_i = 1$, $\boldsymbol{e}_i^{\mathrm{T}}\boldsymbol{e}_j = 0$, $i \neq j$.

然后, 将公式 (2.7) 代入公式 (2.5) 可得

$$\mathrm{MD}_k^2 = \left(\boldsymbol{\Lambda}^{-1/2}\mathbf{Q}^{\mathrm{T}}(\boldsymbol{x}_k - \bar{\boldsymbol{x}})\right)^{\mathrm{T}} \left(\boldsymbol{\Lambda}^{-1/2}\mathbf{Q}^{\mathrm{T}}(\boldsymbol{x}_k - \bar{\boldsymbol{x}})\right) \tag{2.8}$$

由公式 (2.8) 可以看到, 马氏距离包含了三次变换: 第一次是将样本数据中心化 $(\boldsymbol{x}_k - \bar{\boldsymbol{x}})$, 如图 2.1; 第二次是通过正交矩阵 $\mathbf{Q}^{\mathrm{T}}$ 将 $(\boldsymbol{x}_k - \bar{\boldsymbol{x}})$ 映射到由 $\boldsymbol{e}_1, \boldsymbol{e}_2, \cdots, \boldsymbol{e}_p$ 张成的标准正交基中, 以此达到消除变量相关性的目的, 如图 2.2; 第三次是通过 $\boldsymbol{\Lambda}^{-1/2}$ 将 $\mathbf{Q}^{\mathrm{T}}(\boldsymbol{x}_k - \bar{\boldsymbol{x}})$ 进行伸缩变换, 将不同维度上的数据压缩成为方差都为 1 的数据集, 以此达到消除变量量纲影响的目的, 如图 2.3.

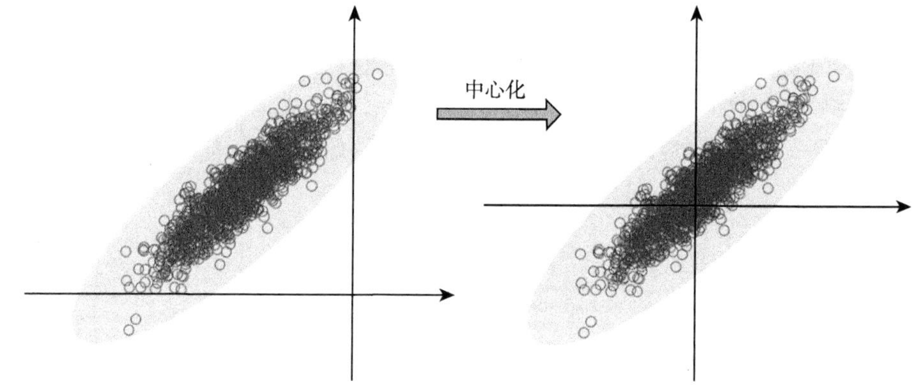

图 2.1 中心化

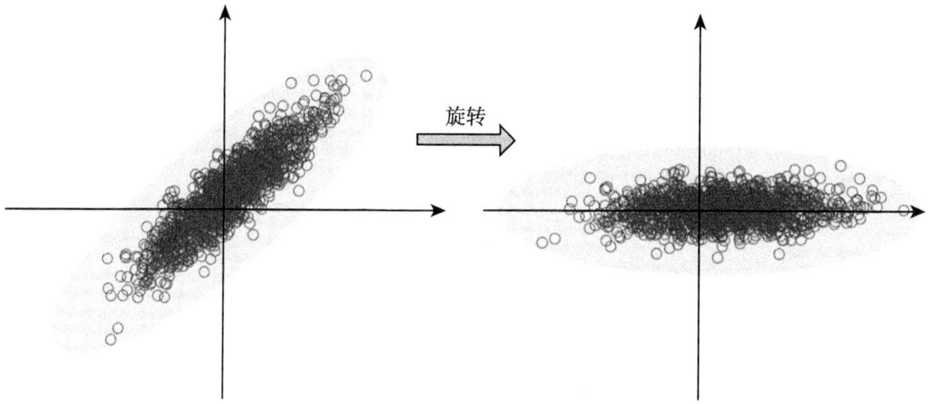

图 2.2 旋转

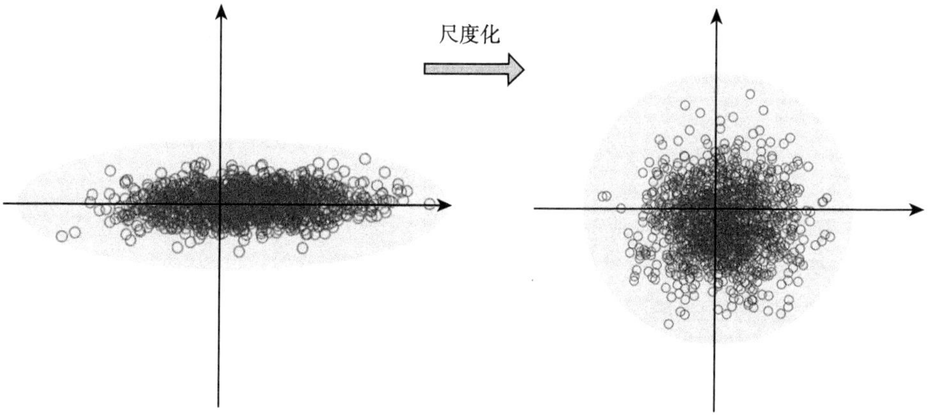

图 2.3 尺度化

通过三次变换, 将原特征空间中的样本数据映射到一个新特征空间中, 然后在新特征空间中计算样本到原点的欧氏距离, 并且在新特征空间中变量之间彼此独立, 量纲统一. 由此可知, 相较于欧氏距离, 马氏距离更适合异常值识别.

下面举一个实例来说明: 假设有一个二维正态总体, 它的分布为 $X \sim N_2(\boldsymbol{\mu}, \boldsymbol{\Sigma})$, 其中

$$\boldsymbol{\mu} = \begin{bmatrix} 0 \\ 0 \end{bmatrix}, \quad \boldsymbol{\Sigma} = \begin{bmatrix} 1 & 0.9 \\ 0.9 & 1 \end{bmatrix}$$

如果有 $\boldsymbol{a} = [1, 1]^{\mathrm{T}}$ 和 $\boldsymbol{b} = [1, -1]^{\mathrm{T}}$ 两点, 分别用欧氏距离和马氏距离计算到总体的距离为

$$\begin{cases} \mathrm{ED}\,(\boldsymbol{a}, \boldsymbol{\mu}) = 2, \\ \mathrm{ED}\,(\boldsymbol{b}, \boldsymbol{\mu}) = 2, \end{cases} \quad \begin{cases} \mathrm{MD}\,(\boldsymbol{a}, \boldsymbol{\mu}) = 1.05 \\ \mathrm{MD}\,(\boldsymbol{b}, \boldsymbol{\mu}) = 20.0 \end{cases}$$

根据欧氏距离, 点 $\boldsymbol{a}$ 和 $\boldsymbol{b}$ 到总体的距离是相等的, 因此两点应该均属于总体 X. 但是, 根据马氏距离, 点 $\boldsymbol{a}$ 到总体的距离比点 $\boldsymbol{b}$ 到总体的距离更近, 点 $\boldsymbol{a}$ 应该属于总体 X, 这个识别结果看起来更合理, 如图 2.4.

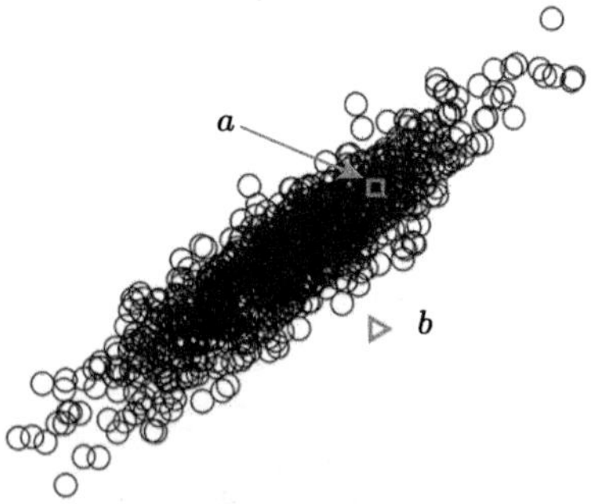

图 2.4　马氏距离与欧氏距离比较

另外, 由于马田系统是一种异常值识别方法, 故其数据环境只有一个正常总体, 没有异常总体, 每个异常样本都是独一无二的[1], 如图 2.5. 相比于其他一些模式识别方法, 其数据环境往往既有正常总体又有异常总体, 如图 2.6.

在马田系统中, 一般采用尺度化的逆矩阵马氏距离, 即在公式 (2.5) 的基础上除以特征变量个数 p, 尺度化的马氏距离为

$$\mathrm{MD}_k^2 = \frac{1}{p}(\boldsymbol{x}_k - \bar{\boldsymbol{x}})^{\mathrm{T}}\mathbf{S}^{-1}(\boldsymbol{x}_k - \bar{\boldsymbol{x}}), \quad k = 1, 2, \cdots, n \tag{2.9}$$

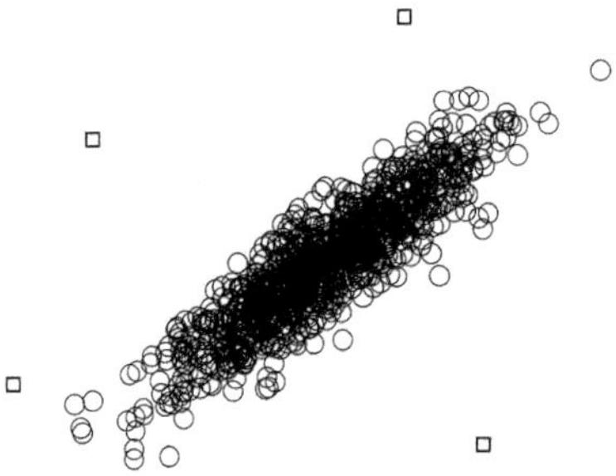

图 2.5 马田系统的数据环境

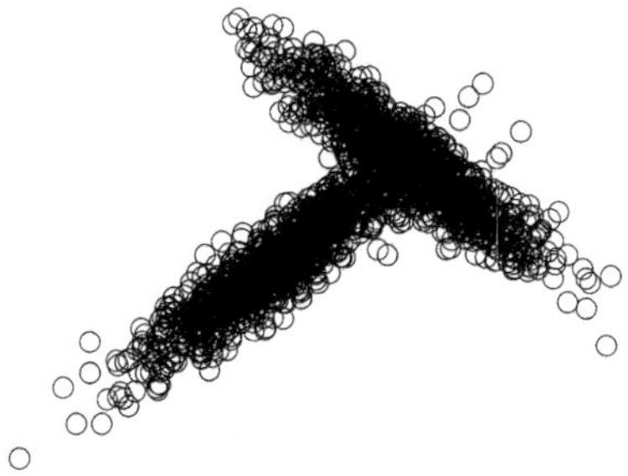

图 2.6 其他方法的数据环境

性质 2.1 尺度化的逆矩阵马氏距离均值等于 1.

证明 首先, 对公式 (2.9) 中的协方差矩阵 $\mathbf{S}$ 进行特征值分解得

$$\mathbf{S} = \mathbf{Q}\boldsymbol{\Lambda}\mathbf{Q}^{\mathrm{T}} \tag{2.10}$$

其中, $\mathbf{Q} = [\boldsymbol{e}_1, \boldsymbol{e}_2, \cdots, \boldsymbol{e}_p]$, $\boldsymbol{\Lambda} = \mathrm{diag}(\lambda_1, \lambda_2, \cdots, \lambda_p)$, $\lambda_1, \lambda_2, \cdots, \lambda_p$ 为 $\mathbf{S}$ 的特征值, $\boldsymbol{e}_1, \boldsymbol{e}_2, \cdots, \boldsymbol{e}_p$ 为特征值对应的标准化特征向量, 其中 $\boldsymbol{e}_i^{\mathrm{T}}\boldsymbol{e}_i = 1$, $\boldsymbol{e}_i^{\mathrm{T}}\boldsymbol{e}_j = 0$, $i \neq j$.

进而公式 (2.9) 可以写成如下形式

$$\frac{1}{p}(\boldsymbol{x}_k - \bar{\boldsymbol{x}})^{\mathrm{T}}\mathbf{S}^{-1}(\boldsymbol{x}_k - \bar{\boldsymbol{x}}) = \frac{1}{p}\left(\mathbf{Q}^{\mathrm{T}}(\boldsymbol{x}_k - \bar{\boldsymbol{x}})\right)^{\mathrm{T}}\boldsymbol{\Lambda}^{-1}\left(\mathbf{Q}^{\mathrm{T}}(\boldsymbol{x}_k - \bar{\boldsymbol{x}})\right) \tag{2.11}$$

整理得

$$\begin{aligned}\frac{1}{p}(\boldsymbol{x}_k - \bar{\boldsymbol{x}})^{\mathrm{T}}\mathbf{S}^{-1}(\boldsymbol{x}_k - \bar{\boldsymbol{x}}) =& \frac{1}{p}\left[\frac{1}{\lambda_1}\left(\boldsymbol{e}_1^{\mathrm{T}}(\boldsymbol{x}_k - \bar{\boldsymbol{x}})\right)^2\right.\\ &\left.+\frac{1}{\lambda_2}\left(\boldsymbol{e}_2^{\mathrm{T}}(\boldsymbol{x}_k - \bar{\boldsymbol{x}})\right)^2 + \cdots + \frac{1}{\lambda_p}\left(\boldsymbol{e}_p^{\mathrm{T}}(\boldsymbol{x}_k - \bar{\boldsymbol{x}})\right)^2\right]\end{aligned} \tag{2.12}$$

为了便于说明, 设 $y_{jk} = \boldsymbol{e}_j^{\mathrm{T}}(\boldsymbol{x}_k - \bar{\boldsymbol{x}})$, 因此公式 (2.12) 可以简化为

$$\frac{1}{p}(\boldsymbol{x}_k - \bar{\boldsymbol{x}})^{\mathrm{T}}\mathbf{S}^{-1}(\boldsymbol{x}_k - \bar{\boldsymbol{x}}) = \frac{1}{p}\left[\frac{y_{1k}^2}{\lambda_1} + \frac{y_{2k}^2}{\lambda_2} + \cdots + \frac{y_{pk}^2}{\lambda_p}\right] \tag{2.13}$$

两边求和取平均

$$\frac{1}{np}\sum_{k=1}^{n}(\boldsymbol{x}_k - \bar{\boldsymbol{x}})^{\mathrm{T}}\mathbf{S}^{-1}(\boldsymbol{x}_k - \bar{\boldsymbol{x}}) = \frac{1}{np}\sum_{k=1}^{n}\frac{y_{1k}^2}{\lambda_1} + \frac{1}{np}\sum_{k=1}^{n}\frac{y_{2k}^2}{\lambda_2} + \cdots + \frac{1}{np}\sum_{k=1}^{n}\frac{y_{pk}^2}{\lambda_p} \tag{2.14}$$

由于

$$\bar{y}_j = \frac{1}{n}\sum_{k=1}^{n} y_{jk} = \frac{1}{n}\left(\boldsymbol{e}_j^{\mathrm{T}}(\boldsymbol{x}_1 - \bar{\boldsymbol{x}}) + \boldsymbol{e}_j^{\mathrm{T}}(\boldsymbol{x}_2 - \bar{\boldsymbol{x}}) + \cdots + \boldsymbol{e}_j^{\mathrm{T}}(\boldsymbol{x}_n - \bar{\boldsymbol{x}})\right) = 0 \tag{2.15}$$

故

$$\begin{aligned} & \frac{1}{np}\sum_{k=1}^{n}(\boldsymbol{x}_k - \bar{\boldsymbol{x}})^{\mathrm{T}}\mathbf{S}^{-1}(\boldsymbol{x}_k - \bar{\boldsymbol{x}}) \\ =& \frac{1}{np}\sum_{k=1}^{n}\frac{(y_{1k} - \bar{y}_1)^2}{\lambda_1} \\ & + \frac{1}{np}\sum_{k=1}^{n}\frac{(y_{2k} - \bar{y}_2)^2}{\lambda_2} + \cdots + \frac{1}{np}\sum_{k=1}^{n}\frac{(y_{pk} - \bar{y}_p)^2}{\lambda_p} \end{aligned} \tag{2.16}$$

又

$$\lambda_j = \frac{1}{n}\sum_{k=1}^{n}(y_{jk} - \bar{y}_j)^2 \tag{2.17}$$

因此

$$\frac{1}{np}\sum_{k=1}^{n}(\boldsymbol{x}_k - \bar{\boldsymbol{x}})^{\mathrm{T}}\mathbf{S}^{-1}(\boldsymbol{x}_k - \bar{\boldsymbol{x}}) = \frac{1}{p}\left[\frac{1}{\lambda_1}\lambda_1 + \frac{1}{\lambda_2}\lambda_2 + \cdots + \frac{1}{\lambda_p}\lambda_p\right] = 1$$

即

$$\frac{1}{n}\sum_{k=1}^{n}\mathrm{MD}_k^2 = 1 \tag{2.18}$$

□

在马田系统中, 经常采用如下形式的尺度化马氏距离

$$\mathrm{MD}_k^2 = \frac{1}{p}\boldsymbol{z}_k^{\mathrm{T}}\mathbf{R}^{-1}\boldsymbol{z}_k \tag{2.19}$$

其中, $\boldsymbol{z}_k = [z_{k1}, z_{k2}, \cdots, z_{kp}]^{\mathrm{T}}$ 为第 k 个样本的标准化向量, 标准化计算公式如下:

$$z_{kj} = \frac{x_{kj} - \bar{x}_j}{s_j} \tag{2.20}$$

$$\bar{x}_j = \frac{1}{n}\sum_{k=1}^{n} x_{kj} \tag{2.21}$$

$$s_j = \sqrt{\frac{1}{n-1}\sum_{k=1}^{n}(x_{kj}-\bar{x}_j)^2} \tag{2.22}$$

R 为相关系数矩阵, 计算公式如下:

$$\mathbf{R} = \frac{1}{n-1}\sum_{k=1}^{n}\boldsymbol{z}_k\boldsymbol{z}_k^{\mathrm{T}} \tag{2.23}$$

但是, 如果变量间存在较严重的多重共线性, 将导致公式 (2.9) 和 (2.19) 失效. 田口玄一[1] 提出通过 Gram-Schmidt 正交化的方法计算马氏距离, 该方法通过 Gram-Schmidt 正交构建一组同原基等价的正交基来消除特征变量的相关性. 下面介绍通过 Gram-Schmidt 正交计算马氏距离的过程:

首先, 对原始样本矩阵 **X** 进行标准化处理, 得标准化样本矩阵

$$\mathbf{Z} = [\boldsymbol{z}_1, \boldsymbol{z}_2, \cdots, \boldsymbol{z}_n]^{\mathrm{T}} = \begin{bmatrix} z_{11} & z_{12} & \cdots & z_{1p} \\ z_{21} & z_{22} & \cdots & z_{2p} \\ \vdots & \vdots & & \vdots \\ z_{n1} & z_{n2} & \cdots & z_{np} \end{bmatrix}$$

其中, $\boldsymbol{z}_k$ 为第 k 个样本的标准化向量, $k = 1, 2, \cdots, n$.

然后, 设 **Z** 的第 j 列, 即第 j 个变量的 n 个标准化观测值为

$$Z_j = (z_{1j}, z_{2j}, \cdots, z_{nj})^{\mathrm{T}}, \quad j = 1, 2, \cdots, p$$

则标准化矩阵 **Z** 可以重新写成

$$\mathbf{Z} = [Z_1, Z_2, \cdots, Z_p] = \begin{bmatrix} z_{11} & z_{12} & \cdots & z_{1p} \\ z_{21} & z_{22} & \cdots & z_{2p} \\ \vdots & \vdots & & \vdots \\ z_{n1} & z_{n2} & \cdots & z_{np} \end{bmatrix}$$

下面对 $Z_1, Z_2, \cdots, Z_p$ 进行 Gram-Schmidt 正交化如下:

$$\begin{cases} U_1 = Z_1 = (u_{11}, u_{21}, \cdots, u_{n1})^{\mathrm{T}} \\ U_2 = Z_2 - \dfrac{Z_2^{\mathrm{T}}U_1}{U_1^{\mathrm{T}}U_1}U_1 = (u_{12}, u_{22}, \cdots, u_{n2})^{\mathrm{T}} \\ \quad\vdots \\ U_p = Z_p - \dfrac{Z_p^{\mathrm{T}}U_1}{U_1^{\mathrm{T}}U_1}U_1 - \cdots - \dfrac{Z_p^{\mathrm{T}}U_{p-1}}{U_{p-1}^{\mathrm{T}}U_{p-1}}U_{p-1} = (u_{1p}, u_{2p}, \cdots, u_{np})^{\mathrm{T}} \end{cases} \tag{2.24}$$

Gram-Schmidt 正交后的样本矩阵为

$$\mathbf{U} = [U_1, U_2, \cdots, U_p] = \begin{bmatrix} u_{11} & u_{12} & \cdots & u_{1p} \\ u_{21} & u_{22} & \cdots & u_{2p} \\ \vdots & \vdots & & \vdots \\ u_{n1} & u_{n2} & \cdots & u_{np} \end{bmatrix}$$

由于 $\mathbf{Z}$ 的均值向量 $\bar{\boldsymbol{z}} = \frac{1}{n}\mathbf{Z}^{\mathrm{T}}\mathbf{1}_n = \mathbf{0}$, 故

$$\frac{1}{n}\mathbf{1}_n^{\mathrm{T}} Z_j = 0, \quad j = 1, 2, \cdots, p \tag{2.25}$$

根据公式 (2.24) 可得

$$\begin{cases} \frac{1}{n}\mathbf{1}_n^{\mathrm{T}} U_1 = \frac{1}{n}\mathbf{1}_n^{\mathrm{T}} Z_1 = 0 \\ \frac{1}{n}\mathbf{1}_n^{\mathrm{T}} U_2 = \frac{1}{n}\mathbf{1}_n^{\mathrm{T}} Z_2 - \frac{Z_2^{\mathrm{T}} U_1}{U_1^{\mathrm{T}} U_1}\frac{1}{n}\mathbf{1}_n^{\mathrm{T}} U_1 = 0 \\ \quad\vdots \\ \frac{1}{n}\mathbf{1}_n^{\mathrm{T}} U_p = \frac{1}{n}\mathbf{1}_n^{\mathrm{T}} Z_p - \frac{Z_p^{\mathrm{T}} U_1}{U_1^{\mathrm{T}} U_1}\frac{1}{n}\mathbf{1}_n^{\mathrm{T}} U_1 - \cdots - \frac{Z_p^{\mathrm{T}} U_{p-1}}{U_{p-1}^{\mathrm{T}} U_{p-1}}\frac{1}{n}\mathbf{1}_n^{\mathrm{T}} U_{p-1} = 0 \end{cases} \tag{2.26}$$

进而可得 $\mathbf{U}$ 的均值向量

$$\bar{\boldsymbol{u}} = \left[\frac{1}{n}\mathbf{1}_n^{\mathrm{T}} U_1, \frac{1}{n}\mathbf{1}_n^{\mathrm{T}} U_2, \cdots, \frac{1}{n}\mathbf{1}_n^{\mathrm{T}} U_p\right]^{\mathrm{T}} = \mathbf{0}$$

由于向量 $U_1, U_2, \cdots, U_p$ 之间相互正交, 故 $\mathbf{U}$ 的协方差矩阵为

$$\mathbf{S}_{\mathrm{U}} = \begin{bmatrix} s_1^2 & 0 & \cdots & 0 \\ 0 & s_2^2 & \cdots & 0 \\ \vdots & \vdots & & \vdots \\ 0 & 0 & \cdots & s_p^2 \end{bmatrix}$$

综上可得, 尺度化的施密特正交马氏距离为

$$\mathrm{MD}_k^2 = \frac{1}{p}\left[\frac{u_{k1}^2}{s_1^2} + \frac{u_{k2}^2}{s_2^2} + \cdots + \frac{u_{kp}^2}{s_p^2}\right], \quad k = 1, 2, \cdots, n \tag{2.27}$$

性质 2.2 尺度化的施密特正交马氏距离均值等于 1[1].

证明 对公式 (2.27) 两边求和取平均得

$$
\begin{aligned}
\frac{1}{n}\sum_{k=1}^{n}\mathrm{MD}_k^2 &= \frac{1}{p}\sum_{k=1}^{n}\frac{u_{k1}^2}{s_1^2}+\frac{1}{p}\sum_{k=1}^{n}\frac{u_{k2}^2}{s_2^2}+\cdots+\frac{1}{p}\sum_{k=1}^{n}\frac{u_{kp}^2}{s_p^2} \\
&= \frac{1}{p}\underbrace{(1+1+\cdots+1)}_{p} \\
&= 1
\end{aligned}
$$

□

2.1.2 正交试验设计

试验设计技术最早是由英国学者 R.A.Fisher 等为了进行多因素的农田试验发展起来的. 第二次世界大战以后, 日本为了振兴工业以田口玄一为首的一批研究者把此项技术引入日本, 开发了正交表的应用技术, 并发展成为产品质量管理的一种重要方法——正交试验设计[2]. 正交试验设计是利用数理统计学与正交性原理进行合理安排试验的一种方法. 它是在实际经验与理论认识的基础上, 利用一种排列整齐的规格化表格——“正交表”来安排试验. 由于正交表具有“均衡分散, 整齐可比”的特点, 能在考察的范围内, 选出代表性强的少数试验条件做到均衡抽样. 由于是均衡抽样, 故能通过少数的试验次数, 找到最好的生产和科研条件, 即最优的方案.

1. 正交表

正交表是一些已经制作好的规格化表格, 是正交试验设计的基本工具. 每张正交表通常都有各自的记号, 如 $L_4(2^3)$, $L_8(2^7)$, $L_9(3^4)$, $L_{27}(3^{13})$ 等.

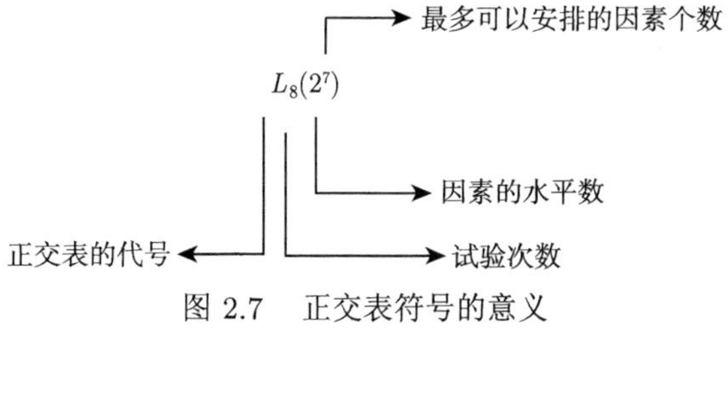

图 2.7 正交表符号的意义

符号 L 代表正交表, L 右下角的数字 4, 8, 9, 27 表示需要做的试验次数; 括号内的指数的数字 3, 7, 4, 13 表示最多允许安排的因素个数, 括号内的数字 2, 3 表示因素的水平数. 水平是某个因素在试验中需要考虑它的几种状态或几个具体条件. 如 $L_8(2^7)$ 表示要做 8 次试验, 每次试验取 2 个水平, 最多允许安排 7 个因素, 图 2.7 为正交表记号所表示的意义.

正交表的正交性表现在两个方面: 一是同一列中每个数字重复次数相同; 二是不同列中一切可能数对的重复次数相同. 下面以正交表 $L_8(2^7)$ 为例介绍正交表的正交性, 见表 2.1.

表 2.1　$L_8(2^7)$ 正交表

试验号＼列号	1	2	3	4	5	6	7
1	1	1	1	1	1	1	1
2	1	1	1	2	2	2	2
3	1	2	2	1	1	2	2
4	1	2	2	2	2	1	1
5	2	1	2	1	2	1	2
6	2	1	2	2	1	2	1
7	2	2	1	1	2	2	1
8	2	2	1	2	1	1	2

在表 2.1 中, 有 8 个横行 7 个直列, 由水平 “1” 和 “2” 组成, 它有两个特点: 一是每个直列恰好有四个 “1” 和四个 “2”; 二是任意两个直列, 其横向形成的八个数字对中恰好 (1, 1)、(1, 2)、(2, 1) 和 (2, 2) 各出现两次, 就是说对于任意两个直列, 水平 “1” 和 “2” 间的搭配是均衡的. 从表 2.1 还可以看到, 各因素水平的变化很有规律, 按一定规律变化, 各因素出现的次数相同. 因此, 其他各因素对试验结果的影响基本相同或相近, 最大限度地排除了其他因素的干扰, 突出了主要因素的效应, 这样便于比较因素各水平的效应. 因素之间搭配均衡, 使得由于非均衡分散性而可能形成的误差从平均值中消除了. 因此, 各水平在试验中变化有规律, 试验结果用平均值就能方便进行比较的特性称为可比性, 它是正交试验结果分析的基础[3].

2. 正交试验

下面以 6 个变量为例, 说明在马田系统中如何通过正交试验筛选变量. 在马田系统中, 选用二水平正交表安排正交试验. 由于有 6 个变量, 故选择 $L_8(2^7)$ 正交表, 见表 2.1. 这 6 个变量可以安排在正交表的任意 6 列中, 本节将其安排在正交表前 6 列中, 如表 2.2.

在表 2.2 中, 水平 “1” 表示该变量参与计算马氏距离; 水平 “2” 表示该变量不参与计算马氏距离, 因此每次试验可以选取一个 “变量集” 计算 m 个异常样本的马氏距离 (表 2.3), 计算公式如下:

$$\widehat{\mathrm{MD}}_k^2 = \frac{1}{p}(\hat{\boldsymbol{x}}_k - \bar{\boldsymbol{x}})^{\mathrm{T}}\mathbf{S}^{-1}(\hat{\boldsymbol{x}}_k - \bar{\boldsymbol{x}}), \quad k = 1, 2, \cdots, m \tag{2.28}$$

其中, $\bar{\boldsymbol{x}}$ 和 $\mathbf{S}$ 分别为正常样本的均值向量和协方差矩阵; p 为变量的个数.

表 2.2 变量安排

试验	变量						
	X_1	X_2	X_3	X_4	X_5	X_6	
1	1	1	1	1	1	1	1
2	1	1	1	2	2	2	2
3	1	2	2	1	1	2	2
4	1	2	2	2	2	1	1
5	2	1	2	1	2	1	2
6	2	1	2	2	1	2	1
7	2	2	1	1	2	2	1
8	2	2	1	2	1	1	2

表 2.3 正交试验结果分析

试验	变量						异常样本				信噪比
	X_1	X_2	X_3	X_4	X_5	X_6	1	2	$\cdots$	m	
1	X_1	X_2	X_3	X_4	X_5	X_6	$\widehat{\mathrm{MD}}_{11}^2$	$\widehat{\mathrm{MD}}_{12}^2$	$\cdots$	$\widehat{\mathrm{MD}}_{1m}^2$	η_1
2	X_1	X_2	X_3				$\widehat{\mathrm{MD}}_{21}^2$	$\widehat{\mathrm{MD}}_{22}^2$	$\cdots$	$\widehat{\mathrm{MD}}_{2m}^2$	η_2
3	X_1			X_4	X_5		$\widehat{\mathrm{MD}}_{31}^2$	$\widehat{\mathrm{MD}}_{32}^2$	$\cdots$	$\widehat{\mathrm{MD}}_{3m}^2$	η_3
4	X_1					X_6	$\widehat{\mathrm{MD}}_{41}^2$	$\widehat{\mathrm{MD}}_{42}^2$	$\cdots$	$\widehat{\mathrm{MD}}_{4m}^2$	η_4
5		X_2		X_4		X_6	$\widehat{\mathrm{MD}}_{51}^2$	$\widehat{\mathrm{MD}}_{52}^2$	$\cdots$	$\widehat{\mathrm{MD}}_{5m}^2$	η_5
6		X_2			X_5		$\widehat{\mathrm{MD}}_{61}^2$	$\widehat{\mathrm{MD}}_{62}^2$	$\cdots$	$\widehat{\mathrm{MD}}_{6m}^2$	η_6
7			X_3	X_4			$\widehat{\mathrm{MD}}_{71}^2$	$\widehat{\mathrm{MD}}_{72}^2$	$\cdots$	$\widehat{\mathrm{MD}}_{7m}^2$	η_7
8			X_3		X_5	X_6	$\widehat{\mathrm{MD}}_{81}^2$	$\widehat{\mathrm{MD}}_{82}^2$	$\cdots$	$\widehat{\mathrm{MD}}_{8m}^2$	η_8

下面根据表 2.3 分析每个变量参与试验对信噪比的影响大, 还是不参与试验对信噪比的影响大? 这里共安排了 8 次试验, 直接两两比较 8 次试验的信噪比是不行的, 因为 8 次试验的条件没有两个是相同的, 也就是说没有比较的基础. 但是, 如果把这 8 次试验数据适当组合起来, 便会发现某种可比性, 这就是正交试验设计的整齐可比性.

以变量 X_1 为例: 变量 X_1 排在第 1 列, 所以要从第 1 列来分析. 如果把包含变量 X_1 的四次试验 (第 1, 2, 3, 4 号试验) 算作第一组, 同样把不包含变量 X_1 的四次试验 (第 5, 6, 7, 8 号试验) 算作第二组. 那么, 8 次试验分成了两组, 在这两组试验中, 各变量参与试验的情况如表 2.4 所示. 由表 2.4 可看出, X_1 全部参与的四次试验和全部未参与的四次试验, 其他变量都分别出现了二次, 也就是说第一组试验和第二组试验的条件是相同的. 把第一组试验得到的试验数据相加之后取平均, 即第 1 列的第 1, 2, 3, 4 号试验的信噪比相加后取平均值, 其和记为 η_1^+, 平均值记为 $\bar{\eta}_1^+$.

$$\eta_1^+ = \eta_1 + \eta_2 + \eta_3 + \eta_4 \tag{2.29}$$

$$\bar{\eta}_1^+ = \frac{\eta_1 + \eta_2 + \eta_3 + \eta_4}{4} \tag{2.30}$$

表 2.4 试验安排表

试验号 \ 变量	X_1	X_2	X_3	X_4	X_5	X_6
1、2、3、4	全部参与	参与两次	参与两次	参与两次	参与两次	参与两次
5、6、7、8	全部未参与	参与两次	参与两次	参与两次	参与两次	参与两次

同理, 把第二组试验得到的试验数据相加之后, 取平均, 即第 1 列的第 5、6、7、8 号试验的信噪比相加后取平均值, 其和记为 η_1^-, 平均值记为 $\bar{\eta}_1^-$.

$$\eta_1^- = \eta_5 + \eta_6 + \eta_7 + \eta_8 \tag{2.31}$$

$$\bar{\eta}_1^- = \frac{\eta_5 + \eta_6 + \eta_7 + \eta_8}{4} \tag{2.32}$$

于是, 比较 η_1^+ 和 η_1^- 的大小时, 可以认为其他变量 X_2, X_3, X_4, X_5 和 X_6, 对 η_1^+ 和 η_1^- 的影响大体是相同的. 因此, 可以把 $\bar{\eta}_1^+$ 和 $\bar{\eta}_1^-$ 之间的差异, 即

$$\Delta_1 = \bar{\eta}_1^+ - \bar{\eta}_1^- \tag{2.33}$$

看作是由于 X_1 是否参与试验引起的. 同理, 按照相同的方式可以计算其他变量的 Δ 值, 如表 2.5. 在马田系统中如果 $\Delta_j > 0$, 则保留 X_j; 反之, 如果 $\Delta_j \leqslant 0$, 则删除 X_j.

表 2.5 各变量的 Δ 值

水平 \ 变量	X_1	X_2	X_3	X_4	X_5	X_6
1	$\bar{\eta}_1^+$	$\bar{\eta}_2^+$	$\bar{\eta}_3^+$	$\bar{\eta}_4^+$	$\bar{\eta}_5^+$	$\bar{\eta}_6^+$
2	$\bar{\eta}_1^-$	$\bar{\eta}_2^-$	$\bar{\eta}_3^-$	$\bar{\eta}_4^-$	$\bar{\eta}_5^-$	$\bar{\eta}_6^-$
Δ	Δ_1	Δ_2	Δ_3	Δ_4	Δ_5	Δ_6

2.1.3 信噪比

在马田系统中信噪比主要用于: (1) 确定有效特征变量; (2) 评估系统的性能; (3) 改善系统的性能[1]. 信噪比对于优化系统变量和降低识别成本来说相当重要, 在马田系统中信噪比采用马氏距离来计算. 假设马氏距离在可控因素和噪声因素的共同作用下服从正态分布, 即

$$\mathrm{MD} \sim N(\mu, \sigma^2) \tag{2.34}$$

那么马氏距离的波动性可以用方差 σ^2 描述, 在信号附近的集中程度可以用均值 μ 描述. 如果将 μ^2 定义为信号 (Signal), σ^2 定义为噪声 (Noise), 那么信号强度与噪声强度之比可以定义为信噪比 (Signal to Noise Ratio, SNR), 即

$$\eta = \frac{\mu^2}{\sigma^2} \tag{2.35}$$

信噪比是信号与噪声的比值, 一般希望信噪比越大越好. 在实际计算中, 通常模仿通信理论中的处理方法, 将 η 取为对数, 再扩大 10 倍, 化为以分贝 (dB) 表示的数值. 在不会引起混淆的情况下, 记 η 为信噪比, 即

$$\eta = 10\log_{10}\frac{\mu^2}{\sigma^2} \tag{2.36}$$

这样做的目的是使 η 值较接近正态分布, 且因素效应也大多具有线性可加性[4]. 根据输入信号的不同, 信噪比主要有以下四种类型.

1. 望目特性信噪比

对于望目特性 (Nominal-the-Best, NB) 信噪比, 希望 μ 值越接近目标值 MD_0 越好, 同时希望 σ^2 越小越好, 故可以将望目特性信噪比定义为

$$\eta_{NB} = 10\log_{10}\frac{\mu^2}{\sigma^2} \tag{2.37}$$

由于方差 σ^2 和 μ^2 的无偏估计分别为

$$\hat{\sigma}^2 = V_e = \frac{1}{n-1}\sum_{k=1}^{n}\left(\mathrm{MD}_k - \overline{\mathrm{MD}}\right)^2 \tag{2.38}$$

$$\hat{\mu}^2 = \frac{1}{n}(S_m - V_e) \tag{2.39}$$

其中, $\overline{\mathrm{MD}} = \frac{1}{n}\sum_{k=1}^{n}\mathrm{MD}_k$, $S_m = \frac{1}{n}\left[\sum_{k=1}^{n}\mathrm{MD}_k\right]^2$.

因此, 在实际计算中, 望目特性信噪比的公式为

$$\eta_{NB} = 10\log_{10}\frac{1}{n}\frac{S_m - V_e}{V_e} \tag{2.40}$$

2. 望小特性信噪比

对于望小特性 (Smaller-the-Better, SB) 信噪比, 希望马氏距离越小越好, 故一方面希望 μ 越小越好, 另一方面希望 σ^2 小, 为使量纲一致, 可以要求 $\sigma^2+\mu^2$ 越小越好, 因此可以将望小特性信噪比定义为

$$\eta_{SB}=10\log_{10}\frac{1}{\sigma^2+\mu^2}=-10\log_{10}(\sigma^2+\mu^2) \tag{2.41}$$

由于 $\sigma^2+\mu^2$ 的无偏估计为

$$\sigma^2+\mu^2=E(\mathrm{MD}^2)=\frac{1}{n}\sum_{k=1}^{n}\mathrm{MD}_k^2$$

故在实际计算中, 望小特性信噪比的公式为

$$\eta_{SB}=-10\log_{10}\frac{1}{n}\sum_{k=1}^{n}\mathrm{MD}_k^2 \tag{2.42}$$

3. 望大特性信噪比

对于望大特性 (Larger-the-Better, LB) 信噪比, 希望马氏距离越大越好, 故一方面希望 μ 越大越好, 另一方面又希望 σ^2 要小. 在实际计算中, 望大特性信噪比可以对望小特性信噪比中的马氏距离取倒数得到, 即

$$\eta_{LB}=-10\log_{10}\frac{1}{n}\sum_{k=1}^{n}\frac{1}{\mathrm{MD}_k^2} \tag{2.43}$$

4. 动态信噪比

动态信噪比 (Dynamic Type, DT) 可以提供更精确的诊断和识别[5]. 若采用动态信噪比, 则必须已知每个异常样本的异常程度. 如果用 M_i 来代表第 i 个异常样本的严重程度, 则该值越大异常程度越严重. 如果 M_i 未知, 则可将异常样本的马氏距离根据严重程度分组, 每组马氏距离的平均值当成 M_i, 这些平均值通常称为 "组均值"[6].

下面讨论以下两种情况的动态信噪比: 一种情况是所有异常程度均已知; 另一种情况是所有异常程度均未知, 但可以利用 "组均值".

1) 所有异常程度均已知

假设 $M_1, M_2, \cdots, M_p$ 代表 p 个异常样本的严重程度真值, 并假设存在

$$y_i=\beta M_i \tag{2.44}$$

其中, $y_i = \mathrm{MD}_i$, $i = 1, 2, \cdots, p$, β 代表斜率.

动态信噪比的计算过程为[6]: 对于正交表的每一行, 需要构建如下方差分析表 (表 2.6).

表 2.6 方差分析表

方差来源	自由度	平方和
β	1	S_β
误差	$p-1$	S_e
总方差	p	S_T

在表 2.6 中, $S_T = \sum\limits_{i=1}^{p} y_i^2$ 为总平方和; $S_\beta = \dfrac{1}{r}\left[\sum\limits_{i=1}^{p} M_i y_i\right]^2$ 为由斜率引起的平方和; $S_e = S_T - S_\beta$ 为误差平方和; β 可以由下式估计

$$\hat{\beta}^2 = \frac{S_\beta - V_e}{r} \tag{2.45}$$

其中, $r = \sum\limits_{i=1}^{p} M_i^2$ 为由信号引起的平方和, $V_e = \dfrac{S_e}{p-1}$ 为误差方差.

因此, 动态信噪比为

$$\eta_{DT} = 10\log_{10}\left[\frac{1}{r}\frac{S_\beta - V_e}{V_e}\right] \tag{2.46}$$

2) 所有异常程度均未知, 但可以利用 “组均值”

假设将异常样本根据异常程度分成 k 组, M_i 代表第 i 组的平均值, 如果每一组中有 m 个异常样本, 则

$$M_i = \frac{1}{m}\sum_{j=1}^{m} y_{ij} \tag{2.47}$$

其中, $y_{ij} = \mathrm{MD}_{ij}$, $i = 1, 2, \cdots, k$, $j = 1, 2, \cdots, m$.

M_i 与 y_i 之间存在如下关系:

$$y_i = \beta M_i \tag{2.48}$$

其中, $y_i = \mathrm{MD}_i$, $i = 1, 2, \cdots, k$, β 代表斜率.

这时动态信噪比可以分别由下式计算:

$$S_T = \sum_{i=1}^{k}\sum_{j=1}^{m} y_{ij}^2 \tag{2.49}$$

$$S_\beta = \frac{1}{r}\left[\sum_{i=1}^{p} M_i Y_i\right]^2 \tag{2.50}$$

其中, Y_i 为第 i 组所有异常样本值之和, $r = m\sum_{i=1}^{p} M_i^2$.

$$V_e = \frac{S_e}{km-1} \tag{2.51}$$

2.1.4　质量损失函数

关于马田系统的阈值确定方法, 田口玄一推荐使用质量损失函数. 田口玄一认为产品质量与质量损失密切相关, 质量损失是指产品在整个生命周期的过程中, 由于质量不满足规定的要求, 对生产者、使用者和社会造成的全部损失之和. 田口玄一用货币单位来对产品质量进行度量, 质量损失越大, 产品质量越差; 反之, 质量损失越小, 产品质量越好. 所谓的质量损失函数, 就是定量表述 “经济损失” 与 “功能波动” 之间相互关系的函数. 下面简单介绍几种质量特性的损失函数.

1. 望目特性的质量损失函数

望目特性的质量损失函数适用于产品的输出特性 y 有一个确定的目标值 y_0, 并且质量损失在目标值的两侧对称分布, 如图 2.8. 设产品质量特性的目标值为 y_0, 实际值为 y, 若 $y \neq y_0$, 则造成质量损失, 其损失函数为 $L(y)$, 且 $y - y_0$ 越大, $L(y)$ 越大. 若 $L(y)$ 在 $y = y_0$ 处存在二阶导数, 按泰勒公式有

$$L(y) = L(y_0) + \frac{L'(y_0)}{1!}(y-y_0) + \frac{L''(y_0)}{2!}(y-y_0)^2 + \frac{L'''(y_0)}{3!}(y-y_0)^3 + \cdots \tag{2.52}$$

由于 $L(y)$ 在 $y - y_0$ 处取极小值, 质量损失为零. 因此, 略去 $(y-m)^3 + \cdots$ 高阶, 则可得质量损失函数为

$$L(y) \approx K(y-y_0)^2 \tag{2.53}$$

其中, $K = L''(y_0)/2!$ 是不依赖 y 的常数, 称为质量损失系数.

质量损失系数 K 可以根据功能界限 Δ_0 和相应的损失 A_0 来确定. 所谓的功能界限 Δ_0 是指产品能够正常发挥功能的极限值. 若产品的输出特性为 y, 目标值为 y_0, 则当 $|y-y_0| \leqslant \Delta_0$ 时, 产品尚能发挥功能, 而当 $|y-y_0| > \Delta_0$ 时, 产品即丧失功能.

因此, 由公式 (2.53) 可得 $A_0 = K\Delta_0^2$, 质量损失系数为

$$K = \frac{A_0}{\Delta_0^2} \tag{2.54}$$

此时, 质量损失函数为

$$L(y) \approx \frac{A_0}{\Delta_0^2}(y - y_0)^2 \tag{2.55}$$

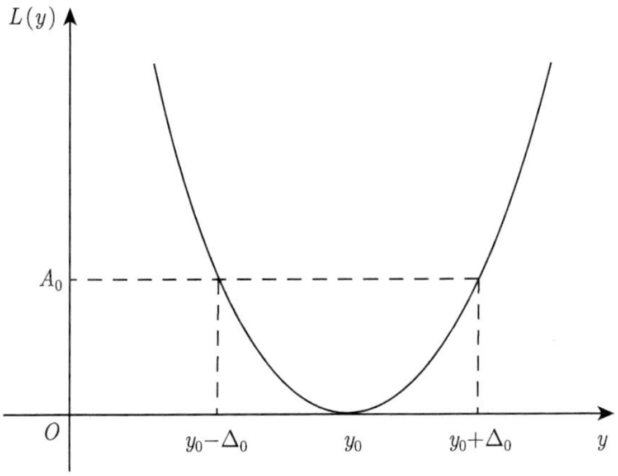

图 2.8 望目特性质量损失函数

2. 望小特性的质量损失函数

在生产实际中, 有的产品质量特性值 y 不取负值, 若 y 越接近于零值, 产品的质量越高. 这种希望越小越好的质量特性, 称为望小特性. 它相当于目标值为 "0" 的望目特性. 因此, 可以仿照望目特性的质量损失函数, 构造望小特性的质量损失函数.

设 y 是望小特性, 相应的损失为 $L(y)$, 假设 $y = 0$ 处存在二阶导数, 按泰勒公式展开为

$$L(y) = L(0) + \frac{L'(0)}{1!}y + \frac{L''(0)}{2!}y^2 + o(y^2) + \cdots \tag{2.56}$$

因为 $y = 0$ 时, 质量损失为 0, 且取得极小值, 即 $L(0) = 0$, $L'(0) = 0$, 略去二阶以上的高阶项有

$$L(y) = \frac{L''(0)}{2!}y^2 \tag{2.57}$$

如果记 $K = \dfrac{L''(0)}{2!}$, 则有

$$L(y) = Ky^2 \tag{2.58}$$

由于 $y \geqslant 0$, 故望小特性的质量损失函数如图 2.9.

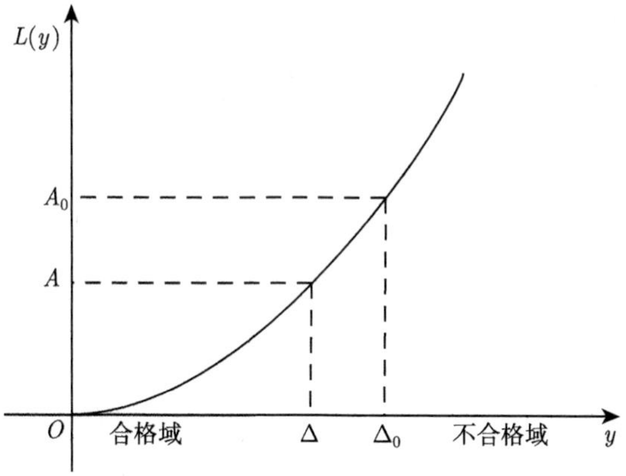

图 2.9　望小特性的质量损失函数

3. 望大特性的质量损失函数

有些产品的质量特性是: 不取负值, 越大越好, 零值最差; 当其输出特性值增大时, 其性能逐渐变好, 质量损失逐渐变小, 最理想的值是无穷大, 如图 2.10. 这样的质量特性称为望大特性.

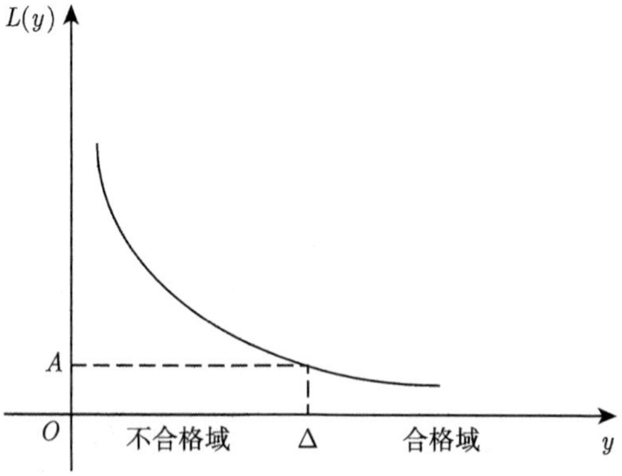

图 2.10　望大特性质量损失函数

如果 y 为望大特性, $L(y)$ 为损失函数, 则在 $y=\infty$ 处, 损失函数取得最小值为 0, 即 $L(\infty)=0$, $L'(\infty)=0$, $L(y)$ 在 $y=\infty$ 处泰勒展开:

$$L(y)=L(\infty)+\frac{L'(\infty)}{1!}\frac{1}{y}+\frac{L''(\infty)}{2!}\frac{1}{y^2}+o\left(\frac{1}{y^2}\right)+\cdots \tag{2.59}$$

略去二阶以上的高阶项, 考虑到 $L(\infty)=0$, $L'(\infty)=0$, 则

$$L(y)=K\frac{1}{y^2} \tag{2.60}$$

若规定容差为 Δ 时, 不合格时损失为 A. 则

$$L(y)=\frac{A\Delta^2}{y^2} \tag{2.61}$$

以望目特性质量损失函数为例: 假设进行产品检测时, 每个产品的输出特性为 $y=\mathrm{MD}$, 目标值为 $y_0=0$, 即待测产品与正常总体的马氏距离越近, 相应的损失越小. 如果 $y=\mathrm{MD}$ 时的损失为 A, 则识别阈值为

$$\lambda=\mathrm{MD}=\sqrt{\frac{A}{A_0}}\Delta_0 \tag{2.62}$$

2.2 基本步骤

马田系统的基本操作步骤相对简单, 不需要操作人员拥有复杂的统计学知识背景, 基本操作步骤主要包括四个阶段 (图 2.11): 第一阶段采用正常样本定义基准空间, 然后根据问题的性质决定采用逆矩阵马氏距离还是施密特正交马氏距离构建度量尺度; 第二阶段需要验证度量尺度的有效性; 第三阶段利用田口方法筛选特征; 第四阶段利用筛选后的特征重新构建度量尺度, 识别待测样本. 下面分别介绍逆矩阵马田系统和施密特正交马田系统的基本操作步骤[6].

2.2.1 逆矩阵马田系统的基本步骤

阶段 1 定义基准空间, 构建度量尺度.

首先定义正常样本, 以及相应的特征变量 $X=\{X_1,X_2,\cdots,X_p\}$, 然后根据这些特征变量收集 n 个正常样本 $\mathcal{X}=\{\boldsymbol{x}_1,\boldsymbol{x}_2,\cdots,\boldsymbol{x}_n\}$ 并将其定义为基准空间, 基准空间是度量尺度的参照基点和单位. 最后, 计算正常样本的马氏距离

$$\mathrm{MD}_i^2=\frac{1}{p}(\boldsymbol{x}_i-\bar{\boldsymbol{x}})^{\mathrm{T}}\mathbf{S}^{-1}(\boldsymbol{x}_i-\bar{\boldsymbol{x}}),\quad i=1,2,\cdots,n \tag{2.63}$$

其中, $\bar{\boldsymbol{x}}$ 和 $\mathbf{S}$ 分别为基准空间中正常样本的均值向量和协方差矩阵, p 为特征变量个数.

阶段 2 收集异常样本, 验证度量尺度.

在本阶段, 需要收集 m 个异常样本 $\hat{\mathcal{X}} = \{\hat{\boldsymbol{x}}_1, \hat{\boldsymbol{x}}_2, \cdots, \hat{\boldsymbol{x}}_m\}$ 用来验证度量尺度的有效性. 验证的方法是利用正常样本的均值向量和协方差矩阵计算异常样本的马氏距离, 计算公式如下:

$$\widehat{\mathrm{MD}}_i^2 = \frac{1}{p}(\hat{\boldsymbol{x}}_i - \bar{\boldsymbol{x}})^{\mathrm{T}}\mathbf{S}^{-1}(\hat{\boldsymbol{x}}_i - \bar{\boldsymbol{x}}), \quad i = 1, 2, \cdots, m \tag{2.64}$$

其中, $\bar{\boldsymbol{x}}$ 和 $\mathbf{S}$ 分别为基准空间中正常样本的均值向量和协方差矩阵.

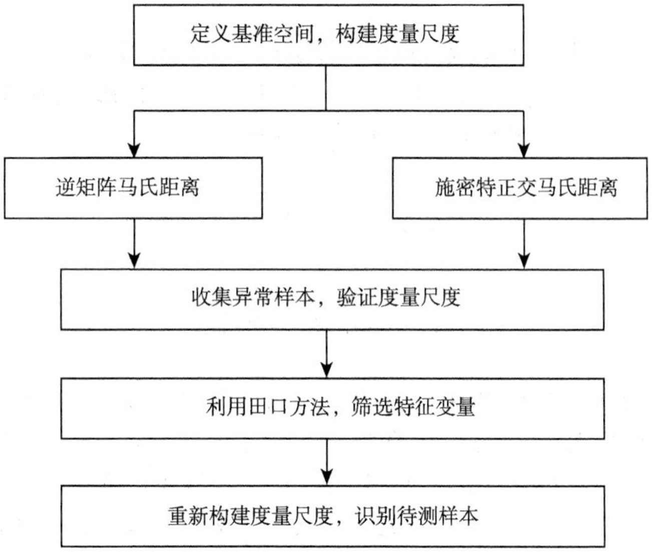

图 2.11 马田系统基本操作步骤

如果正常样本和异常样本的马氏距离区分明显, 则表明所构建的度量尺度是有效的, 否则需要收集样本重新构建度量尺度.

阶段 3 采用田口方法, 筛选特征变量.

为提高度量尺度的稳健性, 也就是降低马氏距离的波动性, 马田系统采用田口方法将使马氏距离产生波动的特征变量去掉. 田口方法的基本原理是通过信噪比和正交试验优化特征变量组合, 使马氏距离对噪声因素的敏感程度降低, 从而使噪声因素对马氏距离的影响作用减少甚至消除, 以实现降低马氏距离波动性的目的. 下面以 6 个特征变量为例, 说明田口方法筛选特征的步骤:

步骤 1 安排正交试验变量. 选择 $L_8(2^7)$ 正交表, 将这 6 个特征变量安排在正交表的任意 6 列中, 本节将其安排在正交表前 6 列中. 每个特征变量有两个水平数, 水平 “1” 代表该变量参与试验, 水平 “2” 代表该变量不参与试验, 因此每次试验生成一组特征子集, 如表 2.7.

表 2.7 二水平正交试验设计

试验	特征变量							m 个异常样本的马氏距离				信噪比
	X_1	X_2	X_3	X_4	X_5	X_6						
1	1	1	1	1	1	1	1	$\widehat{\mathrm{MD}}_{11}^2$	$\widehat{\mathrm{MD}}_{12}^2$	$\cdots$	$\widehat{\mathrm{MD}}_{1m}^2$	η_1
2	1	1	1	2	2	2	2	$\widehat{\mathrm{MD}}_{21}^2$	$\widehat{\mathrm{MD}}_{22}^2$	$\cdots$	$\widehat{\mathrm{MD}}_{2m}^2$	η_2
3	1	2	2	1	1	2	2	$\widehat{\mathrm{MD}}_{31}^2$	$\widehat{\mathrm{MD}}_{32}^2$	$\cdots$	$\widehat{\mathrm{MD}}_{3m}^2$	η_3
4	1	2	2	2	2	1	1	$\widehat{\mathrm{MD}}_{41}^2$	$\widehat{\mathrm{MD}}_{42}^2$	$\cdots$	$\widehat{\mathrm{MD}}_{4m}^2$	η_4
5	2	1	2	1	2	1	2	$\widehat{\mathrm{MD}}_{51}^2$	$\widehat{\mathrm{MD}}_{52}^2$	$\cdots$	$\widehat{\mathrm{MD}}_{5m}^2$	η_5
6	2	1	2	2	1	2	1	$\widehat{\mathrm{MD}}_{61}^2$	$\widehat{\mathrm{MD}}_{62}^2$	$\cdots$	$\widehat{\mathrm{MD}}_{6m}^2$	η_6
7	2	2	1	1	2	2	1	$\widehat{\mathrm{MD}}_{71}^2$	$\widehat{\mathrm{MD}}_{72}^2$	$\cdots$	$\widehat{\mathrm{MD}}_{7m}^2$	η_7
8	2	2	1	2	1	1	2	$\widehat{\mathrm{MD}}_{81}^2$	$\widehat{\mathrm{MD}}_{82}^2$	$\cdots$	$\widehat{\mathrm{MD}}_{8m}^2$	η_8

步骤 2 根据每次试验生成的特征子集, 计算 m 个异常样本的马氏距离.

步骤 3 根据每次试验筛选的特征子集计算信噪比.

步骤 4 筛选特征变量. 根据表 2.7, 计算第 j 个特征变量参与的所有试验的平均信噪比 $\bar{\eta}_j^+$ 和未参与的所有试验的平均信噪比 $\bar{\eta}_j^-$. 例如, 特征变量 X_1 参与和未参与的所有试验的平均信噪比分别为

$$\bar{\eta}_1^+ = \frac{\eta_1+\eta_2+\eta_3+\eta_4}{4}, \quad \bar{\eta}_1^- = \frac{\eta_5+\eta_6+\eta_7+\eta_8}{4}$$

然后, 计算第 j 个特征变量的信息增益, 计算公式如下:

$$\Delta_j = \bar{\eta}_j^+ - \bar{\eta}_j^- \tag{2.65}$$

如果 $\Delta_j > 0$, 则保留第 j 个特征变量; 如果 $\Delta_j \leqslant 0$, 则删除该特征变量.

阶段 4 重新构建度量尺度, 识别待测样本.

根据筛选后的特征变量, 利用公式 (2.63) 和 (2.64) 重新计算正常样本和异常样本的马氏距离, 并确定一个合适的阈值, 对待测样本进行识别.

2.2.2 施密特正交马田系统的基本步骤

阶段 1 定义基准空间, 构建度量尺度.

根据 p 个特征变量 $X=\{X_1,X_2,\cdots,X_p\}$ 收集 n 个正常样本, 并将其定义为度量尺度的基准空间, 组成的样本矩阵为

$$\mathbf{X} = \begin{bmatrix} x_{11} & x_{12} & \cdots & x_{1p} \\ x_{21} & x_{22} & \cdots & x_{2p} \\ \vdots & \vdots & & \vdots \\ x_{n1} & x_{n2} & \cdots & x_{np} \end{bmatrix}$$

对矩阵 $\mathbf{X}$ 进行标准化, 标准化公式如下:

$$z_{ij} = \frac{x_{ij} - \bar{x}_j}{s_j}$$

其中:

$$\bar{x}_j = \frac{1}{n}\sum_{i=1}^{n} x_{ij}, \quad s_j = \sqrt{\frac{1}{n-1}\sum_{i=1}^{n}(x_{ij} - \bar{x}_j)^2}, \quad i = 1, 2, \cdots, n, \quad j = 1, 2, \cdots, p$$

得标准化正常样本矩阵

$$\mathbf{Z} = \begin{bmatrix} z_{11} & z_{12} & \cdots & z_{1p} \\ z_{21} & z_{22} & \cdots & z_{2p} \\ \vdots & \vdots & & \vdots \\ z_{n1} & z_{n2} & \cdots & z_{np} \end{bmatrix}$$

设 $\mathbf{Z}$ 的第 j 列, 即第 j 个变量的 n 个标准化观测值为

$$Z_j = (z_{1j}, z_{2j}, \cdots, z_{nj})^{\mathrm{T}}, \quad j = 1, 2, \cdots, p$$

下面对 $Z_1, Z_2, \cdots, Z_p$ 进行 Gram-Schmidt 正交化如下:

$$\begin{cases} U_1 = Z_1 = (u_{11}, u_{21}, \cdots, u_{n1})^{\mathrm{T}} \\ U_2 = Z_2 - \dfrac{Z_2^{\mathrm{T}} U_1}{U_1^{\mathrm{T}} U_1} U_1 = (u_{12}, u_{22}, \cdots, u_{n2})^{\mathrm{T}} \\ \qquad \vdots \\ U_p = Z_p - \dfrac{Z_p^{\mathrm{T}} U_1}{U_1^{\mathrm{T}} U_1} U_1 - \cdots - \dfrac{Z_p^{\mathrm{T}} U_{p-1}}{U_{p-1}^{\mathrm{T}} U_{p-1}} U_{p-1} = (u_{1p}, u_{2p}, \cdots, u_{np})^{\mathrm{T}} \end{cases}$$

Gram-Schmidt 正交后的样本矩阵为

$$\mathbf{U} = \begin{bmatrix} u_{11} & u_{12} & \cdots & u_{1p} \\ u_{21} & u_{22} & \cdots & u_{2p} \\ \vdots & \vdots & & \vdots \\ u_{n1} & u_{n2} & \cdots & u_{np} \end{bmatrix}$$

计算第 i 个正常样本的施密特正交马氏距离为

$$\mathrm{MD}_i^2=\frac{1}{p}\left[\frac{u_{i1}^2}{s_1^2}+\frac{u_{i2}^2}{s_2^2}+\cdots+\frac{u_{ip}^2}{s_p^2}\right],\quad i=1,2,\cdots,n \tag{2.66}$$

其中, s_j 为第 j 个施密特正交向量 U_j 的标准差, $j=1,2,\cdots,p$.

阶段 2 收集异常样本, 验证度量尺度.

收集 m 个异常样本 $\hat{\mathcal{X}}=\{\hat{\boldsymbol{x}}_1,\hat{\boldsymbol{x}}_2,\cdots,\hat{\boldsymbol{x}}_m\}$, 组成的样本矩阵为

$$\hat{\mathbf{X}}=\begin{bmatrix}\hat{x}_{11} & \hat{x}_{12} & \cdots & \hat{x}_{1p}\\ \hat{x}_{21} & \hat{x}_{22} & \cdots & \hat{x}_{2p}\\ \vdots & \vdots & & \vdots\\ \hat{x}_{m1} & \hat{x}_{m2} & \cdots & \hat{x}_{mp}\end{bmatrix}$$

利用正常样本各特征变量的均值和标准差对样本矩阵 $\hat{\mathbf{X}}$ 进行标准化, 即采用下式进行标准化

$$\hat{z}_{ij}=\frac{\hat{x}_{ij}-\bar{x}_j}{s_j},\quad i=1,2,\cdots,m,\quad j=1,2,\cdots,p$$

得标准化矩阵为

$$\hat{\mathbf{Z}}=\begin{bmatrix}\hat{z}_{11} & \hat{z}_{12} & \cdots & \hat{z}_{1p}\\ \hat{z}_{21} & \hat{z}_{22} & \cdots & \hat{z}_{2p}\\ \vdots & \vdots & & \vdots\\ \hat{z}_{m1} & \hat{z}_{m2} & \cdots & \hat{z}_{mp}\end{bmatrix}$$

设 $\hat{\mathbf{Z}}$ 的第 j 列, 即第 j 个变量的 m 个标准化观测值

$$\hat{Z}_j=(\hat{z}_{1j},\hat{z}_{2j},\cdots,\hat{z}_{mj})^{\mathrm{T}},\quad j=1,2,\cdots,p$$

利用正常样本的 Gram-Schmidt 系数对 $\hat{Z}_1,\hat{Z}_2,\cdots,\hat{Z}_p$ 进行 Gram-Schmidt 正交化得

$$\begin{cases}\hat{U}_1=\hat{Z}_1=(\hat{u}_{11},\hat{u}_{21},\cdots,\hat{u}_{m1})^{\mathrm{T}}\\ \hat{U}_2=\hat{Z}_2-\dfrac{Z_2^{\mathrm{T}}U_1}{U_1^{\mathrm{T}}U_1}\hat{U}_1=(\hat{u}_{12},\hat{u}_{22},\cdots,\hat{u}_{m2})^{\mathrm{T}}\\ \qquad\vdots\\ \hat{U}_p=\hat{Z}_p-\dfrac{Z_p^{\mathrm{T}}U_1}{U_1^{\mathrm{T}}U_1}\hat{U}_1-\cdots-\dfrac{Z_p^{\mathrm{T}}U_{p-1}}{U_{p-1}^{\mathrm{T}}U_{p-1}}\hat{U}_{p-1}=(\hat{u}_{1p},\hat{u}_{2p},\cdots,\hat{u}_{mp})^{\mathrm{T}}\end{cases}$$

Gram-Schmidt 正交后的异常样本矩阵为

$$\hat{\mathbf{U}} = [\hat{U}_1, \hat{U}_2, \cdots, \hat{U}_p] = \begin{bmatrix} \hat{u}_{11} & \hat{u}_{12} & \cdots & \hat{u}_{1p} \\ \hat{u}_{21} & \hat{u}_{22} & \cdots & \hat{u}_{2p} \\ \vdots & \vdots & & \vdots \\ \hat{u}_{m1} & \hat{u}_{m2} & \cdots & \hat{u}_{mp} \end{bmatrix}$$

第 i 个异常样本的施密特正交马氏距离为

$$\widehat{\mathrm{MD}}_i^2 = \frac{1}{p}\left[\frac{\hat{u}_{i1}^2}{s_1^2} + \frac{\hat{u}_{i2}^2}{s_2^2} + \cdots + \frac{\hat{u}_{ip}^2}{s_p^2}\right], \quad i = 1, 2, \cdots, m \tag{2.67}$$

其中, s_j 为正常样本矩阵的第 j 个施密特正交向量 U_j 的标准差, $j = 1, 2, \cdots, p$.

如果正常和异常样本的施密特正交马氏距离区分明显, 则表明所构建的度量尺度是有效的, 否则需要收集样本重新构建度量尺度.

阶段 3 筛选特征变量.

在施密特正交马田系统中, 由于施密特正交依赖于第一个变量, 因此如果偏相关性不显著且可以对这些特征变量定义具体顺序, 则可以直接计算所有特征变量的信噪比, 下面是望大特性信噪比的计算公式:

$$\eta_j = -10\log_{10}\left[\frac{1}{m}\sum_{i=1}^{m}\frac{1}{(\hat{u}_{ij}/s_j)^2}\right], \quad j = 1, 2, \cdots, p$$

如果偏相关效应显著, 则需要使用正交表选择重要特征变量. 通常情况下, 田口玄一建议使用正交表.

阶段 4 重新构建度量尺度, 识别待测样本.

根据筛选后的特征变量, 利用公式 (2.66) 和 (2.67) 重新计算正常样本和异常样本的施密特正交马氏距离, 并确定一个合适的阈值, 对待测样本进行识别.

参考文献

[1] Taguchi G, Jugulum R. The Mahalanobis-Taguchi Strategy: A Pattern Technology System[M]. Hoboken: John Wiley & Sons, 2002.

[2] 陈立周. 稳健设计 [M]. 北京: 机械工业出版社, 2000.

[3] 何为, 薛卫东, 唐斌. 优化试验设计方法及数据分析 [M]. 北京: 化学工业出版社, 2018.

[4] 韩之俊, 章渭基. 质量工程学 [M]. 北京: 科学出版社, 1991.

[5] Jagulum R, Taguchi G, Taguchi S, et al. Discussion: a review and analysis of the Mahalanobis-Taguchi system[J]. Technometrics, 2003, 45(1): 16-21.

[6] Taguchi G, Jugulum R. New trends in multivariate diagnosis[J]. The Indian Journal of Statistics, 2000, 62B(2): 233-248.

第 3 章　区间马田系统

传统马田系统只能处理实数型数据, 本章提出两种能够处理区间型数据的马田系统. 一种是考虑均匀分布的区间马田系统, 该方法从均匀分布的角度定义区间数据的描述统计量, 并在此基础上定义区间马氏距离和区间信噪比; 另一种是考虑中心化的区间马田系统, 该方法分别从区间上限和下限计算实数型马氏距离, 然后将两种实数型马氏距离中心化. 第一种区间马田系统的主要功能是筛选区间变量, 第二种区间马田系统不仅可以筛选区间变量还可以识别区间数据.

3.1　区间数理论

定义 3.1　设 $a=[a^L,a^U]=\{x|a^L\leqslant x\leqslant a^U;a^L,a^U\in\mathbb{R}\}$ 表示实数轴上的一个闭区间, 则 a 为一个区间数. 若 $a=\{x|0\leqslant a^L\leqslant x\leqslant a^U\}$, 称 a 为正区间数, 若 $a^L=a^U$, 则 a 退化为一个实数.

设 $a=[a^L,a^U]$, $b=[b^L,b^U]$, $\lambda\geqslant 0$, 区间数的运算规则如下:

(1) $a\pm b=[a^L\pm b^L,a^U\pm b^U]$;

(2) $a\times b=[a^Lb^L,a^Ub^U]$;

(3) $a/b=[a^L/b^U,a^U/b^L]$;

(4) $\lambda a=[\lambda a^L,\lambda a^U]$;

(5)$1/a=[1/a^U,1/a^L]$.

定义 3.2　设区间数 $a=[a^L,a^U]$, $b=[b^L,b^U]$, 如果范数

$$\|a-b\| = \left|b^L-a^L\right| + \left|b^U-a^U\right| \tag{3.1}$$

称 $\gamma(a,b)=\|a-b\|$ 为区间数 a 和 b 的相离度.

定义 3.3　设 $a=[a^L,a^U]$, $b=[b^L,b^U]$ 为两个区间数, 称

$$d(a,b)=\frac{1}{4}\left|a^L-b^L\right|+\frac{1}{4}\left|a^U-b^U\right| \tag{3.2}$$

为区间数 a 和 b 之间的距离.

定义 3.4　若区间变量 X 服从均匀分布, 且其观测值在 $[a^L,a^U]$ 上取值, 则称 X 为均匀分布区间变量, 简称区间变量.

若有 p 个区间变量 n 个样本, 则 n 个样本 p 个区间变量构成的区间观测值矩阵为

$$[\mathbf{A}] = \begin{bmatrix} [a_{11}^L, a_{11}^U] & [a_{12}^L, a_{12}^U] & \cdots & [a_{1p}^L, a_{1p}^U] \\ [a_{21}^L, a_{21}^U] & [a_{22}^L, a_{22}^U] & \cdots & [a_{2p}^L, a_{2p}^U] \\ \vdots & \vdots & & \vdots \\ [a_{n1}^L, a_{n1}^U] & [a_{n2}^L, a_{n2}^U] & \cdots & [a_{np}^L, a_{np}^U] \end{bmatrix}$$

3.2 考虑均匀分布的区间马田系统

3.2.1 区间样本数据描述统计量

定理 3.1[1] 若区间变量 X 服从均匀分布, 且其在第 k 个样本上的观测值为 $[a_k^L, a_k^U]$, 则该区间变量的经验均值和方差分别为

$$\bar{X} = \frac{1}{2n}\sum_{k=1}^{n}(a_k^U + a_k^L) \tag{3.3}$$

$$S_X^2 = \frac{1}{3n}\sum_{k=1}^{n}\left[(a_k^U)^2 + a_k^U a_k^L + (a_k^L)^2\right] - \frac{1}{4n^2}\left[\sum_{k=1}^{n}(a_k^L + a_k^U)\right] \tag{3.4}$$

证明 由于区间变量 X 服从均匀分布, 故 X 在第 k 个样本的观测值 $[a_k^L, a_k^U]$ 上服从均匀分布, 即

$$F_{X_k}(x) = P(X_k \leqslant x) = \begin{cases} 0, & x < a_k^L \\ \dfrac{x - a_k^L}{a_k^U - a_k^L}, & a_k^L \leqslant x < a_k^U \\ 1, & x > a_k^U \end{cases} \tag{3.5}$$

假设每个样本均以 $1/n$ 的等可能概率被观测, 那么区间变量 X 的经验分布函数为 n 个服从均匀分布变量的综合, 即

$$\begin{aligned} F_X(x) &= P(X \leqslant x) \\ &= \frac{1}{n}\{P(X_1 \leqslant x) + P(X_2 \leqslant x) + \cdots + P(X_n \leqslant x)\} \\ &= \frac{1}{n}\sum_{k=1}^{n}F_{X_k}(x) \end{aligned} \tag{3.6}$$

将公式 (3.5) 代入公式 (3.6) 得

$$F_X(x)=P(X\leqslant x)=\frac{1}{n}\left[\sum_{k=1}^{n}\left((x-a_k^L)/(a_k^U-a_k^L)\right)+\left|\{k|x\geqslant a_k^U\}\right|\right] \tag{3.7}$$

对公式 (3.7) 求导可得区间变量 X 的经验密度函数为

$$f_X(x)=F'_X(x)=\frac{1}{n}\sum_{k=1}^{n}f_{X_k}(x)=\frac{1}{n}\sum_{k=1}^{n}\frac{1}{a_k^U-a_k^L} \tag{3.8}$$

由此可得区间变量 X 的经验均值为

$$\begin{aligned}\bar{X}&=\int_{-\infty}^{+\infty}xf_X(x)\mathrm{d}x\\&=\frac{1}{n}\sum_{k=1}^{n}\int_{a_k^L}^{a_k^U}\frac{x}{a_k^U-a_k^L}\mathrm{d}x\\&=\frac{1}{2n}\sum_{k=1}^{n}\frac{(a_k^U)^2-(a_k^L)^2}{a_k^U-a_k^L}\\&=\frac{1}{2n}\sum_{k=1}^{n}(a_k^L+a_k^U)\end{aligned} \tag{3.9}$$

进而, 可得区间变量 X 的经验方差为

$$\begin{aligned}S_X^2&=\int_{-\infty}^{+\infty}x^2f_X(x)\mathrm{d}x-\left(\int_{-\infty}^{+\infty}xf_X(x)\mathrm{d}x\right)^2\\&=\frac{1}{n}\sum_{k=1}^{n}\int_{a_k^L}^{a_k^U}\frac{x^2}{a_k^U-a_k^L}\mathrm{d}x-\left[\frac{1}{n}\sum_{k=1}^{n}\int_{a_k^L}^{a_k^U}\frac{x}{a_k^U-a_k^L}\mathrm{d}x\right]^2\\&=\frac{1}{3n}\sum_{k=1}^{n}\left((a_k^U)^2+a_k^Ua_k^L+(a_k^L)^2\right)-\frac{1}{4n^2}\sum_{k=1}^{n}\left(a_k^U+a_k^L\right)\end{aligned} \tag{3.10}$$

□

定理 3.2[1] 若任意两个区间变量 X 和 Y 服从均匀分布, 且其在第 k 个样本的观测值为 $\left([a_k^L,a_k^U],[b_k^L,b_k^U]\right)$, 则区间变量 X 和 Y 之间协方差为

$$S_{XY}=\frac{1}{4n}\sum_{k=1}^{n}(a_k^L+a_k^U)(b_k^L+b_k^U)-\frac{1}{4n^2}\left[\sum_{k=1}^{n}(a_k^L+a_k^U)\right]\left[\sum_{k=1}^{n}(b_k^L+b_k^U)\right] \tag{3.11}$$

证明　为便于说明, 不妨记 $Z=(X,Y)$, Z 在第 k 个样本上的观测值为 $Z_k=([a_k^L,a_k^U],[b_k^L,b_k^U])$, 由于区间变量 X 和 Y 服从均匀分布, 故可假设 X 和 Y 在矩形区域上分别服从均匀分布, 则 (X,Y) 的经验联合密度函数为

$$f_{Z_k}(x,y)=\begin{cases}\dfrac{1}{(a_k^U-a_k^L)(b_k^U-b_k^L)}, & a_k^L\leqslant x\leqslant a_k^U, b_k^L\leqslant y\leqslant b_k^U\\ 0, & \text{其他}\end{cases} \tag{3.12}$$

类似于一维区间变量, 二维区间变量 $Z=(X,Y)$ 的经验分布函数为 n 个服从二维均匀分布的变量综合, 即

$$\begin{aligned}F_Z(x,y)&=P(X\leqslant x,Y\leqslant y)\\&=\frac{1}{n}\{P(X_1\leqslant x,Y_1\leqslant y)+P(X_2\leqslant x,Y_2\leqslant y)+\cdots+P(X_n\leqslant x,Y_n\leqslant y)\}\\&=\frac{1}{n}\{F_{Z_1}(x,y)+F_{Z_2}(x,y)+\cdots+F_{Z_n}(x,y)\}\\&=\frac{1}{n}\sum_{k=1}^{n}F_{Z_k}(x,y)\end{aligned} \tag{3.13}$$

故二维区间变量 $Z=(X,Y)$ 的经验联合密度函数为

$$\begin{aligned}f_Z(x,y)&=\frac{\partial F_Z(x,y)}{\partial x\partial y}\\&=\frac{1}{n}\sum_{k=1}^{n}\frac{\partial F_{Z_k}(x,y)}{\partial x\partial y}\\&=\frac{1}{n}\sum_{k=1}^{n}f_{Z_k}(x,y)\end{aligned} \tag{3.14}$$

进而, 可求得二维区间变量 (X,Y) 之间的经验协方差

$$\begin{aligned}S_{XY}&=\int_{-\infty}^{+\infty}\int_{-\infty}^{+\infty}xyf(x,y)\mathrm{d}x\mathrm{d}y-\left[\int_{-\infty}^{+\infty}xf(x)\mathrm{d}x\right]\left[\int_{-\infty}^{+\infty}yf(y)\mathrm{d}y\right]\\&=\frac{1}{n}\sum_{k=1}^{n}\left[\int_{a_k^L}^{a_k^U}\int_{b_k^L}^{b_k^U}\frac{xy}{(a_k^U-a_k^L)(b_k^U-b_k^L)}\mathrm{d}x\mathrm{d}y\right]-\bar{X}\bar{Y}\\&=\frac{1}{4n}\sum_{k=1}^{n}\left[\frac{\left((a_k^U)^2-(a_k^L)^2\right)\left((b_k^U)^2-(b_k^L)^2\right)}{(a_k^U-a_k^L)(b_k^U-b_k^L)}\right]\end{aligned}$$

$$\begin{aligned}&-\left[\frac{1}{2n}\sum_{k=1}^{n}(a_k^L+a_k^U)\right]\left[\frac{1}{2n}\sum_{k=1}^{n}(b_k^L+b_k^U)\right]\\&=\frac{1}{4n}\sum_{k=1}^{n}(a_k^L+a_k^U)(b_k^L+b_k^U)\\&-\frac{1}{4n^2}\left[\sum_{k=1}^{n}(a_k^L+a_k^U)\right]\left[\sum_{k=1}^{n}(b_k^L+b_k^U)\right]\end{aligned} \tag{3.15}$$

□

3.2.2 区间马氏距离

1. 正常样本的区间马氏距离计算

设 $X=\{X_1,X_2,\cdots,X_p\}$ 为 p 个区间变量, 依据 X 收集 n 个正常样本, 构成区间样本矩阵

$$[\mathbf{X}]=\begin{bmatrix}[x_{11}^L,x_{11}^U] & [x_{12}^L,x_{12}^U] & \cdots & [x_{1p}^L,x_{1p}^U]\\ [x_{21}^L,x_{21}^U] & [x_{22}^L,x_{22}^U] & \cdots & [x_{2p}^L,x_{2p}^U]\\ \vdots & \vdots & & \vdots\\ [x_{n1}^L,x_{n1}^U] & [x_{n2}^L,x_{n2}^U] & \cdots & [x_{np}^L,x_{np}^U]\end{bmatrix}$$

利用公式 (3.3) 和 (3.4) 计算区间变量 $X_j(j=1,2,\cdots,p)$ 的均值和标准差为

$$\bar{X}_j=\frac{1}{2n}\sum_{k=1}^{n}(x_{kj}^U+x_{kj}^L) \tag{3.16}$$

$$S_j=\sqrt{\frac{1}{3n}\sum_{k=1}^{n}\left((x_{kj}^U)^2+x_{kj}^Ux_{kj}^L+(x_{kj}^L)^2\right)-\frac{1}{4n^2}\sum_{k=1}^{n}\left(x_{kj}^L+x_{kj}^U\right)} \tag{3.17}$$

然后, 采用公式 (3.18) 对区间样本矩阵 $[\mathbf{X}]$ 标准化

$$[z_{kj}^L,z_{kj}^U]=\left[\frac{x_{kj}^L-\bar{X}_j}{S_j},\frac{x_{kj}^U-\bar{X}_j}{S_j}\right] \tag{3.18}$$

得标准化矩阵为

$$[\mathbf{Z}]=\begin{bmatrix}[z_{11}^L,z_{11}^U] & [z_{12}^L,z_{12}^U] & \cdots & [z_{1p}^L,z_{1p}^U]\\ [z_{21}^L,z_{21}^U] & [z_{22}^L,z_{22}^U] & \cdots & [z_{2p}^L,z_{2p}^U]\\ \vdots & \vdots & & \vdots\\ [z_{n1}^L,z_{n1}^U] & [z_{n2}^L,z_{n2}^U] & \cdots & [z_{np}^L,z_{np}^U]\end{bmatrix}$$

根据标准化区间样本矩阵 $[\mathbf{Z}]$, 计算区间变量 X_j 的标准差以及区间变量 X_i 和 X_j 之间的协方差, 计算公式分别为

$$s_j = \sqrt{\frac{1}{3n}\sum_{k=1}^{n}\left((z_{kj}^U)^2 + z_{kj}^U z_{kj}^L + (z_{kj}^L)^2\right) - \frac{1}{4n^2}\sum_{k=1}^{n}\left(z_{kj}^L + z_{kj}^U\right)} \tag{3.19}$$

$$s_{ij} = \frac{1}{4n}\sum_{k=1}^{n}(z_{ki}^L + z_{ki}^U)(z_{kj}^L + z_{kj}^U) - \frac{1}{4n^2}\left[\sum_{k=1}^{n}(z_{ki}^L + z_{ki}^U)\right]\left[\sum_{k=1}^{n}(z_{kj}^L + z_{kj}^U)\right] \tag{3.20}$$

利用公式 (3.19) 和 (3.20) 计算 $[\mathbf{Z}]$ 的相关系数矩阵为

$$\mathbf{R} = \begin{bmatrix} 1 & \dfrac{s_{12}}{s_1 s_2} & \cdots & \dfrac{s_{1p}}{s_1 s_p} \\ \dfrac{s_{21}}{s_2 s_1} & 1 & \cdots & \dfrac{s_{2p}}{s_2 s_p} \\ \vdots & \vdots & & \vdots \\ \dfrac{s_{p1}}{s_p s_1} & \dfrac{s_{p2}}{s_p s_2} & \cdots & 1 \end{bmatrix} \tag{3.21}$$

进一步, 设标准化区间样本矩阵 $[\mathbf{Z}]$ 的第 k 个区间样本向量为

$$[\boldsymbol{z}_k] = \left([z_{k1}^L, z_{k1}^U], [z_{k2}^L, z_{k2}^U], \cdots, [z_{kp}^L, z_{kp}^U]\right), \quad k = 1, 2, \cdots, n$$

若将其下限和上限分别记为

$$\boldsymbol{z}_k^L = (z_{k1}^L, z_{k2}^L, \cdots, z_{kp}^L)^{\mathrm{T}}, \quad \boldsymbol{z}_k^U = (z_{k1}^U, z_{k2}^U, \cdots, z_{kp}^U)^{\mathrm{T}}$$

则第 k 个正常样本的区间马氏距离 (Interval Mahalanobis distance, IMD) 为

$$\mathrm{IMD}_k^2 = [\mathrm{MD}_k^L, \mathrm{MD}_k^U] = \mathrm{Min/Max}\left[\frac{1}{p}(\boldsymbol{z}_k^L)^{\mathrm{T}}\mathbf{R}^{-1}\boldsymbol{z}_k^L, \frac{1}{p}(\boldsymbol{z}_k^U)^{\mathrm{T}}\mathbf{R}^{-1}\boldsymbol{z}_k^U\right] \tag{3.22}$$

其中, $\mathrm{MD}_k^L = \mathrm{Min}\left[\frac{1}{p}(\boldsymbol{z}_k^L)^{\mathrm{T}}\mathbf{R}^{-1}\boldsymbol{z}_k^L, \frac{1}{p}(\boldsymbol{z}_k^U)^{\mathrm{T}}\mathbf{R}^{-1}\boldsymbol{z}_k^U\right]$, $\mathrm{MD}_k^U = \mathrm{Max}\left[\frac{1}{p}(\boldsymbol{z}_k^L)^{\mathrm{T}}\mathbf{R}^{-1}\boldsymbol{z}_k^L, \frac{1}{p}(\boldsymbol{z}_k^U)^{\mathrm{T}}\mathbf{R}^{-1}\boldsymbol{z}_k^U\right]$.

2. 异常样本的区间马氏距离计算

首先, 收集 m 个异常样本, 区间样本矩阵为

$$[\hat{\mathbf{X}}]=\begin{bmatrix}[\hat{x}_{11}^L,\hat{x}_{11}^U] & [\hat{x}_{12}^L,\hat{x}_{12}^U] & \cdots & [\hat{x}_{1p}^L,\hat{x}_{1p}^U]\\ [\hat{x}_{21}^L,\hat{x}_{21}^U] & [\hat{x}_{22}^L,\hat{x}_{22}^U] & \cdots & [\hat{x}_{2p}^L,\hat{x}_{2p}^U]\\ \vdots & \vdots & & \vdots\\ [\hat{x}_{m1}^L,\hat{x}_{m1}^U] & [\hat{x}_{m2}^L,\hat{x}_{m2}^U] & \cdots & [\hat{x}_{mp}^L,\hat{x}_{mp}^U]\end{bmatrix}$$

然后, 采用正常样本的区间变量均值和标准差, 对其标准化得

$$[\hat{\mathbf{Z}}]=\begin{bmatrix}[\hat{z}_{11}^L,\hat{z}_{11}^U] & [\hat{z}_{12}^L,\hat{z}_{12}^U] & \cdots & [\hat{z}_{1p}^L,\hat{z}_{1p}^U]\\ [\hat{z}_{21}^L,\hat{z}_{21}^U] & [\hat{z}_{22}^L,\hat{z}_{22}^U] & \cdots & [\hat{z}_{2p}^L,\hat{z}_{2p}^U]\\ \vdots & \vdots & & \vdots\\ [\hat{z}_{m1}^L,\hat{z}_{m1}^U] & [\hat{z}_{m2}^L,\hat{z}_{m2}^U] & \cdots & [\hat{z}_{mp}^L,\hat{z}_{mp}^U]\end{bmatrix}$$

最后, 采用正常样本的相关系数矩阵 $\mathbf{R}$, 计算第 k 个异常样本的区间马氏距离, 即

$$\widehat{\mathrm{IMD}}_k^2=[\widehat{\mathrm{MD}}_k^L,\widehat{\mathrm{MD}}_k^U]=\mathrm{Min/Max}\left[\frac{1}{p}(\hat{\boldsymbol{z}}_k^L)^{\mathrm{T}}\mathbf{R}^{-1}\hat{\boldsymbol{z}}_k^L,\frac{1}{p}(\hat{\boldsymbol{z}}_k^U)^{\mathrm{T}}\mathbf{R}^{-1}\hat{\boldsymbol{z}}_k^U\right] \tag{3.23}$$

其中, $\hat{\boldsymbol{z}}_k^L$ 和 $\hat{\boldsymbol{z}}_k^U$ 分别为第 k 个异常样本的区间下限和上限向量; $k=1,2,\cdots,m$.

3.2.3 区间信噪比

根据区间马氏距离和区间样本数据的描述统计量, 可以分别推导出区间型望小、望大和望目特性信噪比.

定理 3.3 区间型望小、望大和望目特性信噪比分别为

(1) 望小特性信噪比

$$\eta_{SB}=-10\log_{10}\left[\frac{1}{3m}\sum_{k=1}^{m}\left((\mathrm{MD}_k^U)^2+\mathrm{MD}_k^U\mathrm{MD}_k^L+(\mathrm{MD}_k^L)^2\right)\right] \tag{3.24}$$

(2) 望大特性信噪比

$$\eta_{LB}=-10\log_{10}\left[\frac{1}{m}\sum_{k=1}^{m}\frac{1}{\mathrm{MD}_k^U\mathrm{MD}_k^L}\right] \tag{3.25}$$

(3) 望目特性信噪比

$$\eta_{NB} = -10\log_{10}\left\{\frac{1}{3(m-1)}\sum_{k=1}^{m}\left((\mathrm{MD}_k^U)^2 + \mathrm{MD}_k^U\mathrm{MD}_k^L + (\mathrm{MD}_k^L)^2\right) - \frac{1}{4m(m-1)}\left[\sum_{k=1}^{m}(\mathrm{MD}_k^L + \mathrm{MD}_k^U)\right]^2\right\} \tag{3.26}$$

证明 设 X 为区间变量, 并且该区间变量在 $\left[\mathrm{MD}_k^L, \mathrm{MD}_k^U\right]$ 上服从均匀分布, 即

$$F_{X_k}(x) = P(X_k \leqslant x) = \begin{cases} 0, & x < \mathrm{MD}_k^L \\ \dfrac{x - \mathrm{MD}_k^L}{\mathrm{MD}_k^U - \mathrm{MD}_k^L}, & \mathrm{MD}_k^L \leqslant x < \mathrm{MD}_k^U \\ 1, & x \geqslant \mathrm{MD}_k^U \end{cases} \tag{3.27}$$

故区间变量 X 的经验分布函数为 m 个服从均匀分布区间变量的综合, 即

$$\begin{aligned} F_X(x) &= P(X \leqslant x) \\ &= \frac{1}{m}\{P(X_1 \leqslant x) + P(X_2 \leqslant x) + \cdots + P(X_m \leqslant x)\} \\ &= \frac{1}{m}\sum_{k=1}^{m} F_{X_k}(x) \end{aligned} \tag{3.28}$$

由公式 (3.27) 和 (3.28) 可以得到区间变量 X 的经验分布函数为

$$\begin{aligned} F_X(x) &= P(X \leqslant x) \\ &= \frac{1}{m}\left[\sum_{k=1}^{m}\frac{x - \mathrm{MD}_k^L}{\mathrm{MD}_k^U - \mathrm{MD}_k^L} + \left|\{k|x \geqslant \mathrm{MD}_k^U\}\right|\right] \end{aligned} \tag{3.29}$$

因此, 区间变量 X 的经验密度函数为

$$f_X(x) = F'_X(x) = \frac{1}{m}\sum_{k=1}^{m}\frac{1}{\mathrm{MD}_k^U - \mathrm{MD}_k^L} \tag{3.30}$$

根据公式 (3.30) 可以分别推导出区间型望小特性、望大特性和望目特性信噪比, 具体推导过程如下:

(1) 望小特性信噪比

$$\begin{aligned}\eta_{SB} &= -10\log_{10}\left[\frac{1}{m}\sum_{k=1}^{m}\int_{\mathrm{MD}_k^L}^{\mathrm{MD}_k^U}\frac{x^2}{\mathrm{MD}_k^U-\mathrm{MD}_k^L}\mathrm{d}x\right]\\ &= -10\log_{10}\left[\frac{1}{3m}\sum_{k=1}^{m}\frac{(\mathrm{MD}_k^U)^3-(\mathrm{MD}_k^L)^3}{\mathrm{MD}_k^U-\mathrm{MD}_k^L}\right]\\ &= -10\log_{10}\left[\frac{1}{3m}\sum_{k=1}^{m}\left((\mathrm{MD}_k^U)^2+\mathrm{MD}_k^U\mathrm{MD}_k^L+(\mathrm{MD}_k^L)^2\right)\right]\end{aligned}$$

(2) 望大特性信噪比

$$\begin{aligned}\eta_{LB} &= -10\log_{10}\frac{1}{m}\sum_{s=1}^{m}\left[\int_{\mathrm{MD}_k^L}^{\mathrm{MD}_k^U}\frac{1}{x^2}\frac{1}{(\mathrm{MD}_k^U-\mathrm{MD}_k^L)}\mathrm{d}x\right]\\ &= -10\log_{10}\frac{1}{m}\sum_{k=1}^{m}\left[\frac{\mathrm{MD}_k^U-\mathrm{MD}_k^L}{\mathrm{MD}_k^U\mathrm{MD}_k^L}\frac{1}{\mathrm{MD}_k^U-\mathrm{MD}_k^L}\right]\\ &= -10\log_{10}\frac{1}{m}\sum_{k=1}^{m}\frac{1}{\mathrm{MD}_k^U\mathrm{MD}_k^L}\end{aligned}$$

(3) 望目特性信噪比

$$\begin{aligned}\eta_{NB} &= -10\log_{10}\frac{m}{m-1}\left[\frac{1}{m}\sum_{k=1}^{m}\mathrm{MD}_k^2-\overline{\mathrm{MD}}^2\right]\\ &= -10\log_{10}\frac{m}{m-1}\left\{\frac{1}{3m}\sum_{k=1}^{m}\left((\mathrm{MD}_k^U)^2+\mathrm{MD}_k^U\mathrm{MD}_k^L+(\mathrm{MD}_k^L)^2\right)\right.\\ &\quad\left.-\left[\frac{1}{2m}\sum_{k=1}^{m}(\mathrm{MD}_k^L+\mathrm{MD}_k^U)\right]^2\right\}\\ &= -10\log_{10}\left\{\frac{1}{3(m-1)}\sum_{k=1}^{m}\left((\mathrm{MD}_k^U)^2+\mathrm{MD}_k^U\mathrm{MD}_k^L+(\mathrm{MD}_k^L)^2\right)\right.\\ &\quad\left.-\frac{1}{4m(m-1)}\left[\sum_{k=1}^{m}(\mathrm{MD}_k^L+\mathrm{MD}_k^U)\right]^2\right\}\end{aligned}$$

□

3.2.4 基本步骤

步骤 1 定义基准空间, 构建度量尺度.

将正常区间样本数据定义为基准空间, 采用公式 (3.22) 计算正常样本的区间马氏距离, 如图 3.1.

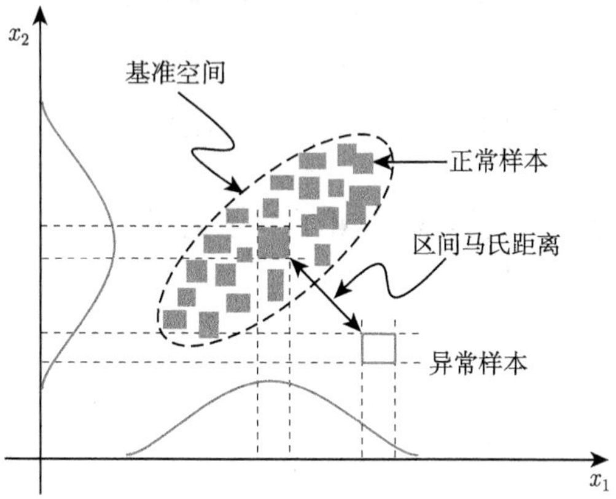

图 3.1　区间马田系统识别原理

步骤 2　安排正交试验.

选择合适的二水平正交表, 将区间变量分配到正交表的不同列中. 表 3.1 展示的是 6 个区间变量的二水平正交试验设计.

表 3.1　6 个区间变量的二水平正交试验设计

试验	区间变量							m 个异常样本的区间马氏距离				区间信噪比
	X_1	X_2	X_3	X_4	X_5	X_6						
1	1	1	1	1	1	1	1	$\widehat{\mathrm{IMD}}_{11}^2$	$\widehat{\mathrm{IMD}}_{12}^2$	$\cdots$	$\widehat{\mathrm{IMD}}_{1m}^2$	η_1
2	1	1	1	2	2	2	2	$\widehat{\mathrm{IMD}}_{21}^2$	$\widehat{\mathrm{IMD}}_{22}^2$	$\cdots$	$\widehat{\mathrm{IMD}}_{2m}^2$	η_2
3	1	2	2	1	1	2	2	$\widehat{\mathrm{IMD}}_{31}^2$	$\widehat{\mathrm{IMD}}_{32}^2$	$\cdots$	$\widehat{\mathrm{IMD}}_{3m}^2$	η_3
4	1	2	2	2	2	1	1	$\widehat{\mathrm{IMD}}_{41}^2$	$\widehat{\mathrm{IMD}}_{42}^2$	$\cdots$	$\widehat{\mathrm{IMD}}_{4m}^2$	η_4
5	2	1	2	1	2	1	2	$\widehat{\mathrm{IMD}}_{51}^2$	$\widehat{\mathrm{IMD}}_{52}^2$	$\cdots$	$\widehat{\mathrm{IMD}}_{5m}^2$	η_5
6	2	1	2	2	1	2	1	$\widehat{\mathrm{IMD}}_{61}^2$	$\widehat{\mathrm{IMD}}_{62}^2$	$\cdots$	$\widehat{\mathrm{IMD}}_{6m}^2$	η_6
7	2	2	1	1	2	2	1	$\widehat{\mathrm{IMD}}_{71}^2$	$\widehat{\mathrm{IMD}}_{72}^2$	$\cdots$	$\widehat{\mathrm{IMD}}_{7m}^2$	η_7
8	2	2	1	2	1	1	2	$\widehat{\mathrm{IMD}}_{81}^2$	$\widehat{\mathrm{IMD}}_{82}^2$	$\cdots$	$\widehat{\mathrm{IMD}}_{8m}^2$	η_8

步骤 3　筛选区间变量.

根据 m 个异常样本的区间马氏距离, 计算每次试验的区间信噪比, 见表 3.1. 为便于通过计算机快速实现特征筛选, 下面采用矩阵 $\boldsymbol{\Omega} = [\Omega_{tk}]_{q\times p}$ 表示 p 个区间变量的正交试验设计. 当 $\Omega_{tk} = 1$ 时, 表示区间变量 X_k 参与第 t 次试验; 当 $\Omega_{tk} = 0$ 时, 表示区间变量 X_k 未参与第 t 次试验. 因此, 表 3.1 中 6 个区间变量

的正交试验设计可表示为

$$\boldsymbol{\Omega}=\begin{bmatrix}1&1&1&1&1&1\\1&1&1&0&0&0\\1&0&0&1&1&0\\1&0&0&0&0&1\\0&1&0&1&0&1\\0&1&0&0&1&0\\0&0&1&1&0&0\\0&0&1&0&1&1\end{bmatrix}$$

q 次试验的区间信噪比可以表示为

$$\boldsymbol{\eta}=(\eta_1,\eta_2,\cdots,\eta_q)^{\mathrm{T}} \tag{3.31}$$

由于正交表具有“均衡分散、整齐可比”的点, 每个区间变量均参与 $q/2$ 次试验, 故根据 $\boldsymbol{\eta}$ 和 $\boldsymbol{\Omega}$ 得到各区间变量参与的所有试验的平均信噪比, 计算公式如下:

$$\bar{\boldsymbol{\eta}}^{+}=\frac{2}{q}\boldsymbol{\eta}^{\mathrm{T}}\boldsymbol{\Omega} \tag{3.32}$$

进而, 可计算各区间变量未参与的所有试验的平均信噪比

$$\bar{\boldsymbol{\eta}}^{-}=\frac{2}{q}\boldsymbol{\eta}^{\mathrm{T}}\left(\mathbf{1}_{q\times p}-\boldsymbol{\Omega}\right) \tag{3.33}$$

根据公式 (3.32) 和 (3.33) 计算所有区间变量的信息增益向量

$$\boldsymbol{\Delta}=\bar{\boldsymbol{\eta}}^{+}-\bar{\boldsymbol{\eta}}^{-} \tag{3.34}$$

由于 $\boldsymbol{\Delta}$ 是一个向量, 每个分量分别对应一个区间变量, 因此第 k 个分量 Δ_k 即为区间变量 X_k 的信息增益, $k=1,2,\cdots,p$. 如果 $\Delta_k>0$, 则区间变量 X_k 保留; 如果 $\Delta_k\leqslant 0$, 则区间变量 X_k 删除.

3.3 考虑中心化的区间马田系统

上一节从区间变量服从均匀分布的角度构建了区间马氏距离、区间信噪比, 并在此基础上构建了区间马田系统. 但是, 该方法在构建区间马氏距离时需要利用区间变量的标准差和区间变量间的协方差计算相关系数矩阵, 当区间变量较多时计算量较大. 因此, 该方法不适合应用于高维数据环境. 本节考虑将区间样本向量分解为上限样本向量和下限样本向量, 然后分别计算区间样本的上限马氏距离和下限马氏距离, 最后取平均值, 即中心化.

3.3.1 区间马氏距离

1. 正常样本的区间马氏距离计算

设 $X=\{X_1,X_2,\cdots,X_p\}$ 为区间变量集, 根据区间变量集 X 收集 n 个正常样本, 构成的区间样本矩阵为

$$[\mathbf{X}]=\begin{bmatrix}[x_{11}^L,x_{11}^U] & [x_{12}^L,x_{12}^U] & \cdots & [x_{1p}^L,x_{1p}^U]\\ [x_{21}^L,x_{21}^U] & [x_{22}^L,x_{22}^U] & \cdots & [x_{2p}^L,x_{2p}^U]\\ \vdots & \vdots & & \vdots\\ [x_{n1}^L,x_{n1}^U] & [x_{n2}^L,x_{n2}^U] & \cdots & [x_{np}^L,x_{np}^U]\end{bmatrix}$$

将 $[\mathbf{X}]$ 中第 k 个区间样本的下限和上限分别记为

$$\boldsymbol{x}_k^L=(x_{k1}^L,x_{k2}^L,\cdots,x_{kp}^L)^{\mathrm{T}},\quad \boldsymbol{x}_k^U=(x_{k1}^U,x_{k2}^U,\cdots,x_{kp}^U)^{\mathrm{T}},\quad k=1,2,\cdots,n$$

然后分别计算下限马氏距离和上限马氏距离

$$\mathrm{LMD}_k^2=\frac{1}{p}(\boldsymbol{x}_k^L-\bar{\boldsymbol{x}}^L)^{\mathrm{T}}\mathbf{S}_L^{-1}(\boldsymbol{x}_k^L-\bar{\boldsymbol{x}}^L) \tag{3.35}$$

$$\mathrm{UMD}_k^2=\frac{1}{p}(\boldsymbol{x}_k^U-\bar{\boldsymbol{x}}^U)^{\mathrm{T}}\mathbf{S}_U^{-1}(\boldsymbol{x}_k^U-\bar{\boldsymbol{x}}^U) \tag{3.36}$$

其中, $\bar{\boldsymbol{x}}^L$ 和 $\bar{\boldsymbol{x}}^U$ 分别为下限均值向量和上限均值向量, 计算公式为

$$\bar{\boldsymbol{x}}^L=\frac{1}{n}\sum_{k=1}^{n}\boldsymbol{x}_k^L,\quad \bar{\boldsymbol{x}}^U=\frac{1}{n}\sum_{k=1}^{n}\boldsymbol{x}_k^U \tag{3.37}$$

$\mathbf{S}_L$ 和 $\mathbf{S}_U$ 分别为正常样本数据的下限协方差矩阵和上限协方差矩阵, 计算公式为

$$\mathbf{S}_L=\frac{1}{n-1}\sum_{k=1}^{n}(\boldsymbol{x}_k^L-\bar{\boldsymbol{x}}^L)(\boldsymbol{x}_k^L-\bar{\boldsymbol{x}}^L)^{\mathrm{T}},\quad \mathbf{S}_U=\frac{1}{n-1}\sum_{k=1}^{n}(\boldsymbol{x}_k^U-\bar{\boldsymbol{x}}^U)(\boldsymbol{x}_k^U-\bar{\boldsymbol{x}}^U)^{\mathrm{T}} \tag{3.38}$$

根据公式 (3.35) 和 (3.36) 将第 k 个样本的区间马氏距离定义为

$$\mathrm{IMD}_k^2=\frac{1}{2p}\left((\boldsymbol{x}_k^L-\bar{\boldsymbol{x}}^L)^{\mathrm{T}}\mathbf{S}_L^{-1}(\boldsymbol{x}_k^L-\bar{\boldsymbol{x}}^L)+(\boldsymbol{x}_k^U-\bar{\boldsymbol{x}}^U)^{\mathrm{T}}\mathbf{S}_U^{-1}(\boldsymbol{x}_k^U-\bar{\boldsymbol{x}}^U)\right) \tag{3.39}$$

定理 3.4 正常样本数据的区间马氏距离均值等于 1.

证明 首先, 对公式 (3.35) 中的 $\mathbf{S}_L$ 进行特征分解得

$$\mathbf{S}_L = \mathbf{Q}\boldsymbol{\Lambda}\mathbf{Q}^{\mathrm{T}} \tag{3.40}$$

式中: $\mathbf{Q} = [\boldsymbol{e}_1, \boldsymbol{e}_2, \cdots, \boldsymbol{e}_p]$, $\boldsymbol{\Lambda} = \mathrm{diag}\,(\lambda_1, \lambda_2, \cdots, \lambda_p)$, $\lambda_1, \lambda_2, \cdots, \lambda_p$ 为 $\mathbf{S}_L$ 的特征值, $\boldsymbol{e}_1, \boldsymbol{e}_2, \cdots, \boldsymbol{e}_p$ 为对应的标准化特征向量, 且 $\boldsymbol{e}_i^{\mathrm{T}}\boldsymbol{e}_i = 1$, $\boldsymbol{e}_i^{\mathrm{T}}\boldsymbol{e}_j = 0$, $i \neq j$.

进而

$$(\boldsymbol{x}_k^L - \bar{\boldsymbol{x}}^L)^{\mathrm{T}}\mathbf{S}_L^{-1}(\boldsymbol{x}_k^L - \bar{\boldsymbol{x}}^L) = \left(\mathbf{Q}^{\mathrm{T}}(\boldsymbol{x}_k^L - \bar{\boldsymbol{x}}^L)\right)^{\mathrm{T}} \boldsymbol{\Lambda}^{-1} \left(\mathbf{Q}^{\mathrm{T}}(\boldsymbol{x}_k^L - \bar{\boldsymbol{x}}^L)\right) \tag{3.41}$$

整理得

$$\begin{aligned} &(\boldsymbol{x}_k^L - \bar{\boldsymbol{x}}^L)^{\mathrm{T}}\mathbf{S}_L^{-1}(\boldsymbol{x}_k^L - \bar{\boldsymbol{x}}^L) \\ =&\frac{1}{\lambda_1}\left(\boldsymbol{e}_1^{\mathrm{T}}(\boldsymbol{x}_k^L - \bar{\boldsymbol{x}}^L)\right)^2 \\ &+ \frac{1}{\lambda_2}\left(\boldsymbol{e}_2^{\mathrm{T}}(\boldsymbol{x}_k^L - \bar{\boldsymbol{x}}^L)\right)^2 + \cdots + \frac{1}{\lambda_p}\left(\boldsymbol{e}_p^{\mathrm{T}}(\boldsymbol{x}_k^L - \bar{\boldsymbol{x}}^L)\right)^2 \end{aligned} \tag{3.42}$$

为便于说明, 设 $y_{kj} = \boldsymbol{e}_j^{\mathrm{T}}(\boldsymbol{x}_k^L - \bar{\boldsymbol{x}}^L)$, 公式 (3.42) 简化为

$$\left(\boldsymbol{x}_k^L - \bar{\boldsymbol{x}}^L\right)^{\mathrm{T}} \mathbf{S}_L^{-1} \left(\boldsymbol{x}_k^L - \bar{\boldsymbol{x}}^L\right) = \frac{y_{k1}^2}{\lambda_1} + \frac{y_{k2}^2}{\lambda_2} + \cdots + \frac{y_{kp}^2}{\lambda_p} \tag{3.43}$$

两边求和取平均

$$\begin{aligned} &\frac{1}{n}\sum_{k=1}^{n}\left(\boldsymbol{x}_k^L - \bar{\boldsymbol{x}}^L\right)^{\mathrm{T}} \mathbf{S}_L^{-1} \left(\boldsymbol{x}_k^L - \bar{\boldsymbol{x}}^L\right) \\ =&\frac{1}{n}\sum_{k=1}^{n}\frac{y_{k1}^2}{\lambda_1} + \frac{1}{n}\sum_{k=1}^{n}\frac{y_{k2}^2}{\lambda_2} + \cdots + \frac{1}{n}\sum_{k=1}^{n}\frac{y_{kp}^2}{\lambda_p} \end{aligned} \tag{3.44}$$

由于

$$\bar{y}_j = \frac{1}{n}\sum_{k=1}^{n} y_{kj} = \frac{1}{n}\left(\boldsymbol{e}_j^{\mathrm{T}}\left(\boldsymbol{x}_1^L - \bar{\boldsymbol{x}}^L\right) + \boldsymbol{e}_j^{\mathrm{T}}\left(\boldsymbol{x}_2^L - \bar{\boldsymbol{x}}^L\right) + \cdots + \boldsymbol{e}_j^{\mathrm{T}}\left(\boldsymbol{x}_n^L - \bar{\boldsymbol{x}}^L\right)\right) = 0$$

故

$$\frac{1}{n}\sum_{i=1}^{n}\left(\boldsymbol{x}_i^L - \bar{\boldsymbol{x}}^L\right)^{\mathrm{T}} \mathbf{S}_L^{-1} \left(\boldsymbol{x}_i^L - \bar{\boldsymbol{x}}^L\right) =\frac{1}{n}\sum_{i=1}^{n}\frac{\left(y_{i1} - \overline{y_1}\right)^2}{\lambda_1} + \frac{1}{n}\sum_{i=1}^{n}\frac{\left(y_{i2} - \bar{y}_2\right)^2}{\lambda_2} + \cdots$$

$$+\frac{1}{n}\sum_{i=1}^{n}\frac{(y_{ip}-\bar{y}_p)^2}{\lambda_p} \tag{3.45}$$

又

$$\lambda_j=\frac{1}{n}\sum_{k=1}^{n}(y_{kj}-\bar{y}_j)^2 \tag{3.46}$$

因此

$$\frac{1}{n}\sum_{k=1}^{n}\left(\boldsymbol{x}_k^L-\bar{\boldsymbol{x}}^L\right)^{\mathrm{T}}\mathbf{S}_L^{-1}\left(\boldsymbol{x}_k^L-\bar{\boldsymbol{x}}^L\right)=\frac{1}{\lambda_1}\lambda_1+\frac{1}{\lambda_2}\lambda_2+\cdots+\frac{1}{\lambda_p}\lambda_p=p$$

同理

$$\frac{1}{n}\sum_{k=1}^{n}\left(\boldsymbol{x}_k^U-\bar{\boldsymbol{x}}^U\right)^{\mathrm{T}}\mathbf{S}_U^{-1}\left(\boldsymbol{x}_k^U-\bar{\boldsymbol{x}}^U\right)=p$$

故

$$\begin{aligned}\frac{1}{n}\sum_{k=1}^{n}\mathrm{IMD}_k^2&=\frac{1}{2p}\left[\frac{1}{n}\sum_{k=1}^{n}\left(\boldsymbol{x}_k^L-\bar{\boldsymbol{x}}^L\right)^{\mathrm{T}}\mathbf{S}_L^{-1}\left(\boldsymbol{x}_k^L-\bar{\boldsymbol{x}}^L\right)\right.\\&\left.\quad+\frac{1}{n}\sum_{k=1}^{n}\left(\boldsymbol{x}_k^U-\bar{\boldsymbol{x}}^U\right)^{\mathrm{T}}\mathbf{S}_L^{-1}\left(\boldsymbol{x}_k^U-\bar{\boldsymbol{x}}^U\right)\right]\\&=1\end{aligned} \tag{3.47}$$

□

2. 异常样本的区间马氏距离计算

收集 m 个异常样本, 区间样本矩阵为

$$[\hat{\mathbf{X}}]=\begin{bmatrix}[\hat{x}_{11}^L,\hat{x}_{11}^U] & [\hat{x}_{12}^L,\hat{x}_{12}^U] & \cdots & [\hat{x}_{1p}^L,\hat{x}_{1p}^U]\\ [\hat{x}_{21}^L,\hat{x}_{21}^U] & [\hat{x}_{22}^L,\hat{x}_{22}^U] & \cdots & [\hat{x}_{2p}^L,\hat{x}_{2p}^U]\\ \vdots & \vdots & & \vdots\\ [\hat{x}_{m1}^L,\hat{x}_{m1}^U] & [\hat{x}_{m2}^L,\hat{x}_{m2}^U] & \cdots & [\hat{x}_{mp}^L,\hat{x}_{mp}^U]\end{bmatrix}$$

利用正常样本的均值向量和协方差矩阵, 计算第 k 个异常样本的区间马氏距离

$$\widehat{\mathrm{IMD}}_k^2=\frac{1}{2p}\left((\hat{\boldsymbol{x}}_k^L-\bar{\boldsymbol{x}}^L)^{\mathrm{T}}\mathbf{S}_L^{-1}(\hat{\boldsymbol{x}}_k^L-\bar{\boldsymbol{x}}^L)+(\hat{\boldsymbol{x}}_k^U-\bar{\boldsymbol{x}}^U)^{\mathrm{T}}\mathbf{S}_U^{-1}(\hat{\boldsymbol{x}}_k^U-\bar{\boldsymbol{x}}^U)\right) \tag{3.48}$$

其中, $\bar{\boldsymbol{x}}^L$ 和 $\bar{\boldsymbol{x}}^U$ 分别为正常样本的下限均值向量和上限均值向量; $\mathbf{S}_L$ 和 $\mathbf{S}_U$ 分别为正常样本的上限协方差矩阵和下限协方差矩阵; $k=1,2,\cdots,m$.

3.3.2 基本步骤

步骤 1 定义基准空间, 构建度量尺度.

收集正常区间样本数据并将其定义为基准空间, 采用公式 (3.39) 计算正常样本的区间马氏距离.

步骤 2 收集异常样本, 验证度量尺度.

收集异常样本数据, 采用公式 (3.48) 计算异常样本的区间马氏距离, 若异常样本的区间马氏距离明显大于正常样本的区间马氏距离, 则表明所构建的度量尺度有效, 否则需要重新收集样本构建.

步骤 3 采用田口方法, 筛选区间变量.

步骤 4 重新构建度量尺度, 识别待测样本.

3.3.3 方法比较验证

1. 阈值的确定方法

本节采用 ROC 曲线法确定识别阈值, 该方法是一种应用广泛、识别准确率高、不受数据分布影响的阈值确定方法. 具体确定方法是: 首先计算训练集上正类和负类样本的区间马氏距离, 然后按照降序排列. 如果从中任选一样本的区间马氏距离作为识别阈值, 将出现四种识别结果, 如表 3.2.

表 3.2 混淆矩阵

真实结果	预测结果	
	正类	负类
正类	TP	FN
负类	FP	TN

在表 3.2 中, TP 是真正 (True Positive), 被识别为正的正样本数; FN 是假负 (False Negative), 被识别为负的正样本数; FP 是假正 (False Positive), 被识别为正的负样本数; TN 是真负 (True Negative), 被识别为负的负样本数.

根据混淆矩阵, 可以计算真正率 (True Positive Rate, TPR) 和假正率 (False Positive Rate, FPR), 即

$$\mathrm{TPR}=\frac{\mathrm{TP}}{\mathrm{FN}+\mathrm{TP}},\quad \mathrm{FPR}=\frac{\mathrm{FP}}{\mathrm{TN}+\mathrm{FP}}$$

如果逐一将所有重新排序后的区间马氏距离作为阈值, 那么可以在 FPR 和 TPR 构成的二维平面上形成很多点, 再将这些点连接起来, 就形成了 ROC 曲线.

根据约登指数 (Youden Index, YI)[2] 可知, 在 ROC 曲线上 TPR 最大而 FPR 最小的点为识别准确率最高的点, 也就是最大约登指数所对应的区间马氏距离即为最优阈值, 约登指数计算公式如下:

$$\mathrm{YI} = \frac{\mathrm{TP}}{\mathrm{FN}+\mathrm{TP}} - \frac{\mathrm{FP}}{\mathrm{TN}+\mathrm{FP}}$$

其中, $0 \leqslant \mathrm{YI} \leqslant 1$, YI 越大识别效果越好.

2. 性能评估指标

选取准确率 (Accuracy)、灵敏度 (Sensitivity)、特异度 (Specificity)、不平衡数据处理能力 (G-means) 作为性能评估指标, 具体计算公式为

(1) Accuracy: 表示被分对的样本数除以所有的样本数, 计算公式为

$$\mathrm{Accuracy} = \frac{\mathrm{TP}+\mathrm{TN}}{\mathrm{TP}+\mathrm{FN}+\mathrm{FP}+\mathrm{TN}} \tag{3.49}$$

(2) Sensitivity: 表示所有正例中被分对的比例, 计算公式为

$$\mathrm{Sensitivity} = \frac{\mathrm{TP}}{\mathrm{TP}+\mathrm{FN}} \tag{3.50}$$

(3) Specificity: 表示所有负例中被分对的比例, 计算公式为

$$\mathrm{Specificity} = \frac{\mathrm{TN}}{\mathrm{TN}+\mathrm{FP}} \tag{3.51}$$

(4) G-means: 反映分类器在不平衡数据集上的分类能力, 计算公式为

$$\text{G-means} = \sqrt{\mathrm{Sensitivity} \cdot \mathrm{Specificity}} \tag{3.52}$$

3. 实验数据

实验数据生成方法: 首先随机生成 2 维实数点集, 然后将每个点 (x_1, x_2) 看作是一个矩形的“种子”, 每个矩形就是包含 2 个变量的区间向量

$$([x_1 - \gamma_1/2, x_1 + \gamma_1/2], [x_2 - \gamma_2/2, x_2 + \gamma_2/2]) \tag{3.53}$$

其中, γ_1 和 γ_2 分别代表矩形的宽和高, 可在预先给定的区间内随机生成.

根据该方法, 随机生成 2 个具有不同可分性的 2 维区间数据集, 每个数据集由正常样本和异常样本组成, 具体如下:

Data 1 该数据集为线性可分的区间数据集 (见图 3.2), 由 300 个正常样本和 100 个异常样本构成, γ_1 和 γ_2 在区间 [1, 2] 内随机生成, 实数点 (x_1, x_2) 由 2 维正态分布产生, 其均值向量和协方差矩阵分别为

$$\boldsymbol{\mu} = \begin{bmatrix} \mu_1 \\ \mu_2 \end{bmatrix}, \quad \boldsymbol{\Sigma} = \begin{bmatrix} \sigma_1^2 & \rho_{12} \\ \rho_{21} & \sigma_2^2 \end{bmatrix}$$

产生两类样本的参数如下:

(1) 正常样本: $u_1 = 15$, $u_2 = 8.5$, $\sigma_1^2 = 2.33$, $\sigma_2^2 = 6.87$, $\rho_{12} = 0.97$, $\rho_{21} = 0.97$.

(2) 异常样本: $u_1 = 4$, $u_2 = 8.5$, $\sigma_1^2 = 2.33$, $\sigma_2^2 = 6.87$, $\rho_{12} = 0.97$, $\rho_{21} = 0.97$.

Data 2 该数据集为非线性可分的区间数据集 (见图 3.3), 大圆环代表异常样本, 由 161 个区间数据构成; 小圆环代表正常样本, 由 46 个区间数据构成, γ_1 和 γ_2 在区间 [1, 5] 内随机生成.

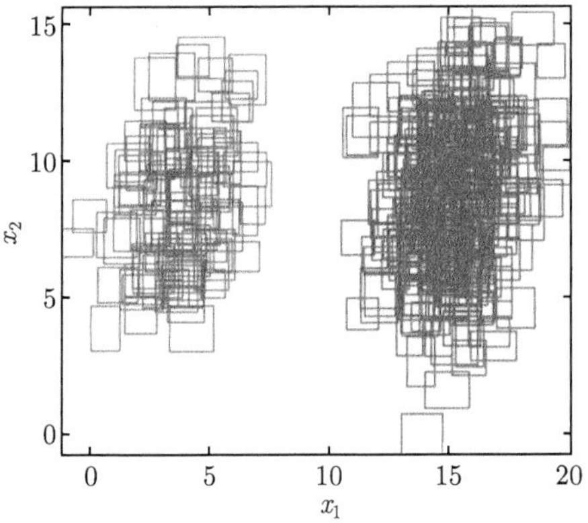

图 3.2 线性可分区间数据集

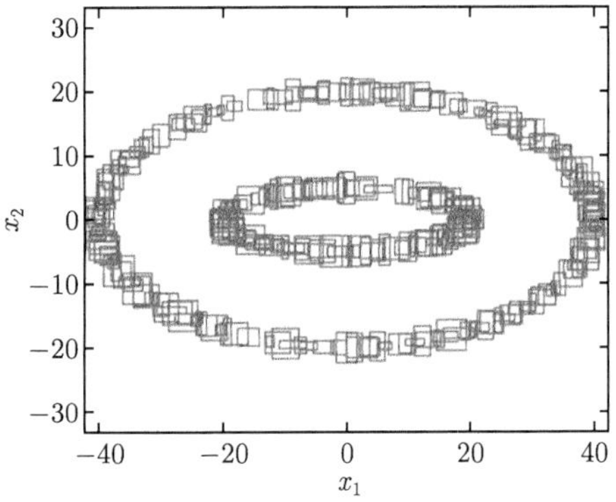

图 3.3 非线性可分区间数据集

下面分别从 2 个数据集中随机选取 20%的正常样本和异常样本作为训练集, 剩余的作为测试集, 具体数据分布, 见表 3.3.

表 3.3 数据分布

数据集	正常样本	异常样本	训练集		测试集	
			正常样本	异常样本	正常样本	异常样本
Data 1	300	100	60	20	240	80
Data 2	46	161	9	32	37	129

每个数据集运行 100 次, 计算评估指标 Accuracy、Specificity、Sensitivity 和 G-means 的均值和标准差, γ_1 和 γ_2 分别在区间 [1, 2], [1, 5], [1, 10], [1, 15] 和 [1, 20] 随机生成, 实验结果见表 3.4.

表 3.4 实验结果

数据集	评估指标	[1, 2]	[1, 5]	[1, 10]	[1, 15]	[1, 20]
Data 1	Accuracy	0.95±0.01	0.93±0.02	0.92±0.03	0.94±0.02	0.95±0.02
	Sensitivity	0.96±0.02	0.94±0.04	0.92±0.05	0.94±0.03	0.95±0.03
	Specificity	0.93±0.33	0.93±0.05	0.91±0.05	0.93±0.04	0.93±0.03
	G-means	0.95±0.01	0.93±0.01	0.91±0.02	0.93±0.01	0.94±0.02
Data 2	Accuracy	1.00±0.01	0.99±0.01	0.99±0.01	0.99±0.02	0.99±0.02
	Sensitivity	0.99±0.02	0.98±0.04	0.97±0.04	0.97±0.05	0.97±0.05
	Specificity	1.00±0.00	1.00±0.01	1.00±0.00	1.00±0.00	1.00±0.00
	G-means	1.00±0.01	0.99±0.02	0.99±0.02	0.98±0.03	0.98±0.03

从表 3.4 可以看到: 区间马田系统不但在线性可分的区间型数据集上具有较好的识别性能, 而且在非线性可分的区间型数据集上同样具有较好的识别性能, 整体识别准确率、灵敏度、特异度和不平衡数据处理能力都较好, 并且不随参数 γ 的增大而降低. 实验结果表明区间马田系统是有效的.

参 考 文 献

[1] Lynne B, Edwin D. Analysis of Symbolic Data[M]. New York: Springer-Verlag, 2000.
[2] Youden W J. Index for rating diagnostic tests[J]. Cancer, 1950(3): 32-35.

第 4 章 度量马田系统

为提升马田系统的识别性能, 很多研究对马氏距离进行了改进, 但这些改进均无法从"函数"学习的角度自适应地给出最能反映数据间内在联系的马氏距离, 以提高马田系统的识别性能. 还有一些研究通过构建优化模型取代田口方法筛选特征, 通过这种方式筛选出的特征虽然识别效果较好, 但模型求解困难, 对使用者的统计学知识要求较高, 导致马田系统不再具有原理简单、易于在实践中应用的优势. 本章引入度量学习理论构建度量马田系统. 度量马田系统同传统马田系统相比主要有两方面改进: ①将马氏距离定义为一个以"同类样本对"和"非同类样本对"为输入, 以度量矩阵为参变量的马氏距离函数, 然后采用原理较为简单的 KISSME[1] 度量学习算法估计一个能够使同类样本的距离输出较小, 非同类样本的距离输出较大的度量矩阵, 达到提升马田系统识别性能的目的. ②基于拉近同类样本, 推远非同类样本的思想, 从有助于提升马田系统识别性能的角度, 定义一个新的特征子集评估函数代替田口方法中的信噪比.

4.1 度量学习理论

在机器学习中, 对高维数据进行降维的主要目的是希望找到一个合适的低维空间, 在此空间中进行学习能比原始空间性能更好. 事实上, 每个空间对应了在样本属性上定义的一个距离度量, 而寻找合适的空间, 实质上就是在寻找一个合适的距离度量. 那么, 为什么不直接尝试"学习"出一个合适的距离度量呢? 这就是度量学习的基本动机 [2]. 要想对距离度量进行学习, 必须要有一个便于学习的距离度量函数. 目前, 常用的度量函数主要有两类, 一类为基于马氏距离的度量函数, 另一类为基于双线性函数的相似度量, 比较常用的是基于马氏距离的度量函数, 也称为度量马氏距离 (Metric Mahalanobis Distance, MMD), 其定义如下:

$$d^2_{\mathbf{M}}(\boldsymbol{x}_i, \boldsymbol{x}_j) = (\boldsymbol{x}_i - \boldsymbol{x}_j)^{\mathrm{T}}\mathbf{M}(\boldsymbol{x}_i - \boldsymbol{x}_j) = \|\boldsymbol{x}_i - \boldsymbol{x}_j\|^2_{\mathbf{M}} \tag{4.1}$$

其中, $\mathbf{M}$ 称为"度量矩阵", 是度量函数需要学习的参变量, 并且 $\mathbf{M}$ 必须是一个(半) 正定对称矩阵, 即必有正交基 $\mathbf{P}$ 使得 $\mathbf{M}$ 能写为 $\mathbf{M} = \mathbf{P}^{\mathrm{T}}\mathbf{P}$. 若 $\mathbf{M}$ 是一个低秩矩阵, 通过对 $\mathbf{M}$ 进行特征分解, 总能找到一组正交基, 其正交基数为矩阵 $\mathbf{M}$ 的秩 $\mathrm{rank}(\mathbf{M})$, 小于原属性数 p. 因此, 度量学习学得的结果可衍生出一个降维矩阵 $\mathbf{P} \in \mathbb{R}^{p\times \mathrm{rank}(\mathbf{M})}$, 能用于降维的目的[2].

通常度量学习是一种弱监督模式下的算法, 算法的输入是一些样本的距离关系约束. 例如, 已知某些样本同类或相似、某些样本非同类或不相似, 则可以定义 "必连"(cannot-link) 约束集合 $\mathcal{S}$ 与 "勿连" 约束集合 $\mathcal{D}$. $(\boldsymbol{x}_i, \boldsymbol{x}_j) \in \mathcal{S}$ 表示 $\boldsymbol{x}_i$ 与 $\boldsymbol{x}_j$ 相似 (Similar) 或同类, $(\boldsymbol{x}_i, \boldsymbol{x}_j) \in \mathcal{D}$ 表示 $\boldsymbol{x}_i$ 与 $\boldsymbol{x}_j$ 不相似 (Dissimilar) 或非同类. 显然, 度量学习的目标应该是使同类的样本之间距离较小, 非同类的样本之间距离较大. 因此, Xing 等[3] 提出构建如下凸优化模型求解度量矩阵 $\mathbf{M}$.

$$
\begin{aligned}
\min_{\mathbf{M}} & \sum_{(\boldsymbol{x}_i, \boldsymbol{x}_j) \in \mathcal{S}} \|\boldsymbol{x}_i - \boldsymbol{x}_j\|_{\mathbf{M}}^2 \\
\text{s.t.} & \sum_{(x_i, x_j) \in \mathcal{D}} \|\boldsymbol{x}_i - \boldsymbol{x}_j\|_{\mathbf{M}} \geqslant 1 \\
& \mathbf{M} \succeq \mathbf{0}
\end{aligned}
\tag{4.2}
$$

该模型虽然是典型的凸优化问题, 算法实现过程简单可行, 但该优化模型的约束条件并不能够严格限制非同类样本对之间距离, 可能会造成一些非同类样本对距离较小而影响模型性能. 下面介绍几种典型的度量学习算法:

1. 大间隔最近邻度量学习算法

大间隔最近邻度量学习算法[4](Large Margin Nearest Neighbors, LMNN) 是最具代表性的度量学习算法之一. 目前, 在 LMNN 基础上发展出多种扩展和改进模型, 许多其他度量学习算法都借鉴了 LMNN 的思想. 该算法对与样本 $\boldsymbol{x}_i$ 同类别却距离较远的样本做 "拉"(Pull) 的处理, 而对于和样本 $\boldsymbol{x}_i$ 不同类但距离较近的样本采用 "推"(Push) 的操作. 根据该思想, LMNN 的目标函数中应包含对类内样本距离和类间样本距离同时处理的两个部分. 最终, 通过引入松弛变量 ξ, LMNN 被描述为求解如下半正定规划问题:

$$
\begin{aligned}
\min_{\mathbf{M}, \xi} & \sum_{i, j \to i} (1-\mu) \mathrm{MD}^2(\boldsymbol{x}_i, \boldsymbol{x}_j) + \mu \sum_{i, j \to i, l} \eta (1 - \eta_{il}) \xi_{ijl} \\
\text{s.t.} \ & \mathrm{MD}^2(\boldsymbol{x}_i, \boldsymbol{x}_l) - \mathrm{MD}^2(\boldsymbol{x}_i, \boldsymbol{x}_j) \geqslant 1 - \xi_{ijl} \\
& \xi_{ijl} \geqslant 0 \\
& \mathbf{M} \succeq \mathbf{0}
\end{aligned}
\tag{4.3}
$$

其中, $\mu \in [0, 1]$ 为调节类内和类间样本距离的平衡参数, $j \to i$ 表示 $\boldsymbol{x}_j$ 为 $\boldsymbol{x}_i$ 同类近邻, 而 $\boldsymbol{x}_l$ 为异类近邻.

2. 基于信息论的度量学习算法

基于信息论的度量学习 (Information-Theoretic Metric Learning, ITML) 算法[5] 利用相对熵来学习度量矩阵. 对于度量矩阵 $\mathbf{M}$ 的学习, 需要满足如下假设:

假设 1 同类样本对之间的距离不大于某个阈值 u, 而非同类样本对之间的距离不小于某个阈值 l, 且 $l \geqslant u$.

假设 2 存在先验的度量矩阵 $\mathbf{M}_0$. 对于满足高斯分布的样本集, 使用样本的协方差矩阵来参数化先验矩阵 $\mathbf{M}_0$, 否则使用欧氏距离来参数化先验矩阵 $\mathbf{M}_0$.

基于以上两个假设学习得到的度量矩阵 $\mathbf{M}$, 不仅可以保证训练样本集中的成对约束尽可能满足阈值条件, 同时可以使度量矩阵尽可能接近先验度量矩阵 $\mathbf{M}_0$. ITML 使用相对熵来评价两个多元高斯分布之间的距离, 即

$$KL\left(p(\boldsymbol{x};\mathbf{M}_0)||p(\boldsymbol{x};\mathbf{M})\right) \tag{4.4}$$

其中, $KL(\cdot)$ 表示相对熵, 又称 Kullbacle-Leibler 散度, 用来表征两个概率分布之间的差异性. 函数 $p(x;\mathbf{M})$ 为协方差矩阵为 $\mathbf{M}^{-1}$ 的多元高斯分布, 即

$$p(\boldsymbol{x};\mathbf{M}) = \frac{1}{z}\exp\left((-1/2)\mathrm{MD}^2(\boldsymbol{x},\boldsymbol{\mu})\right) \tag{4.5}$$

其中, $\boldsymbol{\mu}$ 为均值向量, z 为归一化因子.

在给定同类样本对集合 $\mathcal{S}$ 和非同类样本对集合 $\mathcal{D}$ 的条件下, 度量学习问题可以转化为求解下面的优化问题:

$$\begin{aligned}
&\min_{\mathbf{M}\succeq 0} KL\left(p(\boldsymbol{x};\mathbf{M}_0)||p(\boldsymbol{x};\mathbf{M})\right)\\
&\text{s.t.}\ \ \mathrm{MD}^2(\boldsymbol{x}_i,\boldsymbol{x}_j) \leqslant u,\ \ (\boldsymbol{x}_i,\boldsymbol{x}_j)\in\mathcal{S}\\
&\qquad \mathrm{MD}^2(\boldsymbol{x}_i,\boldsymbol{x}_j) \geqslant l,\ \ (\boldsymbol{x}_i,\boldsymbol{x}_j)\in\mathcal{D}
\end{aligned} \tag{4.6}$$

3. 基于概率论的度量学习算法

基于概率论的距离度量学习是利用概率论的方法学习度量矩阵 $\mathbf{M}$, 其基本思想是利用训练样本的成对约束信息所建立的概率密度函数来表征目标模型, 并求解模型参数. 具有代表性的算法是 Guillaumin 等[6] 提出的逻辑判别度量学习 (Logistic Discriminant Metric Learning, LDML) 算法. LDML 算法基于逻辑回归的思想, 使用 S 型函数来表示样本对是否属于等值约束的概率. 对于给定的样本对 $(\boldsymbol{x}_i,\boldsymbol{x}_j)$, 二者是否属于同类的概率表示为

$$p_{ij} = p\left(y_{ij}=1|\boldsymbol{x}_i,\boldsymbol{x}_i;\mathbf{M},b\right) = \sigma\left(b-\mathrm{MD}^2(\boldsymbol{x}_i,\boldsymbol{x}_j)\right) \tag{4.7}$$

其中, $\sigma(z)=(1+\exp(-z))^{-1}$ 是一个 sigmoid 函数; b 代表偏置; y_{ij} 是 $(\boldsymbol{x}_i,\boldsymbol{x}_j)$ 是否为同一类的标签, $y_{ij}=1$ 代表二者属于同一类, $y_{ij}=0$ 代表二者属于不同类别.

基于上述概率模型, LDML 算法采用最大似然估计的方法, 建立对数似然函数并用作目标函数, 通过最大化目标函数来求解模型参数, 目标函数如下:

$$L(\mathbf{M}) = \sum_{ij} y_{ij} \ln(p_{ij}) + (1 - y_{ij}) \ln(1 - p_{ij}) \tag{4.8}$$

公式 (4.8) 可以通过梯度下降算法来求解参数.

4.2 度量马田系统的构建

4.2.1 度量马氏距离

马田系统的识别原理是利用马氏距离构建一个以正常样本为参照基准的度量尺度进行识别. 因此, 马氏距离在马田系统中扮演着重要的角色, 准确的马氏距离度量结果能够客观地反映出样本间的内在关系, 有利于后续的识别任务更好地掌握样本间的一般规律, 为提升马田系统的识别性能创造条件. 传统马田系统主要采用协方差马氏距离作为度量尺度识别异常样本. 为便于区分和说明, 本章采用如下计算公式表示协方差马氏距离.

$$d_{\mathbf{S}}^2(\hat{\boldsymbol{x}}_i, \bar{\boldsymbol{x}}) = (\hat{\boldsymbol{x}}_i - \bar{\boldsymbol{x}})^{\mathrm{T}} \mathbf{S}^{-1} (\hat{\boldsymbol{x}}_i - \bar{\boldsymbol{x}}) \tag{4.9}$$

其中, $\hat{\boldsymbol{x}}_i$ 为第 i 个异常样本向量, $\bar{\boldsymbol{x}}$ 和 $\mathbf{S}$ 分别为参照基准中正常样本的均值向量和协方差矩阵, $i = 1, 2, \cdots, m$.

同欧氏距离相比, 协方差马氏距离可以充分考虑各变量之间的相关性并且与尺度无关, 是一种优良的度量尺度. 但是, 协方差马氏距离中的度量矩阵, 也就是协方差矩阵 $\mathbf{S}$ 是一个 "常量", 无法进行自适应学习使度量结果更好地反映样本间的内在关系, 达到提升马田系统识别性能的目的. 根据度量学习理论, 可以在应用马田系统之前利用马氏距离函数先学习得到一个度量矩阵 $\mathbf{M}$, 在由 $\mathbf{M}$ 形成的新度量空间中 "同类样本" 会更紧凑, "非同类样本" 会更分离, 也就是拉近 (Pull) 所有同类样本之间的距离, 同时推远 (Push) 所有非同类样本之间距离. 如图 4.1, 在新度量空间中, 更有利于马田系统展开后续的识别任务.

因此, 可以将公式 (4.9) 改为马氏距离函数的形式, 即

$$d_{\mathbf{M}}^2(\hat{\boldsymbol{x}}_i, \bar{\boldsymbol{x}}) = (\hat{\boldsymbol{x}}_i - \bar{\boldsymbol{x}})^{\mathrm{T}} \mathbf{M} (\hat{\boldsymbol{x}}_i - \bar{\boldsymbol{x}}) \tag{4.10}$$

其中, $\bar{\boldsymbol{x}}$ 为正常样本的均值向量, $\mathbf{M}$ 是通过学习得到的度量矩阵.

但是, 如何学习度量矩阵 $\mathbf{M}$ 是一个关键问题. 常用的一些度量学习算法计算复杂度较高, 对使用者的统计学知识要求较高, 不利于在实践中应用和推广.

Kostinger 等[1] 基于高斯分布的假设, 提出了保持简单直接的度量学习 (Keep it Simple and Straight Forward Metric Learning, KISSME) 算法, 该算法采用统计推断理论对度量矩阵 **M** 进行估计, 不但学习效率高, 而且无需复杂的迭代. 采用 KISSME 算法学习度量矩阵, 可以使马田系统仍然具有原理简单、易于操作的优势. KISSME 算法的核心思想是将任意样本对 $(\boldsymbol{x}_i, \boldsymbol{x}_j)$ 之间的差异程度, 通过似然比检验来观测, 即

$$\delta(\boldsymbol{x}_i, \boldsymbol{x}_j) = \log\left(\frac{p(\boldsymbol{x}_i, \boldsymbol{x}_j|\mathrm{H}_0)}{p(\boldsymbol{x}_i, \boldsymbol{x}_j|\mathrm{H}_1)}\right) \tag{4.11}$$

其中, H_0 为假设 $(\boldsymbol{x}_i, \boldsymbol{x}_j)$ 不相似, H_1 为假设 $(\boldsymbol{x}_i, \boldsymbol{x}_j)$ 相似. $p(\boldsymbol{x}_i, \boldsymbol{x}_j|\mathrm{H}_0)$ 是样本对 $(\boldsymbol{x}_i, \boldsymbol{x}_j)$ 为非同类样本的概率分布函数, $p(\boldsymbol{x}_i, \boldsymbol{x}_j|\mathrm{H}_1)$ 是样本对 $(\boldsymbol{x}_i, \boldsymbol{x}_j)$ 为同类样本的概率分布函数.

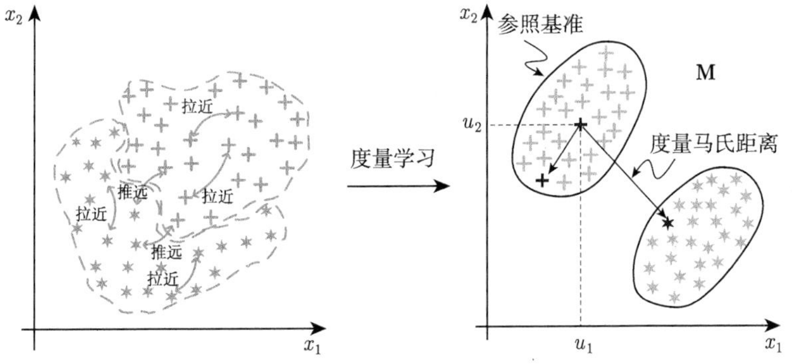

(a) 原度量空间　　(b) 新度量空间

图 4.1　度量马田系统异常识别原理

显然, 当 $\delta(\boldsymbol{x}_i, \boldsymbol{x}_j)$ 的值较大时, H_0 假设为真, 即 $(\boldsymbol{x}_i, \boldsymbol{x}_j)$ 不相似; 反之, H_1 假设为真, 即 $(\boldsymbol{x}_i, \boldsymbol{x}_j)$ 相似. 因此, 可以通过 $\delta(\boldsymbol{x}_i, \boldsymbol{x}_j)$ 来度量 $(\boldsymbol{x}_i, \boldsymbol{x}_j)$ 在特征空间中的距离. 为了使样本对 $(\boldsymbol{x}_i, \boldsymbol{x}_j)$ 在特征空间中的实际位置不影响计算结果, KISSME 算法将样本对的差分 $\boldsymbol{x}_{ij} = \boldsymbol{x}_i - \boldsymbol{x}_j$ 作为公式 (4.11) 的变量, 从而得到零均值的分布. 因此, 可以将公式 (4.11) 重写为

$$\delta(\boldsymbol{x}_{ij}) = \log\left(\frac{p(\boldsymbol{x}_{ij}|\mathrm{H}_0)}{p(\boldsymbol{x}_{ij}|\mathrm{H}_1)}\right) \tag{4.12}$$

假设公式 (4.12) 中的概率分布函数为零均值的高斯分布, 则

$$\delta(\boldsymbol{x}_{ij}) = \log\left(\frac{\dfrac{1}{\sqrt{2\pi\,|\boldsymbol{\Sigma}_{\mathcal{D}}|}}\exp\left(-\dfrac{1}{2}\boldsymbol{x}_{ij}^{\mathrm{T}}\boldsymbol{\Sigma}_{\mathcal{D}}^{-1}\boldsymbol{x}_{ij}\right)}{\dfrac{1}{\sqrt{2\pi\,|\boldsymbol{\Sigma}_{\mathcal{S}}|}}\exp\left(-\dfrac{1}{2}\boldsymbol{x}_{ij}^{\mathrm{T}}\boldsymbol{\Sigma}_{\mathcal{S}}^{-1}\boldsymbol{x}_{ij}\right)}\right) \tag{4.13}$$

其中, $\boldsymbol{\Sigma}_{\mathcal{S}}$ 和 $\boldsymbol{\Sigma}_{\mathcal{D}}$ 分别为相似样本集 $\mathcal{S}$ 和不相似样本集 $\mathcal{D}$ 的协方差矩阵, 计算公式如下:

$$\boldsymbol{\Sigma}_{\mathcal{S}}=\frac{1}{|\mathcal{S}|}\sum_{(\boldsymbol{x}_i,\boldsymbol{x}_j)\in\mathcal{S}}(\boldsymbol{x}_i-\boldsymbol{x}_j)(\boldsymbol{x}_i-\boldsymbol{x}_j)^{\mathrm{T}} \tag{4.14}$$

$$\boldsymbol{\Sigma}_{\mathcal{D}}=\frac{1}{|\mathcal{D}|}\sum_{(\boldsymbol{x}_i,\boldsymbol{x}_j)\in\mathcal{D}}(\boldsymbol{x}_i-\boldsymbol{x}_j)(\boldsymbol{x}_i-\boldsymbol{x}_j)^{\mathrm{T}} \tag{4.15}$$

然后对公式 (4.13) 取对数

$$\delta(\boldsymbol{x}_{ij})=\boldsymbol{x}_{ij}^{\mathrm{T}}\boldsymbol{\Sigma}_{\mathcal{S}}^{-1}\boldsymbol{x}_{ij}+\log\left(|\boldsymbol{\Sigma}_{\mathcal{S}}|\right)-\boldsymbol{x}_{ij}^{\mathrm{T}}\boldsymbol{\Sigma}_{\mathcal{D}}^{-1}\boldsymbol{x}_{ij}-\log\left(|\boldsymbol{\Sigma}_{\mathcal{D}}|\right) \tag{4.16}$$

去除常数项后

$$\delta(\boldsymbol{x}_{ij})=\boldsymbol{x}_{ij}^{\mathrm{T}}\left(\boldsymbol{\Sigma}_{\mathcal{S}}^{-1}-\boldsymbol{\Sigma}_{\mathcal{D}}^{-1}\right)\boldsymbol{x}_{ij} \tag{4.17}$$

公式 (4.17) 在形式上与公式 (4.10) 很相似, 因此根据 $\boldsymbol{x}_{ij}=\boldsymbol{x}_i-\boldsymbol{x}_j$ 可以将样本对 $(\boldsymbol{x}_i,\boldsymbol{x}_j)$ 之间的马氏距离定义为

$$d_{\mathbf{M}}^2(\boldsymbol{x}_i,\boldsymbol{x}_j)=(\boldsymbol{x}_i-\boldsymbol{x}_j)^{\mathrm{T}}\left(\boldsymbol{\Sigma}_{\mathcal{S}}^{-1}-\boldsymbol{\Sigma}_{\mathcal{D}}^{-1}\right)(\boldsymbol{x}_i-\boldsymbol{x}_j) \tag{4.18}$$

进而得到度量矩阵

$$\mathbf{M}=\boldsymbol{\Sigma}_{\mathcal{S}}^{-1}-\boldsymbol{\Sigma}_{\mathcal{D}}^{-1} \tag{4.19}$$

由于 $\mathbf{M}\succeq\mathbf{0}$, 因此需要将其强制为半正定矩阵, 具体方法是对其特征值分解, 将小于等于 0 的特征值强行设置为很小的正数, 再重构矩阵, 具体算法见表 4.1.

表 4.1　度量矩阵强制半正定算法

输入:度量矩阵 $\mathbf{M}$; 很小的正数 ε

输出:半正定度量矩阵 $\mathbf{M}$

对度量矩阵 $\mathbf{M}$ 进行 Cholesky 分解, 判断 $\mathbf{M}$ 是否为半正定矩阵
if $\mathbf{M}$ 不是半正定矩阵 **then do**
　将 $\mathbf{M}$ 特征值分解为矩阵 $\mathbf{V}$ 和 $\mathbf{D}$, 矩阵 $\mathbf{V}$ 由 $\mathbf{M}$ 的特征向量组成,
　$\mathbf{D}$ 为对角矩阵, 每个对角元素是一个特征值
　for $\tau=1$ to T **do** (T 为特征值个数)
　　if $\lambda_\tau<0$ **then do**
　　　$\lambda_\tau=\varepsilon$
　　end if
　end for
　重构度量矩阵 $\mathbf{M}=\mathbf{VDV}^{\mathrm{T}}$
end if

4.2.2 特征筛选

为提高度量尺度的稳健性, 即降低马氏距离的波动性, 马田系统采用田口方法将使马氏距离产生波动的特征变量去掉. 田口方法的基本原理是通过信噪比和二水平正交试验优化特征变量组合, 使马氏距离对噪声因素的敏感程度降低, 从而使噪声因素对马氏距离的影响作用减少甚至消除, 以实现降低马氏距离波动性的目的. 但是, 这样的特征筛选结果往往无法提高马田系统的识别性能. 本章基于度量学习的思想, 从提高马田系统识别性能的角度, 构建一个新的特征子集评估函数代替信噪比.

如图 4.1, 对于任意特征子集 F, 如果能拉近同类样本对之间的距离, 同时推远非同类样本对之间的距离, 则说明特征子集 F 对识别两类样本是有益的. 换言之, 如果任意特征子集 F 能使所有非同类样本对之间的度量马氏距离之和越大, 同时使所有同类样本对之间的度量马氏距离之和越小, 则说明特征子集 F 越重要, 越有助于提高马田系统的识别能力. 因此, 可以构建如下特征子集 F 的评估函数:

$$\omega_F = \frac{\sum\limits_{(\boldsymbol{x}_i,\boldsymbol{x}_j)\in\mathcal{D}} d_{\mathrm{M}}^2(\boldsymbol{x}_i^F,\boldsymbol{x}_j^F)}{\sum\limits_{(\boldsymbol{x}_i,\boldsymbol{x}_j)\in\mathcal{S}} d_{\mathrm{M}}^2(\boldsymbol{x}_i^F,\boldsymbol{x}_j^F)} \tag{4.20}$$

其中, $F\subset X$ 且 F 不为空; $\boldsymbol{x}_i^F$ 和 $\boldsymbol{x}_j^F$ 分别表示样本 $\boldsymbol{x}_i$ 和 $\boldsymbol{x}_j$ 在特征子集 F 上的取值向量.

公式 (4.20) 中 ω_F 的值越大, 说明特征子集 F 越重要; 反之, 说明特征子集 F 越不重要. 为方便计算 ω_F 值, 下面需要对二水平正交试验进行改进. 如表 4.2, 改进后的正交试验与改进前类似, 但是改进后的正交试验需要计算所有非同类样本对之间的度量马氏距离和所有同类样本对之间的度量马氏距离.

传统正交试验需要手工统计每次试验参与的特征变量, 当特征变量较多时需要选取较大的二水平正交表, 如 $L_{32}(2^{31})$、$L_{64}(2^{63})$ 和 $L_{256}(2^{127})$ 正交表等, 对于这些较大的正交表如果采用手工的方法统计每次试验参与的特征变量, 不仅耗时还容易造成计算错误. 下面对正交试验计算过程进行改进, 施行"向量化"运算, 便于采用计算机编程快速实现特征筛选. 首先, 采用 0-1 矩阵 $\boldsymbol{\Omega}=[\Omega_{tk}]_{q\times p}$ 来表示 p 个变量在二水平正交表中的 q 次试验安排, 当 $\Omega_{tk}=1$ 时, 表示第 k 个特征变量参与第 t 次试验; 当 $\Omega_{tk}=0$ 时, 表示第 k 个特征变量未参与第 t 次试验. 在表 4.2 中, 6 个变量的 8 次试验可以用 0-1 矩阵表示为

$$
\boldsymbol{\Omega}=\begin{bmatrix}1&1&1&1&1&1\\1&1&1&0&0&0\\1&0&0&1&1&0\\1&0&0&0&0&1\\0&1&0&1&0&1\\0&1&0&0&1&0\\0&0&1&1&0&0\\0&0&1&0&1&1\end{bmatrix}
$$

对于 q 次正交试验的评估值可以用向量表示为

$$
\boldsymbol{\omega}=(\omega_{F_1},\omega_{F_2},\cdots,\omega_{F_q})^{\mathrm{T}} \tag{4.21}
$$

表 4.2　改进后的二水平正交试验

试验	特征变量							所有非同类样本对的度量马氏距离之和	所有同类样本对的度量马氏距离之和	ω_F
	X_1	X_2	X_3	X_4	X_5	X_6				
1	1	1	1	1	1	1	1	$\sum_{(\boldsymbol{x}_i,\boldsymbol{x}_j)\in\mathcal{D}} d_{\mathrm{M}}^2(\boldsymbol{x}_i^{F_1},\boldsymbol{x}_j^{F_1})$	$\sum_{(\boldsymbol{x}_i,\boldsymbol{x}_j)\in\mathcal{S}} d_{\mathrm{M}}^2(\boldsymbol{x}_i^{F_1},\boldsymbol{x}_j^{F_1})$	ω_{F_1}
2	1	1	1	2	2	2	2	$\sum_{(\boldsymbol{x}_i,\boldsymbol{x}_j)\in\mathcal{D}} d_{\mathrm{M}}^2(\boldsymbol{x}_i^{F_2},\boldsymbol{x}_j^{F_2})$	$\sum_{(\boldsymbol{x}_i,\boldsymbol{x}_j)\in\mathcal{S}} d_{\mathrm{M}}^2(\boldsymbol{x}_i^{F_2},\boldsymbol{x}_j^{F_2})$	ω_{F_2}
3	1	2	2	1	1	2	2	$\sum_{(\boldsymbol{x}_i,\boldsymbol{x}_j)\in\mathcal{D}} d_{\mathrm{M}}^2(\boldsymbol{x}_i^{F_3},\boldsymbol{x}_j^{F_3})$	$\sum_{(\boldsymbol{x}_i,\boldsymbol{x}_j)\in\mathcal{S}} d_{\mathrm{M}}^2(\boldsymbol{x}_i^{F_3},\boldsymbol{x}_j^{F_3})$	ω_{F_3}
4	1	2	2	2	2	1	1	$\sum_{(\boldsymbol{x}_i,\boldsymbol{x}_j)\in\mathcal{D}} d_{\mathrm{M}}^2(\boldsymbol{x}_i^{F_4},\boldsymbol{x}_j^{F_4})$	$\sum_{(\boldsymbol{x}_i,\boldsymbol{x}_j)\in\mathcal{S}} d_{\mathrm{M}}^2(\boldsymbol{x}_i^{F_4},\boldsymbol{x}_j^{F_4})$	ω_{F_4}
5	2	1	2	1	2	1	2	$\sum_{(\boldsymbol{x}_i,\boldsymbol{x}_j)\in\mathcal{D}} d_{\mathrm{M}}^2(\boldsymbol{x}_i^{F_5},\boldsymbol{x}_j^{F_5})$	$\sum_{(\boldsymbol{x}_i,\boldsymbol{x}_j)\in\mathcal{S}} d_{\mathrm{M}}^2(\boldsymbol{x}_i^{F_5},\boldsymbol{x}_j^{F_5})$	ω_{F_5}
6	2	1	2	2	1	2	1	$\sum_{(\boldsymbol{x}_i,\boldsymbol{x}_j)\in\mathcal{D}} d_{\mathrm{M}}^2(\boldsymbol{x}_i^{F_6},\boldsymbol{x}_j^{F_6})$	$\sum_{(\boldsymbol{x}_i,\boldsymbol{x}_j)\in\mathcal{S}} d_{\mathrm{M}}^2(\boldsymbol{x}_i^{F_6},\boldsymbol{x}_j^{F_6})$	ω_{F_6}
7	2	2	1	1	2	2	1	$\sum_{(\boldsymbol{x}_i,\boldsymbol{x}_j)\in\mathcal{D}} d_{\mathrm{M}}^2(\boldsymbol{x}_i^{F_7},\boldsymbol{x}_j^{F_7})$	$\sum_{(\boldsymbol{x}_i,\boldsymbol{x}_j)\in\mathcal{S}} d_{\mathrm{M}}^2(\boldsymbol{x}_i^{F_7},\boldsymbol{x}_j^{F_7})$	ω_{F_7}
8	2	2	1	2	1	1	2	$\sum_{(\boldsymbol{x}_i,\boldsymbol{x}_j)\in\mathcal{D}} d_{\mathrm{M}}^2(\boldsymbol{x}_i^{F_8},\boldsymbol{x}_j^{F_8})$	$\sum_{(\boldsymbol{x}_i,\boldsymbol{x}_j)\in\mathcal{S}} d_{\mathrm{M}}^2(\boldsymbol{x}_i^{F_8},\boldsymbol{x}_j^{F_8})$	ω_{F_8}

由于正交表具有“均衡分散、整齐可比”的点, 每个特征变量均参与 $q/2$ 次试验, 故根据 $\boldsymbol{\omega}$ 和 $\boldsymbol{\Omega}$ 可得到各特征变量参与的所有试验的平均 ω_F 值, 即

$$
\overline{\boldsymbol{\omega}}^{+}=\frac{2}{q}\boldsymbol{\omega}^{\mathrm{T}}\boldsymbol{\Omega} \tag{4.22}
$$

进而, 可以计算各特征变量未参与的所有试验的平均 ω_F 值

$$
\bar{\boldsymbol{\omega}}^{-}=\frac{2}{q}\boldsymbol{\omega}^{\mathrm{T}}\left(\mathbf{1}_{q\times p}-\boldsymbol{\Omega}\right) \tag{4.23}
$$

根据公式 (4.22) 和 (4.23) 计算所有特征变量的重要程度向量

$$
\Delta\boldsymbol{\omega}=\bar{\boldsymbol{\omega}}^{+}-\bar{\boldsymbol{\omega}}^{-} \tag{4.24}
$$

由于 $\Delta\boldsymbol{\omega}$ 是一个向量, 每个分量分别对应一个特征变量, 因此第 k 个分量 $\Delta\omega_k$ 即为特征变量 X_k 的重要程度, $k=1,2,\cdots,p$. 如果 $\Delta\omega_k>0$, 则特征变量 X_k 保留; 如果 $\Delta\omega_k\leqslant 0$, 则特征变量 X_k 删除.

4.2.3 基本步骤

度量马田系统继续保持了原理简单, 易于操作的优势, 仍然不需要反复迭代求解和复杂的参数设置, 计算步骤主要包括如下五个阶段.

阶段 1 构建成对样本集.

收集 m 个正常样本 $\mathcal{X}=\{\boldsymbol{x}_1,\boldsymbol{x}_2,\cdots,\boldsymbol{x}_m\}$ 和 n 个异常样本 $\hat{\mathcal{X}}=\{\hat{\boldsymbol{x}}_1,\hat{\boldsymbol{x}}_2,\cdots,\hat{\boldsymbol{x}}_n\}$, 构建同类样本集 $\mathcal{S}$ 和非同类样本集 $\mathcal{D}$, 构建方法如下:

$$\mathcal{S}=\{(\boldsymbol{x}_i,\boldsymbol{x}_j)|(\boldsymbol{x}_i,\boldsymbol{x}_j)\in\mathcal{X},(\boldsymbol{x}_i,\boldsymbol{x}_j)\in\hat{\mathcal{X}}\},\quad \mathcal{D}=\{(\boldsymbol{x}_i,\boldsymbol{x}_j)|\boldsymbol{x}_i\in\mathcal{X},\boldsymbol{x}_j\in\hat{\mathcal{X}}\}$$

集合 $\mathcal{S}$ 和 $\mathcal{D}$ 中的成对样本数分别为

$$|\mathcal{S}|=\frac{1}{2}(|\mathcal{X}|^2+|\hat{\mathcal{X}}|^2-|\mathcal{X}|-|\hat{\mathcal{X}}|),\quad |\mathcal{D}|=|\mathcal{X}|\times|\hat{\mathcal{X}}|$$

阶段 2 估计度量矩阵.

利用公式 (4.14) 和 (4.15) 分别计算同类样本集 $\mathcal{S}$ 和非同类样本集 $\mathcal{D}$ 的协方差矩阵 $\boldsymbol{\Sigma}_{\mathcal{S}}$ 和 $\boldsymbol{\Sigma}_{\mathcal{D}}$, 然后利用公式 (4.19) 估计度量矩阵 $\mathbf{M}$.

阶段 3 验证度量矩阵.

采用公式 (4.1) 分别计算集合 $\mathcal{S}$ 和 $\mathcal{D}$ 中成对样本的度量马氏距离, 如果同类样本对和非同类样本对的度量马氏距离区分明显, 则表明度量矩阵 $\mathbf{M}$ 是有效的; 如果区分不明显, 则表明度量矩阵 $\mathbf{M}$ 是无效的, 需要重新选择样本构建.

阶段 4 筛选特征变量.

首先, 根据特征变量个数安排二水平正交试验, 然后利用公式 (4.20) 计算每次试验所选取的特征子集的重要程度, 最后利用公式 (4.24) 计算每个特征变量的信息增益, 筛选特征.

阶段 5 识别待测样本.

利用筛选后的特征变量重新估计度量矩阵 $\mathbf{M}$ 并验证其有效性, 然后采用公式 (4.10) 计算正常样本和异常样本的度量马氏距离, 最后确定阈值识别待测样本.

4.3 方法比较

为比较传统马田系统与度量马田系统之间的性能差异, 选取 6 个 UCI 数据集, 每个数据集选取 20%的样本作为训练样本, 剩余的作为测试样本, 每个数据集的特征变量个数及样本数量参见表 4.3.

表 4.3 数据集描述

数据集	特征变量个数	正类数量	负类数量
Patients	6	66	34
Discrim	9	323	26
Heart	13	160	137
Wdbc	30	356	212
Ionosphere	33	225	126
Sonar	60	111	97

所有实验采用 Win10 家庭中文版 64 位操作系统, Intel(R) Core(TM) i9-9900 处理器, 32GB 内存. 编程环境为: Matlab2021a 版本. 两种马田系统均采用 ROC 曲线法确定识别阈值, 性能评估指标选取 Accuracy、Sensitivity、Specificity、G-means、AUC 和降维率 (Dimension Deduction Rate, DDR) 等 6 项指标, 其中降维率的计算公式为

$$\mathrm{DDR} = (p - p')/p \tag{4.25}$$

其中, p 为特征筛选前的特征变量个数, p' 为特征筛选后的特征变量个数.

为便于说明, 下面分别用 MTS 和 MTS$^+$ 代表传统马田系统和度量马田系统. 表 4.4 是 MTS$^+$ 和 MTS 在 6 个 UCI 数据集上分别运行 50 次各项指标的均值和标准差.

表 4.4 实验结果

数据集	分类器	评估指标				
		Accuracy	DDR	Sensitivity	Specificity	G-means
Patients	MTS$^+$	0.85±0.05	0.49±0.21	**0.76±0.16**	0.90±0.09	0.82±0.08
	MTS	0.79±0.08	0.40±0.16	0.80±0.13	0.78±0.15	0.78±0.03
Discrim	MTS$^+$	0.89±0.11	0.58±0.12	0.71±0.17	0.91±0.12	0.79±0.09
	MTS	0.85±0.11	0.49±0.10	0.70±0.17	0.86±0.13	0.76±0.08
Heart	MTS$^+$	0.78±0.04	0.46±0.10	**0.72±0.10**	0.82±0.08	0.76±0.05
	MTS	0.70±0.05	0.29±0.11	0.81±0.09	0.62±0.12	0.70±0.05
Wdbc	MTS$^+$	0.87±0.04	0.59±0.07	0.89±0.06	0.83±0.06	0.86±0.04
	MTS	0.72±0.04	0.57±0.04	0.81±0.09	0.57±0.10	0.69±0.05
Ionosphere	MTS$^+$	0.91±0.03	**0.35±0.08**	0.90±0.05	0.91±0.06	0.91±0.03
	MTS	0.89±0.03	0.47±0.08	0.90±0.06	0.88±0.06	0.89±0.02
Sonar	MTS$^+$	0.66±0.04	0.49±0.06	**0.63±0.12**	0.68±0.10	0.65±0.05
	MTS	0.65±0.04	0.47±0.04	0.88±0.06	0.45±0.09	0.62±0.06

图 4.2～ 图 4.7 是两种分类器在 6 个数据集上的 ROC 曲线, 每条 ROC 曲线均由相应的分类器运行 50 次后, 根据 FPR 和 TPR 的平均值绘制.

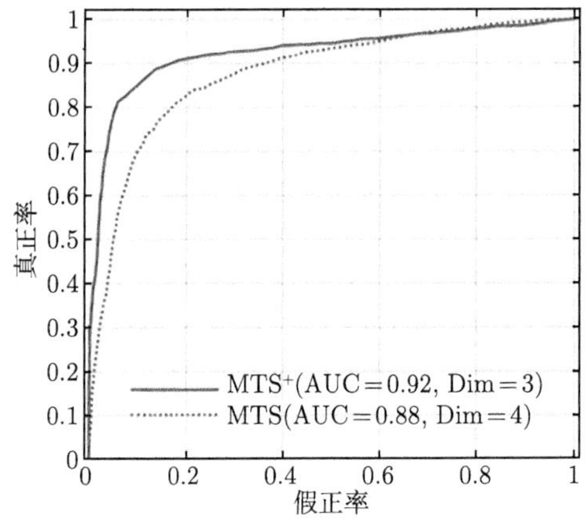

图 4.2 Patients

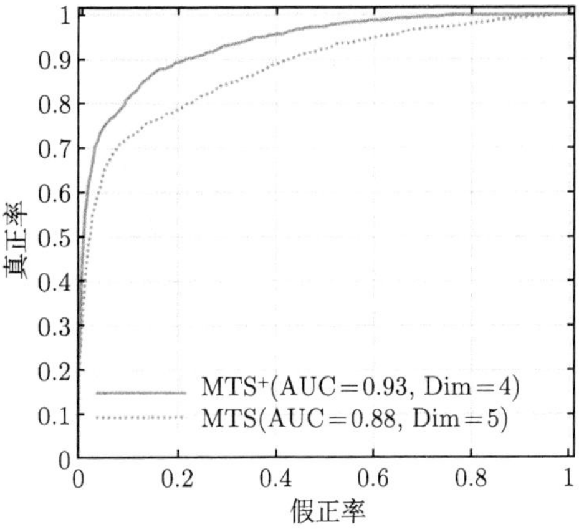

图 4.3 Discrim

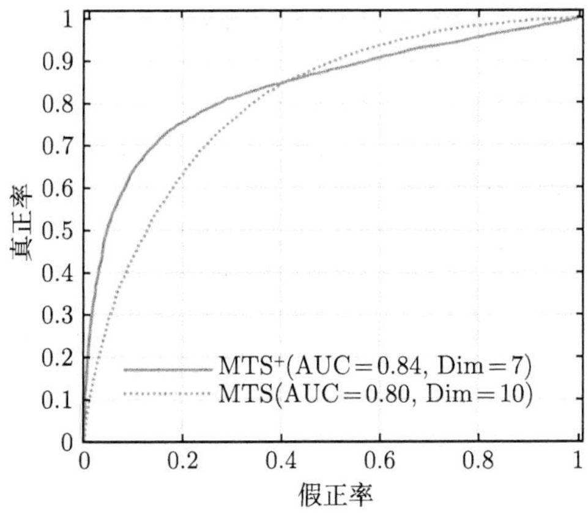

图 4.4 Heart

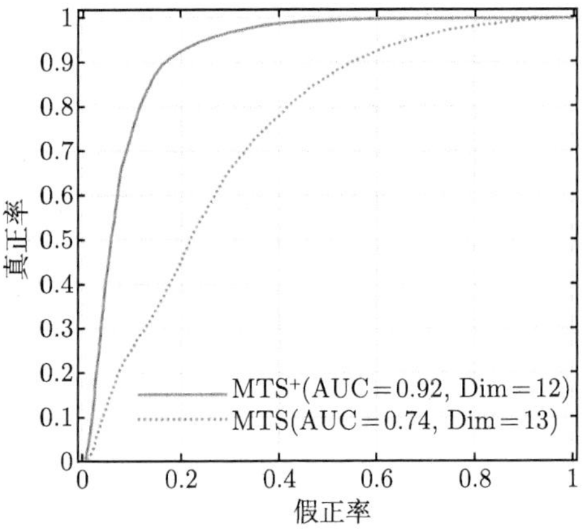

图 4.5 Wdbc

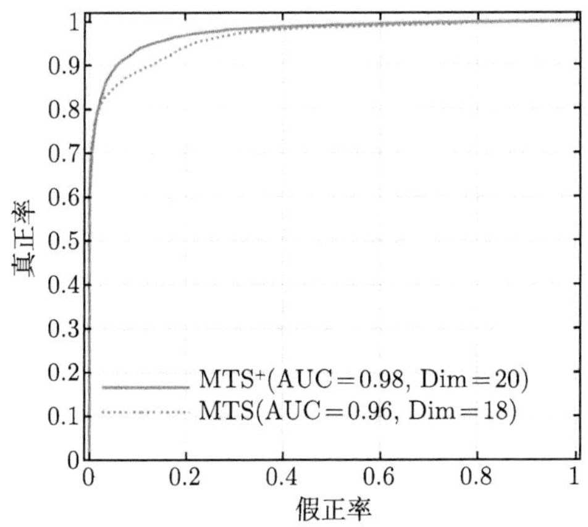

图 4.6 Ionosphere

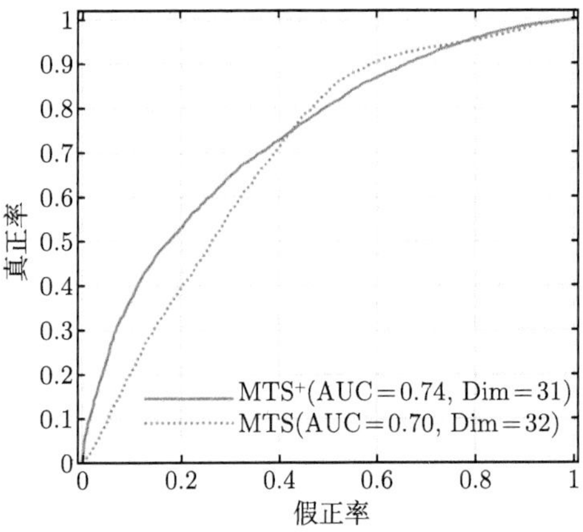

图 4.7 Sonar

图 4.2～ 图 4.7 中的 AUC 值是分类器运行 50 次的平均值, Dim 是分类器运行 50 次平均采用的特征变量个数. AUC 值可以更好地反映分类器在正负两类数据上的识别能力, AUC 越接近 1.0, 分类器的识别能力越强; AUC 等于 0.5 时, 则识别能力最低. 对比 6 个数据集的实验结果 (见表 4.4) 可以看到: 度量马田系统的识别准确率 (Accuracy)、负类样本识别准确率 (Specificity)、不平衡数据处理能力 (G-means) 均优于传统马田系统, 这也表明度量马田系统具有更强的异常值识别能力; 在降维率方面, 度量马田系统在大部分数据集上的降维效率明显高于传统马田系统; 从 AUC 值来看, 度量马田系统的综合性能在 6 个数据集上均优于传统马田系统, 并且度量马田系统采用的特征数量更少.

参考文献

[1] Kostinger M, Hirzer M, Wohlhart P, et al. Large scale metric learning from equivalence constraints[C]. IEEE Conference on Computer Vision and Pattern Recognition, IEEE, 2012: 2288-2295.

[2] 周志华. 机器学习 [M]. 北京: 清华大学出版社, 2016.

[3] Xing X P, Ng A Y, Jordan M I, et al. Distance metric learning, with application to clustering with side-information[C]. Vancouver, Canada: MIT Press, 2003.

[4] Weinberger K Q, Saul L K. Distance metric learning for large margin nearest neighbor classification[J]. Journal of Machine Learning Research, 2009(10): 207-244.

[5] Davis J V, Kulis B, Jain P, et al. Information-Theoretic metric learning[C]. Oregon, USA: ACM, 2007.

[6] Guillaumin M, Verbeek J, Schmid C. Is that you? Metric learning approaches for face identification[C]. Proceedings of the 12th IEEE Conference on International Conference on Computer Vision. IEEE, 2009, 498-505.

第 5 章　弱监督马田系统

传统马田系统是一种强监督的特征筛选方法, 需要收集先验信息较强的“正常”和“异常”两类标签样本数据进行特征筛选. 本章在传统马田系统的基础之上重新整合马氏距离和田口方法, 提出构建一种弱监督马田系统 (Weakly Supervised Mahalanobis-Taguchi System, WSMTS). 该方法不需要收集先验信息较强的两类标签样本数据, 而是通过“成对比较”收集“相似”和“不相似”两类成对样本数据进行特征筛选.

5.1　特征子集评估

设有正、负两类样本集, 但样本集中样本的确切类别未知. 通过成对比较, 若样本 $\boldsymbol{x}_i$ 和 $\boldsymbol{x}_j$ 之间是相似 (Similar) 的, 则 $\boldsymbol{x}_i$ 和 $\boldsymbol{x}_j$ 归为相似样本集 $\mathcal{S}$; 若样本 $\boldsymbol{x}_i$ 和 $\boldsymbol{x}_j$ 之间是不相似 (Dissimilar) 的, 则 $\boldsymbol{x}_i$ 和 $\boldsymbol{x}_j$ 归为非相似样本集 $\mathcal{D}$. 因此, 可以构建如下相似和非相似两类成对样本集:

$$\mathcal{S}=\{(i,j)|\boldsymbol{x}_i\text{和}\boldsymbol{x}_j\text{是相似的}\},\quad \mathcal{D}=\{(i,j)|\boldsymbol{x}_i\text{和}\boldsymbol{x}_j\text{是非相似的}\}$$

从分类的角度分析, 对于任意特征子集 K, 如果能拉近 (Pull) 所有相似样本对之间的距离, 同时推远 (Push) 所有非相似样本对之间的距离, 则说明特征子集 K 对区分两类样本是有益的, 如图 5.1.

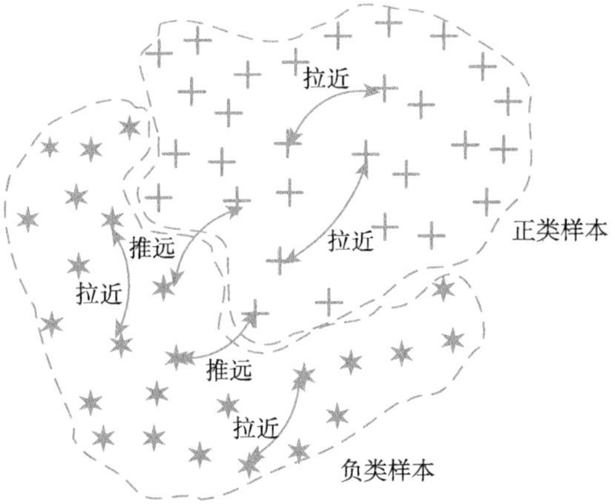

图 5.1　两类样本数据分布

换言之, 如果任意特征子集 K 能使所有非相似样本对之间的距离之和越大, 同时使所有相似样本对之间的距离之和越小, 则说明特征子集 K 的区分能力越强, 越重要. 因此, 采用马氏距离可以构建关于特征子集 K 的重要程度计算公式:

$$\omega_K = \frac{1}{|\mathcal{D}|}\sum_{(i,j)\in\mathcal{D}} \mathrm{MD}^2(\boldsymbol{x}_i^K, \boldsymbol{x}_j^K) - \frac{1}{|\mathcal{S}|}\sum_{(i,j)\in\mathcal{S}} \mathrm{MD}^2(\boldsymbol{x}_i^K, \boldsymbol{x}_j^K) \tag{5.1}$$

其中, $K \subset X$ 且 K 不为空; $\boldsymbol{x}_i^K$ 和 $\boldsymbol{x}_j^K$ 分别表示样本 $\boldsymbol{x}_i$ 和 $\boldsymbol{x}_j$ 在特征子集 K 上的取值向量; $\mathrm{MD}^2(\boldsymbol{x}_i^K, \boldsymbol{x}_j^K)$ 是 $\boldsymbol{x}_i^k$ 和 $\boldsymbol{x}_j^k$ 之间的马氏距离, 计算公式如下:

$$\mathrm{MD}^2(\boldsymbol{x}_i^K, \boldsymbol{x}_j^K) = (\boldsymbol{x}_i^K - \boldsymbol{x}_j^K)^{\mathrm{T}}\mathbf{S}_K^{-1}(\boldsymbol{x}_i^K - \boldsymbol{x}_j^K) \tag{5.2}$$

其中, $\mathbf{S}_K$ 是样本在特征子集 K 上的协方差矩阵.

5.2 特征筛选

弱监督马田系统仍然采用田口方法筛选特征, 但是采用公式 (5.1) 代替信噪比评估每次正交试验, 具体特征筛选步骤如下:

步骤 1　选择合适的二水平正交表, 安排正交试验. 表 5.1 是 6 个特征变量的二水平正交试验.

表 5.1　二水平正交试验

试验	特征变量							$\sum_{(i,j)\in\mathcal{D}} \mathrm{MD}^2(\boldsymbol{x}_i, \boldsymbol{x}_j)$	$\sum_{(i,j)\in\mathcal{S}} \mathrm{MD}^2(\boldsymbol{x}_i, \boldsymbol{x}_j)$	ω_K
	f_1	f_2	f_3	f_4	f_5	f_6				
1	1	1	1	1	1	1	1	$\sum_{(i,j)\in\mathcal{D}} \mathrm{MD}^2(\boldsymbol{x}_i^{K_1}, \boldsymbol{x}_j^{K_1})$	$\sum_{(i,j)\in\mathcal{S}} \mathrm{MD}^2(\boldsymbol{x}_i^{K_1}, \boldsymbol{x}_j^{K_1})$	ω_{K_1}
2	1	1	1	2	2	2	2	$\sum_{(i,j)\in\mathcal{D}} \mathrm{MD}^2(\boldsymbol{x}_i^{K_2}, \boldsymbol{x}_j^{K_2})$	$\sum_{(i,j)\in\mathcal{S}} \mathrm{MD}^2(\boldsymbol{x}_i^{K_2}, \boldsymbol{x}_j^{K_2})$	ω_{K_2}
3	1	2	2	1	1	2	2	$\sum_{(i,j)\in\mathcal{D}} \mathrm{MD}^2(\boldsymbol{x}_i^{K_3}, \boldsymbol{x}_j^{K_3})$	$\sum_{(i,j)\in\mathcal{S}} \mathrm{MD}^2(\boldsymbol{x}_i^{K_3}, \boldsymbol{x}_j^{K_3})$	ω_{K_3}
4	1	2	2	2	2	1	1	$\sum_{(i,j)\in\mathcal{D}} \mathrm{MD}^2(\boldsymbol{x}_i^{K_4}, \boldsymbol{x}_j^{K_4})$	$\sum_{(i,j)\in\mathcal{S}} \mathrm{MD}^2(\boldsymbol{x}_i^{K_4}, \boldsymbol{x}_j^{K_4})$	ω_{K_4}
5	2	1	2	1	2	1	2	$\sum_{(i,j)\in\mathcal{D}} \mathrm{MD}^2(\boldsymbol{x}_i^{K_5}, \boldsymbol{x}_j^{K_5})$	$\sum_{(i,j)\in\mathcal{S}} \mathrm{MD}^2(\boldsymbol{x}_i^{K_5}, \boldsymbol{x}_j^{K_5})$	ω_{K_5}
6	2	1	2	2	1	2	1	$\sum_{(i,j)\in\mathcal{D}} \mathrm{MD}^2(\boldsymbol{x}_i^{K_6}, \boldsymbol{x}_j^{K_6})$	$\sum_{(i,j)\in\mathcal{S}} \mathrm{MD}^2(\boldsymbol{x}_i^{K_6}, \boldsymbol{x}_j^{K_6})$	ω_{K_6}
7	2	2	1	1	2	2	1	$\sum_{(i,j)\in\mathcal{D}} \mathrm{MD}^2(\boldsymbol{x}_i^{K_7}, \boldsymbol{x}_j^{K_7})$	$\sum_{(i,j)\in\mathcal{S}} \mathrm{MD}^2(\boldsymbol{x}_i^{K_7}, \boldsymbol{x}_j^{K_7})$	ω_{K_7}
8	2	2	1	2	1	1	2	$\sum_{(i,j)\in\mathcal{D}} \mathrm{MD}^2(\boldsymbol{x}_i^{K_8}, \boldsymbol{x}_j^{K_8})$	$\sum_{(i,j)\in\mathcal{S}} \mathrm{MD}^2(\boldsymbol{x}_i^{K_8}, \boldsymbol{x}_j^{K_8})$	ω_{K_8}

步骤 2　计算每次试验的 ω_K 值, 将 q 次试验的 ω_K 值写成向量形式

$$\boldsymbol{\omega} = (\omega_{K_1}, \omega_{K_2}, \cdots, \omega_{K_q})^{\mathrm{T}} \tag{5.3}$$

步骤 3 计算各特征变量参与和未参与的所有试验的平均 ω_K 值. 采用 0-1 矩阵 $\boldsymbol{\Omega} = [\Omega_{tk}]_{q\times p}$ 表示 p 个变量在二水平正交表中的 q 次试验安排, 当 $\Omega_{tk} = 1$ 时, 表示第 k 个特征变量参与第 t 次试验; 当 $\Omega_{tk} = 0$ 时, 表示第 k 个特征变量未参与第 t 次试验. 因此, 各特征变量参与的所有试验的平均 ω_K 值, 可采用如下公式计算:

$$\overline{\omega}^{+} = \frac{2}{q}\boldsymbol{\omega}^{\mathrm{T}}\boldsymbol{\Omega} \tag{5.4}$$

各特征变量未参与的所有试验的平均 ω_K 值, 可采用下式计算:

$$\bar{\omega}^{-} = \frac{2}{q}\boldsymbol{\omega}^{\mathrm{T}}\left(\mathbf{1}_{q\times n} - \boldsymbol{\Omega}\right) \tag{5.5}$$

步骤 4 计算各特征变量的重要程度. 根据公式 (5.4) 和 (5.5) 计算特征变量的重要程度向量

$$\Delta\boldsymbol{\omega} = \bar{\omega}^{+} - \bar{\omega}^{-} \tag{5.6}$$

由于 $\Delta\boldsymbol{\omega}$ 是一个向量, 每个分量分别对应一个初始特征, 因此第 k 个分量 $\Delta\omega_k$ 即为第 k 个特征变量的重要程度, $k = 1, 2, \cdots, n$.

步骤 5 筛选特征. 根据各特征变量的重要程度, 可以采用以下 3 种方法筛选特征:

(1) 如果 $\Delta\omega_k > 0$, 则第 k 个特征变量保留; 如果 $\Delta\omega_k \leqslant 0$, 则删除;

(2) 指定一个阈值 λ, 选取比 λ 大的 $\Delta\boldsymbol{\omega}$ 分量所对应的特征;

(3) 确定选取特征的个数 l, 然后选取 $\Delta\boldsymbol{\omega}$ 分量最大的 l 个特征.

5.3 筛选方法比较

5.3.1 选取比较方法

为验证弱监督马田系统的有效性, 选取方差法 (Variance)[1]、拉普拉斯得分法 (Laplacian Score)[2]、相关特征法 (Relevant Features, Relief)[3]、费舍尔得分法 (Fisher Score)[1] 四种特征筛选方法与其比较, 其中 Variance 和 Laplacian Score 为无监督特征筛选法, Relief 和 Fisher Score 为有监督特征筛选法.

1. Variance

Variance 是一种比较简单的无监督特征筛选方法, 该方法利用特征值的波动性评估特征的重要性, 波动性越大特征越重要. 设 f_i^k 为样本 $\boldsymbol{x}_i$ 在第 k 个特征上的取值, 则第 k 个特征的重要程度计算公式如下:

$$V_k = \frac{1}{m}\sum_{i=1}^{m}\left(f_i^k - \mu_k\right)^2 \tag{5.7}$$

其中, $\mu_k = \frac{1}{m}\sum\limits_{i=1}^{m} f_i^k$ 为第 k 个特征在 m 个样本上均值, $k = 1, 2, \cdots, p$.

2. Laplacian Score

Laplacian Score 是 Variance 的进一步拓展. 对于第 k 个特征, 如果在距离较近的样本中该特征值变化较小, 而在距离相隔较远的样本间该特征值变化较大, 则可认为该特征是一个比较重要的特征, 具体计算公式如下:

$$L_k = \frac{\sum\limits_{i,j}(f_i^k - f_j^k)^2 S_{ij}}{\sum\limits_{i}(f_i^k - \mu_k)^2 D_{ii}} \tag{5.8}$$

其中, S_{ij} 是样本 $\boldsymbol{x}_i$ 和 $\boldsymbol{x}_j$ 之间的近邻关系, 如果 $\boldsymbol{x}_i$ 和 $\boldsymbol{x}_j$ 是邻居, 则 $S_{ij} = \exp(-\|\boldsymbol{x}_i - \boldsymbol{x}_j\|^2/\alpha)$, 否则 $S_{ij} = 0$, α 是一个常数; $D_{ii} = \sum\limits_{j} S_{ij}$.

3. Relief

Relief(Relevant Features) 是一种有监督的特征筛选方法. 对于样本 $\boldsymbol{x}_i$, Relief 首先在 $\boldsymbol{x}_i$ 的同类样本中寻找其最近邻 $\boldsymbol{x}_{i,\mathrm{nh}}$, 称为 "猜中近邻"(near-hit), 再从 $\boldsymbol{x}_i$ 的异类样本中寻找其近邻 $\boldsymbol{x}_{i,\mathrm{nm}}$, 称为 "猜错近邻"(near-miss), 然后对应于特征 k 的重要程度为

$$R_k = \sum_i -\mathrm{diff}(f_i^k, f_{i,\mathrm{nh}}^k)^2 + \mathrm{diff}(f_i^k, f_{i,\mathrm{nm}}^k)^2 \tag{5.9}$$

如果样本 $\boldsymbol{x}_a$ 和 $\boldsymbol{x}_b$ 在特征 k 上的取值分别为 f_a^k 和 f_b^k, 其中 f_a^k 和 f_b^k 已规范化到 [0,1] 区间, 则 $\mathrm{diff}(f_a^k, f_b^k)$ 的值取决于特征 k 的类型: 若 k 为离散型, 则 $f_a^k = f_b^k$ 时 $\mathrm{diff}(f_a^k, f_b^k) = 0$, 否则为 1; 若 k 为连续型, 则

$$\mathrm{diff}(f_a^k, f_b^k) = |f_a^k - f_b^k|$$

根据公式 (5.9) 可知, 若 $\boldsymbol{x}_i$ 与其猜中近邻 $\boldsymbol{x}_{i,\mathrm{nh}}$ 在特征 k 上的距离小于 $\boldsymbol{x}_i$ 与其猜错近邻 $\boldsymbol{x}_{i,\mathrm{nm}}$ 的距离, 说明特征 k 对区分同类和异类是重要的[4].

4. Fisher Score

Fisher Score 筛选特征的主要思想是鉴别性能较强的特征表现为类内距离尽可能小, 类间距离尽可能大. 因此, 特征 k 的重要程度可以采用下式计算:

$$F_k = \frac{\sum\limits_{c=1}^{C} m_c(\mu_k^c - \mu_k)^2}{\sum\limits_{c=1}^{C} m_c(\sigma_k^c)^2} \tag{5.10}$$

其中, m_c 为第 c 类样本的样本数量; μ_k^c 和 σ_k^c 分别为特征 k 在 c 类样本中的均值和方差, $c = 1, 2, \cdots, C$; μ_k 为特征 k 在所有样本中的均值.

5.3.2 实验数据

选取 4 个 UCI 数据集作为实验数据, 每个数据集的特征数量和正负类数据分布见表 5.2.

表 5.2 UCI 数据集

数据集	特征数量	正类数	负类数
Sonar	60	111	97
QSAR	41	699	356
Ionosphere	33	225	126
Cardiotocography	21	471	1655

在实验中, Variance、Laplacian Score、Relief、Fisher Score 四种方法分别选取 30%的样本数据作为筛选特征的数据集. 弱监督马田系统选取 30 对相似样本和 30 对非相似样本作为筛选特征的数据集. 选取相似样本对的方法是分别在正、负类样本中各选取 15 对样本作为相似样本对, 共计 30 对相似样本; 选取非相似样本对的方法是分别在正、负类样本中各选取 30 个样本, 组成 30 对非相似样本.

5.3.3 实验设计

首先, 每组数据集中的特征 $F=\{f_1,f_2,\cdots,f_p\}$ 分别采用 Variance、Laplacian Score、Relief、Fisher Score 和 WSMTS 计算其重要程度. 然后, 根据重要程度由高到低对特征重新排序得

$$F=\{f_{(1)},f_{(2)},\cdots,f_{(p)}\}$$

最后, 分别选取前 $1,2,\cdots,p$ 个特征作为特征子集, 即

$$\begin{cases} F_{(1)}=\{f_{(1)}\} \\ F_{(2)}=\{f_{(1)},f_{(2)}\} \\ \qquad\vdots \\ F_{(k)}=\{f_{(1)},f_{(2)},\cdots,f_{(k)}\} \\ \qquad\vdots \\ F_{(n)}=\{f_{(1)},f_{(2)},\cdots,f_{(p)}\} \end{cases} \tag{5.11}$$

其中, (k) 为按照特征重要性由高到低排序后的下标, $F_{(k)}=\{f_{(1)},f_{(2)},\cdots,f_{(k)}\}$ 表示由前 k 个重要特征构成的特征子集, $k=1,2,\cdots,n$.

每个特征子集采用分类准确率作为性能评估指标, 计算公式如下:

$$\text{Accuracy}=\frac{\text{TP}+\text{TN}}{\text{TP}+\text{FN}+\text{FP}+\text{TN}} \tag{5.12}$$

其中, FP 是假正, 被分类器预测为正的负样本数; TN 是真负, 被分类器预测为负的负样本数; TP 是真正, 被分类器预测为正的正样本数; FN 是假负, 被分类器预测为负的正样本数.

所有特征子集的分类准确率均由随机森林算法循环 30 次取平均而得, 具体算法见表 5.3.

表 5.3　特征子集评估算法

输入: 特征集 $F = \{f_{(1)}, f_{(2)}, \cdots, f_{(p)}\}$; 数据集 DataSet $= \{\boldsymbol{x}_1, \boldsymbol{x}_2, \cdots, \boldsymbol{x}_m\}$

输出: p 个特征子集的平均测试准确率 Accuracy(k),　$k = 1, 2, \cdots, p$

for $k = 1$ to n **do**
　选取特征子集 $F_{(k)} = \{f_{(1)}, f_{(2)}, \cdots, f_{(k)}\}$
　根据特征子集 $F_{(k)}$ 重新提取训练样本集 $\{\boldsymbol{x}_1^{(k)}, \boldsymbol{x}_2^{(k)}, \cdots, \boldsymbol{x}_m^{(k)}\}$
　for $t = 1$ to l **do** (l 为循环次数)
　　随机选取 30%的样本作为训练集 TrainSet(t), 剩余的样本作为测试集 TestSet(t)
　　利用随机森林算法计算测试准确率 Accuracy(t)
　end for
　计算特征子集 $F_{(k)}$ 的平均测试准确率 $\text{Accuracy}(k) = \frac{1}{l}\sum_{t=1}^{l}\text{Accuracy}(t)$
end for

5.3.4　实验结果分析

根据表 5.3 的评估算法, 得到 Variance、Laplacian Score、Relief、Fisher Score 和 WSMTS 五种方法在四个数据集上各特征子集的平均准确率, 见图 5.2～ 图 5.5. 通过五种方法的对比发现: 由 WSMTS 筛选的特征子集分类准确率在四个数据集上均明显优于由 Variance 和 Laplacian Score 两种无监督方法筛选的特征子集, 虽然不能明显优于由 Relief 和 Fisher Score 两种有监督方法筛选的特征子集, 但是 WSMTS 需要更少的样本数据筛选特征, 并且在实际应用中不需要收集先验信息较强的两类区分明显的样本, 应用范围更为广泛.

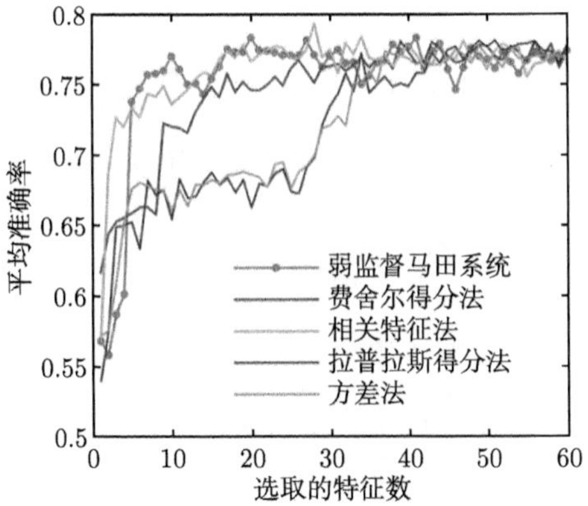

图 5.2　Sonar

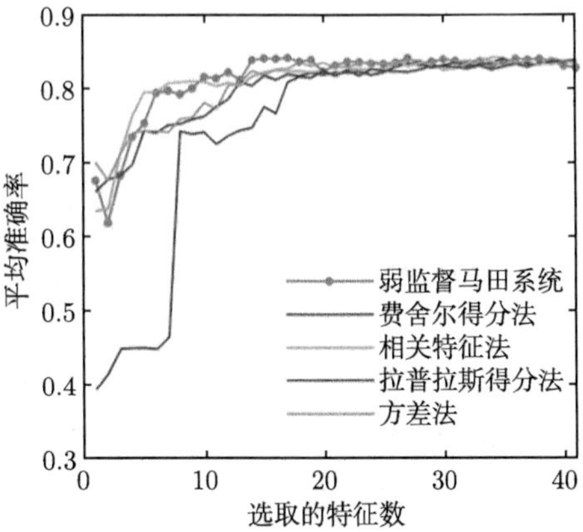

图 5.3　QSAR

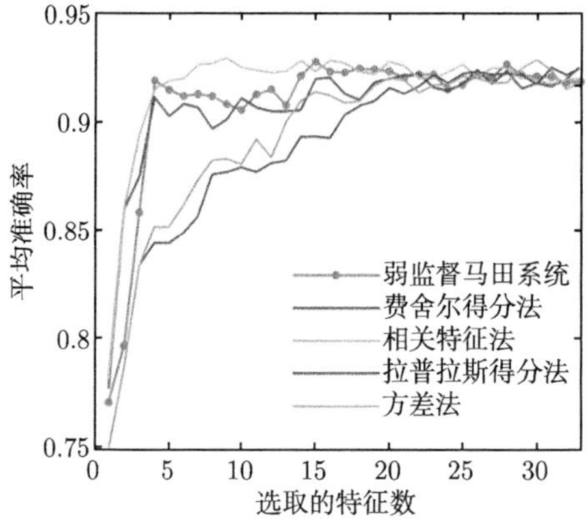

图 5.4 Ionosphere

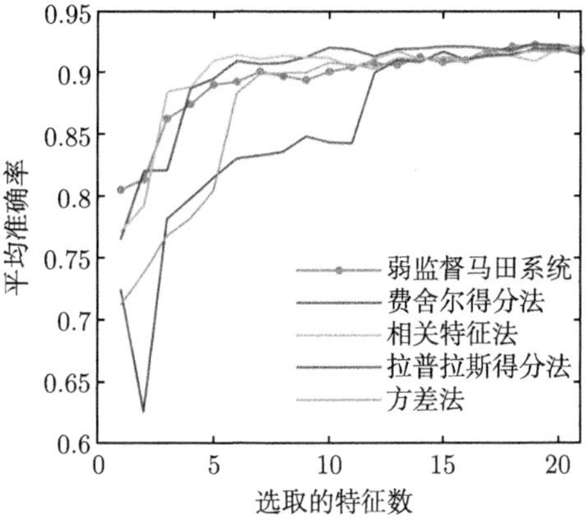

图 5.5 Cardiotocography

参 考 文 献

[1] Bishop C M. Neural Networks for Pattern Recognition[M]. Oxford: Oxford University Press, 1995.

[2] He X F, Cai D, Niyogi P. Laplacian Score for Feature Selection[M]. Cambridge, MA: MIT Press, 2005.

[3] Kira K. The feature selection problem: traditional methods and a new algorithm[C]. In Proceedings of the 10th National Conference on Artificial Intelligence(AAAI), 129-134, San Jose, 1992.

[4] 周志华. 机器学习 [M]. 北京: 清华大学出版社, 2016.

第 6 章　核马田系统

传统马田系统本质上仍然是一种线性识别方法, 对线性可分数据识别优势较为明显, 但对非线性可分数据识别优势并不明显. 本章通过 “核化”(即引入核函数) 将马田系统拓展为核马田系统 (Kernel Mahalanobis-Taguchi System, KMTS). 构建核马田系统的关键是构建核马氏距离 (Kernel Mahalanobis Distance, KMD), 本章将通过两种途径构建核马氏距离: 一种是在协方差马氏距离的基础上直接推导; 另一种是在核主成分理论的基础上间接推导.

6.1　核　方　法

20 世纪 90 年代中期, 随着支持向量机 (Support Vector Machine, SVM) 的提出, 出现了一种新的被称为基于核的非线性模式分析方法, 简称核方法[1]. 核方法通过非线性嵌入映射, 能将许多线性算法优美地非线性泛化, 从而能够高效地分析数据中的非线性关系, 而这种高效率原先只有线性算法才能达到[2]. 本节首先简单介绍一下核方法的一些基本概念.

6.1.1　核映射

为便于说明核映射的概念, 先看一个例子[3]. 假设有一组两分类的二维数据集, 如图 6.1.

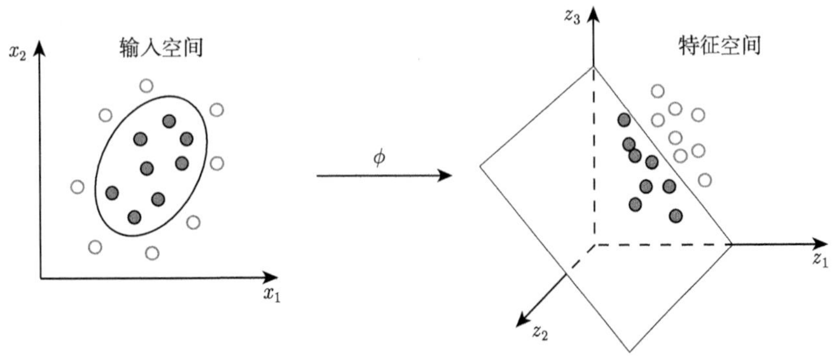

图 6.1　二维到三维的非线性映射

显然, 该数据集不是线性可分的, 不妨设其可被如下椭圆分开

$$x_1^2 + \sqrt{2}x_1x_2 + x_2^2 = 1 \tag{6.1}$$

现对点集中的每一个点作如下非线性映射:

$$\begin{aligned} \phi:\ &\mathbb{R}^2 \to \mathbb{R}^3 \\ &(x_1, x_2) \to (z_1, z_2, z_3) \end{aligned}$$

不难看出, 在 $\mathbb{R}^3$ 空间中, 点集可被平面 $z_1 + z_2 + z_3 = 1$ 分开, 即在 $\mathbb{R}^3$ 空间中点集是线性可分的.

这个例子说明, 一个从低维空间到高维空间的非线性映射有可能增强数据的线性可分性. 因此, 对于含有非线性结构的数据, 可以通过从低维空间到高维空间的某种非线性映射, 使其非线性结构线性化.

定义 6.1 设有一个低维空间中的数据集 $\{\boldsymbol{x}|\boldsymbol{x} \in \mathcal{X}, \mathcal{X} \subset \mathbb{R}^n\}$, 对其实施如下非线性映射:

$$\begin{aligned} \phi:\ &\mathcal{X} \to \mathcal{F} \\ &\boldsymbol{x} \in \mathcal{X} \to \phi(\boldsymbol{x}) \in \mathcal{F} \end{aligned}$$

称非线性映射 ϕ 为核映射, 称空间 $\mathcal{F}$ 为核空间, 也称为特征空间. 核空间 $\mathcal{F}$ 是高维空间, 甚至是无穷维空间. 当 $\mathcal{F}$ 是无穷维空间时, 一般要求它是一个希尔伯特空间. 原始的低维空间 $\mathcal{X}$ 称为样本空间.

6.1.2 核函数

将样本空间中的向量作为输入向量, 并返回特征空间中向量点积的函数称为核函数.

定义 6.2 设 $\mathcal{X} \subset \mathbb{R}^n$, ϕ 为样本空间 $\mathcal{X}$ 到特征空间 $\mathcal{F}$ 的一个映射, 对任意的 $\boldsymbol{x}, \boldsymbol{y} \in \mathcal{X}$, 核空间中的内积 $\langle \phi(\boldsymbol{x}), \phi(\boldsymbol{y}) \rangle$ 构成样本空间 $\mathcal{X}$ 上的二元函数, 称为核函数, 记为 $\kappa(\boldsymbol{x}, \boldsymbol{y})$, 即

$$\kappa(\boldsymbol{x}, \boldsymbol{y}) = \langle \phi(\boldsymbol{x}), \phi(\boldsymbol{y}) \rangle$$

因此, 核映射 ϕ 的选择可转化为核函数 κ 的选择, 而选择好了核函数 κ 就可以将核空间中的内积用核函数代替, 从而将核空间中的运算转化成样本空间的运算. 常用的核函数主要有以下 3 种:

(1) 多项式核函数

$$\kappa(\boldsymbol{x}, \boldsymbol{y}) = (\langle \boldsymbol{x}, \boldsymbol{y} \rangle + \theta)^d \tag{6.2}$$

(2) 高斯核函数

$$\kappa(\boldsymbol{x},\boldsymbol{y})=\exp\left(-||\boldsymbol{x}-\boldsymbol{y}||^2/c\right) \tag{6.3}$$

(3) Sigmoid 核函数

$$\kappa(\boldsymbol{x},\boldsymbol{y})=\tanh\left(v\cdot\langle\boldsymbol{x},\boldsymbol{y}\rangle+\theta\right) \tag{6.4}$$

其中, d, c 和 θ 是核参数, $\tanh(\cdot)$ 是双曲正切函数.

6.1.3 核函数运算

令 κ_1 和 κ_2 是定义在 $\mathcal{X}\times\mathcal{X}$ 上的核, $\mathcal{X}\subseteq\mathbb{R}^n$, $a\in\mathbb{R}^+$, $f(\cdot)$ 是 $\mathcal{X}$ 上的一个实值函数, $\phi:\mathcal{X}\to\mathbb{R}^N$, κ_3 是定义在 $\mathbb{R}^N\times\mathbb{R}^N$ 上的一个核, $\mathbf{B}$ 是一个 $n\times n$ 的半正定对称矩阵. 那么下列函数都是核[4]:

(1)$\kappa(\boldsymbol{x},\boldsymbol{z})=\kappa_1(\boldsymbol{x},\boldsymbol{z})+\kappa_2(\boldsymbol{x},\boldsymbol{z})$;

(2)$\kappa(\boldsymbol{x},\boldsymbol{z})=a\kappa_1(\boldsymbol{x},\boldsymbol{z})$;

(3)$\kappa(\boldsymbol{x},\boldsymbol{z})=\kappa_1(\boldsymbol{x},\boldsymbol{z})\kappa_2(\boldsymbol{x},\boldsymbol{z})$;

(4)$\kappa(\boldsymbol{x},\boldsymbol{z})=f(\boldsymbol{x})f(\boldsymbol{z})$;

(5)$\kappa(\boldsymbol{x},\boldsymbol{z})=\kappa_3\left(\Phi(\boldsymbol{x}),\Phi(\boldsymbol{z})\right)$;

(6)$\kappa(\boldsymbol{x},\boldsymbol{z})=\boldsymbol{x}^{\mathrm{T}}\mathbf{B}\boldsymbol{z}$.

令 $\kappa_1(\boldsymbol{x},\boldsymbol{z})$ 是一个定义在 $\mathcal{X}\times\mathcal{X}$ 上的核, 其中 $\boldsymbol{x},\boldsymbol{z}\in\mathcal{X}$, 且 $p(x)$ 是一个具有正系数的多项式. 那么下列函数也是核:

(1)$\kappa(\boldsymbol{x},\boldsymbol{z})=p\left(\kappa_1(\boldsymbol{x},\boldsymbol{z})\right)$;

(2)$\kappa(\boldsymbol{x},\boldsymbol{z})=\exp\left(\kappa_1(\boldsymbol{x},\boldsymbol{z})\right)$;

(3)$\kappa(\boldsymbol{x},\boldsymbol{z})=\exp\left(-||\boldsymbol{x}-\boldsymbol{z}||^2/2\sigma^2\right)$.

6.1.4 Gram 矩阵

在核方法中, 有一个矩阵起着至关重要的作用, 它就是核矩阵, 也称 Gram 矩阵. 给定训练集 $\mathbf{X}=[\boldsymbol{x}_1,\boldsymbol{x}_2,\cdots,\boldsymbol{x}_N]^{\mathrm{T}}$, Gram 矩阵被定义为 $n\times n$ 的矩阵 $\mathbf{K}$, 其元素为 $\mathbf{K}_{ij}=\langle\boldsymbol{x}_i,\boldsymbol{x}_j\rangle$. 如果利用核函数 κ 来求核映射为 ϕ 的特征空间中的内积, 则 Gram 矩阵的元素是

$$\mathbf{K}_{ij}=\langle\phi(\boldsymbol{x}_i),\phi(\boldsymbol{x}_j)\rangle=\kappa(\boldsymbol{x}_i,\boldsymbol{x}_j) \tag{6.5}$$

在这种情况下, 矩阵 $\mathbf{K}$ 经常被称为核矩阵, 具体形式如下

$$\mathbf{K}=\begin{bmatrix}\kappa(\boldsymbol{x}_1,\boldsymbol{x}_1) & \kappa(\boldsymbol{x}_1,\boldsymbol{x}_2) & \cdots & \kappa(\boldsymbol{x}_1,\boldsymbol{x}_N)\\ \kappa(\boldsymbol{x}_2,\boldsymbol{x}_1) & \kappa(\boldsymbol{x}_2,\boldsymbol{x}_2) & \cdots & \kappa(\boldsymbol{x}_2,\boldsymbol{x}_N)\\ \vdots & \vdots & & \vdots\\ \kappa(\boldsymbol{x}_N,\boldsymbol{x}_1) & \kappa(\boldsymbol{x}_N,\boldsymbol{x}_2) & \cdots & \kappa(\boldsymbol{x}_N,\boldsymbol{x}_N)\end{bmatrix}$$

在核方法中, 所有运算都是通过核函数实现的, 因此样本数据的信息必须通过核函数传递到算法学习中.

6.1.5 基本算法

(1) 特征向量的范数

$$\|\phi(\boldsymbol{x})\|_2 = \sqrt{\|\phi(\boldsymbol{x})\|^2} = \sqrt{\langle\phi(\boldsymbol{x}), \phi(\boldsymbol{x})\rangle} = \sqrt{\kappa(\boldsymbol{x}, \boldsymbol{x})} \tag{6.6}$$

根据公式 (6.6) 可以计算线性组合的范数

$$\begin{aligned}\left\|\sum_{i=1}^{N} \alpha_i \phi(\boldsymbol{x}_i)\right\|^2 &= \left\langle \sum_{i=1}^{N} \alpha_i \phi(\boldsymbol{x}_i), \sum_{j=1}^{N} \alpha_i \phi(\boldsymbol{x}_j) \right\rangle \\ &= \sum_{i=1}^{N} \alpha_i \sum_{j=1}^{N} \alpha_i \langle \phi(\boldsymbol{x}_i), \phi(\boldsymbol{x}_j) \rangle \\ &= \sum_{i,j=1}^{N} \alpha_i \alpha_j \kappa(\boldsymbol{x}_i, \boldsymbol{x}_j) \end{aligned} \tag{6.7}$$

(2) 特征向量的规范化

$$\hat{\phi}(\boldsymbol{x}) = \frac{\phi(\boldsymbol{x})}{\|\phi(\boldsymbol{x})\|} \tag{6.8}$$

对于两个数据点, 规范化后的核函数为

$$\begin{aligned}\hat{\kappa}(\boldsymbol{x}, \boldsymbol{z}) &= \left\langle \hat{\phi}(\boldsymbol{x}), \hat{\phi}(\boldsymbol{z}) \right\rangle = \left\langle \frac{\phi(\boldsymbol{x})}{\|\phi(\boldsymbol{x})\|}, \frac{\phi(\boldsymbol{z})}{\|\phi(\boldsymbol{z})\|} \right\rangle \\ &= \frac{\langle \phi(\boldsymbol{x}), \phi(\boldsymbol{z}) \rangle}{\|\phi(\boldsymbol{x})\| \, \|\phi(\boldsymbol{z})\|} = \frac{\kappa(\boldsymbol{x}, \boldsymbol{z})}{\sqrt{\kappa(\boldsymbol{x}, \boldsymbol{x})\kappa(\boldsymbol{z}, \boldsymbol{z})}} \end{aligned} \tag{6.9}$$

(3) 特征向量之间的距离

$$\begin{aligned}\|\phi(\boldsymbol{x}) - \phi(\boldsymbol{z})\|^2 &= \langle \phi(\boldsymbol{x}) - \phi(\boldsymbol{z}), \phi(\boldsymbol{x}) - \phi(\boldsymbol{z}) \rangle \\ &= \langle \phi(\boldsymbol{x}), \phi(\boldsymbol{x}) \rangle - 2 \langle \phi(\boldsymbol{x}), \phi(\boldsymbol{z}) \rangle + \langle \phi(\boldsymbol{z}), \phi(\boldsymbol{z}) \rangle \\ &= \kappa(\boldsymbol{x}, \boldsymbol{x}) - 2\kappa(\boldsymbol{x}, \boldsymbol{z}) + \kappa(\boldsymbol{z}, \boldsymbol{z}) \end{aligned} \tag{6.10}$$

(4) 数据集中心的范数　设 $\phi(\mathbf{X}) = [\phi(\boldsymbol{x}_1), \phi(\boldsymbol{x}_2), \cdots, \phi(\boldsymbol{x}_N)]^{\mathrm{T}}$ 的中心为

$$\bar{\phi}(\boldsymbol{x}) = \frac{1}{N} \sum_{i=1}^{N} \phi(\boldsymbol{x}_i) \tag{6.11}$$

利用公式 (6.7) 可以计算 $\bar{\phi}(\boldsymbol{x})$ 的范数

$$\left\|\bar{\phi}(\boldsymbol{x})\right\|^2 = \langle\bar{\phi}(\boldsymbol{x}), \bar{\phi}(\boldsymbol{x})\rangle = \left\langle \frac{1}{N}\sum_{i=1}^{N}\phi(\boldsymbol{x}_i), \frac{1}{N}\sum_{j=1}^{N}\phi(\boldsymbol{x}_j)\right\rangle = \frac{1}{N^2}\sum_{i,j=1}^{N}\kappa(\boldsymbol{x}_i, \boldsymbol{x}_j) \tag{6.12}$$

(5) 特征向量到中心的距离

$$\begin{aligned}\left\|\phi(\boldsymbol{x}) - \bar{\phi}(\boldsymbol{x})\right\|^2 &= \langle\phi(\boldsymbol{x}), \phi(\boldsymbol{x})\rangle - 2\left\langle\phi(\boldsymbol{x}), \bar{\phi}(\boldsymbol{x})\right\rangle + \left\langle\bar{\phi}(\boldsymbol{x}), \bar{\phi}(\boldsymbol{x})\right\rangle \\ &= \kappa(\boldsymbol{x}, \boldsymbol{x}) - \frac{2}{N}\sum_{i=1}^{N}\kappa(\boldsymbol{x}, \boldsymbol{x}_i) + \frac{1}{N^2}\sum_{i,j=1}^{N}\kappa(\boldsymbol{x}_i, \boldsymbol{x}_j)\end{aligned} \tag{6.13}$$

(6) 到中心的期望距离

$$\begin{aligned}&\frac{1}{N}\sum_{k=1}^{N}\left\|\phi(\boldsymbol{x}_k) - \bar{\phi}(\boldsymbol{x})\right\|^2 \\ &= \frac{1}{N}\sum_{k=1}^{N}\kappa(\boldsymbol{x}_k, \boldsymbol{x}_k) + \frac{1}{N^2}\sum_{i,j=1}^{N}\kappa(\boldsymbol{x}_i, \boldsymbol{x}_j) - \frac{2}{N^2}\sum_{i,j=1}^{N}\kappa(\boldsymbol{x}_k, \boldsymbol{x}_i) \\ &= \frac{1}{N}\sum_{k=1}^{N}\kappa(\boldsymbol{x}_k, \boldsymbol{x}_k) - \frac{1}{N^2}\sum_{i,j=1}^{N}\kappa(\boldsymbol{x}_i, \boldsymbol{x}_j)\end{aligned} \tag{6.14}$$

(7) 中心化数据

$$\Phi(\boldsymbol{x}) = \phi(\boldsymbol{x}) - \frac{1}{N}\sum_{i=1}^{N}\phi(\boldsymbol{x}_i) \tag{6.15}$$

中心化后的核为

$$\begin{aligned}\hat{\kappa}(\boldsymbol{x}, \boldsymbol{z}) &= \langle\Phi(\boldsymbol{x}), \Phi(\boldsymbol{z})\rangle = \left\langle \phi(\boldsymbol{x}) - \frac{1}{N}\sum_{i=1}^{N}\phi(\boldsymbol{x}_i), \phi(\boldsymbol{z}) - \frac{1}{N}\sum_{i=1}^{N}\phi(\boldsymbol{x}_i)\right\rangle \\ &= \kappa(\boldsymbol{x}, \boldsymbol{z}) - \frac{1}{N}\sum_{i=1}^{N}\kappa(\boldsymbol{x}, \boldsymbol{x}_i) - \frac{1}{N}\sum_{i=1}^{N}\kappa(\boldsymbol{z}, \boldsymbol{x}_i) + \frac{1}{N^2}\sum_{i,j=1}^{N}\kappa(\boldsymbol{x}_i, \boldsymbol{x}_j)\end{aligned} \tag{6.16}$$

可以把上式表示成核矩阵的形式

$$\hat{\mathbf{K}} = \mathbf{K} - \frac{1}{N}\mathbf{1}\mathbf{1}^{\mathrm{T}}\mathbf{K} - \frac{1}{N}\mathbf{K}\mathbf{1}\mathbf{1}^{\mathrm{T}} + \frac{1}{N^2}(\mathbf{1}^{\mathrm{T}}\mathbf{K}\mathbf{1})\mathbf{1}\mathbf{1}^{\mathrm{T}} \tag{6.17}$$

其中, $\mathbf{1}$ 是所有元素为 1 的向量.

6.2 核马氏距离的构建

核马氏距离是构建核马田系统的基础, 本节将通过两种途径构建核马氏距离. 一种是直接构建向量内积, 然后采用核函数替换; 另一种是利用主成分与马氏距离之间的关系, 通过核主成分间接构建. 两种途径均给出正常样本和异常样本的核马氏距离计算方法.

6.2.1 直接构建法

1. 正常样本的核马氏距离

设 $\mathbf{X} = [\boldsymbol{x}_1, \boldsymbol{x}_2, \cdots, \boldsymbol{x}_N]^{\mathrm{T}}$ 是一组正常样本, 其中 $\boldsymbol{x}_j \in \mathbb{R}^p$, p 是特征变量的个数. 现通过映射 ϕ 将 $\mathbf{X}$ 中所有样本映射到特征空间 $\mathcal{F}$ 中得

$$\phi(\mathbf{X}) = [\phi(\boldsymbol{x}_1), \phi(\boldsymbol{x}_2), \cdots, \phi(\boldsymbol{x}_N)]^{\mathrm{T}} \tag{6.18}$$

对其中心化得

$$\Phi(\mathbf{X}) = [\Phi(\boldsymbol{x}_1), \Phi(\boldsymbol{x}_2), \cdots, \Phi(\boldsymbol{x}_N)]^{\mathrm{T}} = \phi(\mathbf{X}) - \mathbf{1}_N\phi(\mathbf{X}) \tag{6.19}$$

其中, $\mathbf{1}_N$ 是一个所有元素都是 $1/N$ 的 $N \times N$ 的矩阵.

根据传统协方差马氏距离计算公式, 第 j 个正常样本的核马氏距离可以写成如下形式:

$$\mathrm{MD}_{\Phi}^2(\boldsymbol{x}_j) = \Phi(\boldsymbol{x}_j)^{\mathrm{T}}\mathbf{S}_{\Phi}^{-1}\Phi(\boldsymbol{x}_j) \tag{6.20}$$

其中, $\mathbf{S}_{\Phi}$ 是 $\Phi(\mathbf{X})$ 的协方差矩阵, 计算公式为

$$\mathbf{S}_{\Phi} = \frac{1}{N}\Phi(\mathbf{X})^{\mathrm{T}}\Phi(\mathbf{X}) \tag{6.21}$$

然后, 将公式 (6.21) 代入 (6.20) 得

$$\mathrm{MD}_{\Phi}^2(\boldsymbol{x}_j) = N\Phi(\boldsymbol{x}_j)^{\mathrm{T}}\left(\Phi(\mathbf{X})^{\mathrm{T}}\Phi(\mathbf{X})\right)^{-1}\Phi(\boldsymbol{x}_j) \tag{6.22}$$

进而

$$\mathrm{MD}_{\Phi}^2(\boldsymbol{x}_j) = N\Phi(\boldsymbol{x}_j)^{\mathrm{T}}\left(\Phi(\mathbf{X})^{\mathrm{T}}\mathbf{I}_N\Phi(\mathbf{X})\right)^{-1}\Phi(\boldsymbol{x}_j) \tag{6.23}$$

其中, $\mathbf{I}_N$ 是 $N \times N$ 的单位矩阵.

对任意整数 n、任意对称半正定矩阵 $\mathbf{A}$ 以及任意向量 $\boldsymbol{t}$ 和 $\boldsymbol{u}$ 下式成立[5]

$$\boldsymbol{t}^{\mathrm{T}}\left(\mathbf{B}^{\mathrm{T}}\mathbf{A}\mathbf{B}\right)^n\boldsymbol{u} = \boldsymbol{t}^{\mathrm{T}}\mathbf{B}^{\mathrm{T}}\left(\mathbf{A}^{1/2}\left(\mathbf{A}^{1/2}\mathbf{B}\mathbf{B}^{\mathrm{T}}\mathbf{A}^{1/2}\right)^{n-1}\mathbf{A}^{1/2}\right)\mathbf{B}\boldsymbol{u} \tag{6.24}$$

若令 $\boldsymbol{t} = \boldsymbol{\Phi}(\boldsymbol{x}_j)$, $\mathbf{B} = \Phi(\mathbf{X})$, $n = -1$, 则公式 (6.23) 可写成如下形式

$$\mathrm{MD}_{\Phi}^2(\boldsymbol{x}_j) = N\Phi(\boldsymbol{x}_j)^{\mathrm{T}}\Phi(\mathbf{X})^{\mathrm{T}}\left[\mathbf{I}_N^{1/2}\left(\mathbf{I}_N^{1/2}\Phi(\mathbf{X})\Phi(\mathbf{X})^{\mathrm{T}}\mathbf{I}_N^{1/2}\right)^{-2}\mathbf{I}_N^{1/2}\right]\Phi(\mathbf{X})\Phi(\boldsymbol{x}_j)$$

进一步简化得

$$\mathrm{MD}_{\Phi}^2(\boldsymbol{x}_j) = N\Phi(\boldsymbol{x}_j)^{\mathrm{T}}\Phi(\mathbf{X})^{\mathrm{T}}\left(\Phi(\mathbf{X})\Phi(\mathbf{X})^{\mathrm{T}}\right)^{-2}\Phi(\mathbf{X})\Phi(\boldsymbol{x}_j) \tag{6.25}$$

令 $\Phi(\mathbf{X})\Phi(\mathbf{X})^{\mathrm{T}} = \mathbf{K}$, $\Phi(\mathbf{X})\Phi(\boldsymbol{x}_j) = \boldsymbol{k}_j$, 则进一步简化得

$$\mathrm{MD}_{\Phi}^2(\boldsymbol{x}_j) = N\left(\mathbf{K}^{-1}\boldsymbol{k}_j\right)^{\mathrm{T}}\left(\mathbf{K}^{-1}\boldsymbol{k}_j\right) \tag{6.26}$$

其中, $\mathbf{K}$ 为核矩阵, $\boldsymbol{k}_j$ 为核矩阵的第 j 个列向量, 具体计算公式如下:

$$\mathbf{K}=\begin{bmatrix}\Phi(\boldsymbol{x}_1)^{\mathrm{T}}\Phi(\boldsymbol{x}_1) & \Phi(\boldsymbol{x}_1)^{\mathrm{T}}\Phi(\boldsymbol{x}_2) & \cdots & \Phi(\boldsymbol{x}_1)^{\mathrm{T}}\Phi(\boldsymbol{x}_j) & \cdots & \Phi(\boldsymbol{x}_1)^{\mathrm{T}}\Phi(\boldsymbol{x}_N)\\ \Phi(\boldsymbol{x}_2)^{\mathrm{T}}\Phi(\boldsymbol{x}_1) & \Phi(\boldsymbol{x}_2)^{\mathrm{T}}\Phi(\boldsymbol{x}_2) & \cdots & \Phi(\boldsymbol{x}_2)^{\mathrm{T}}\Phi(\boldsymbol{x}_j) & \cdots & \Phi(\boldsymbol{x}_2)^{\mathrm{T}}\Phi(\boldsymbol{x}_N)\\ \vdots & \vdots & & \vdots & & \vdots\\ \Phi(\boldsymbol{x}_N)^{\mathrm{T}}\Phi(\boldsymbol{x}_1) & \Phi(\boldsymbol{x}_N)^{\mathrm{T}}\Phi(\boldsymbol{x}_2) & \cdots & \Phi(\boldsymbol{x}_N)^{\mathrm{T}}\Phi(\boldsymbol{x}_j) & \cdots & \Phi(\boldsymbol{x}_N)^{\mathrm{T}}\Phi(\boldsymbol{x}_N)\end{bmatrix}$$

核矩阵 $\mathbf{K}$ 可以采用如下公式计算[6]

$$\mathbf{K} = \mathbf{K}_0 - \mathbf{K}_0\mathbf{1}_N - \mathbf{1}_N\mathbf{K}_0 + \mathbf{1}_N\mathbf{K}_0\mathbf{1}_N \tag{6.27}$$

其中, $\mathbf{K}_0 = \phi(\mathbf{X})\phi(\mathbf{X})^{\mathrm{T}}$, $\mathbf{1}_N$ 是一个所有元素都是 $1/N$ 的 $N \times N$ 的矩阵.

2. 异常样本的核马氏距离

设 $\hat{\mathbf{X}} = [\hat{\boldsymbol{x}}_1, \hat{\boldsymbol{x}}_2, \cdots, \hat{\boldsymbol{x}}_M]^{\mathrm{T}}$ 是一组异常样本, 其中 $\hat{\boldsymbol{x}}_j \in \mathbb{R}^p$. 现通过映射 ϕ 将 $\hat{\mathbf{X}}$ 中所有样本映射到特征空间中得

$$\phi(\hat{\mathbf{X}}) = [\phi(\hat{\boldsymbol{x}}_1), \phi(\hat{\boldsymbol{x}}_2), \cdots, \phi(\hat{\boldsymbol{x}}_M)]^{\mathrm{T}} \tag{6.28}$$

采用正常样本的均值向量对其中心化得

$$\Phi(\hat{\mathbf{X}}) = [\Phi(\hat{\boldsymbol{x}}_1), \Phi(\hat{\boldsymbol{x}}_2), \cdots, \Phi(\hat{\boldsymbol{x}}_M)]^{\mathrm{T}} = \phi(\hat{\mathbf{X}}) - \mathbf{1}_M\phi(\mathbf{X}) \tag{6.29}$$

其中, $\mathbf{1}_M$ 是一个所有元素都是 $1/N$ 的 $M \times N$ 的矩阵.

同理, 第 j 个异常样本的核马氏距离可写成如下形式

$$\mathrm{MD}_{\Phi}^2(\hat{\boldsymbol{x}}_j) = \Phi(\hat{\boldsymbol{x}}_j)^{\mathrm{T}}\mathbf{S}_{\Phi}^{-1}\Phi(\hat{\boldsymbol{x}}_j) \tag{6.30}$$

其中, $\mathbf{S}_\Phi$ 是正常样本在特征空间中的协方差矩阵.

进一步可将公式 (6.30) 重新写为

$$\mathrm{MD}_\Phi^2(\hat{\boldsymbol{x}}_j) = N\Phi(\hat{\boldsymbol{x}}_j)^\mathrm{T}\left(\Phi(\mathbf{X})^\mathrm{T}\Phi(\mathbf{X})\right)^{-1}\Phi(\hat{\boldsymbol{x}}_j) \tag{6.31}$$

同样, 根据公式 (6.24) 将公式 (6.31) 写成

$$\mathrm{MD}_\Phi^2(\hat{\boldsymbol{x}}_j) = N\Phi(\hat{\boldsymbol{x}}_j)^\mathrm{T}\Phi(\mathbf{X})^\mathrm{T}\left(\mathbf{I}_N^{1/2}\left(\mathbf{I}_N^{1/2}\Phi(\mathbf{X})\Phi(\mathbf{X})^\mathrm{T}\mathbf{I}_N^{1/2}\right)^{-2}\mathbf{I}_N^{1/2}\right)\Phi(\mathbf{X})\Phi(\hat{\boldsymbol{x}}_j) \tag{6.32}$$

进一步简化得

$$\mathrm{MD}_\Phi^2(\hat{\boldsymbol{x}}_j) = N\Phi(\hat{\boldsymbol{x}}_j)^\mathrm{T}\Phi(\mathbf{X})^\mathrm{T}\left(\Phi(\mathbf{X})\Phi(\mathbf{X})^\mathrm{T}\right)^{-2}\Phi(\mathbf{X})\Phi(\hat{\boldsymbol{x}}_j) \tag{6.33}$$

写成核矩阵的形式

$$\mathrm{MD}_\Phi^2(\hat{\boldsymbol{x}}_j) = N\left(\mathbf{K}^{-1}\hat{\boldsymbol{k}}_j\right)^\mathrm{T}\left(\mathbf{K}^{-1}\hat{\boldsymbol{k}}_j\right) \tag{6.34}$$

其中, $\mathbf{K}$ 为正常样本的核矩阵, N 为正常样本数, $\hat{\boldsymbol{k}}_j$ 可以根据如下矩阵计算

$$\hat{\mathbf{K}}=\begin{bmatrix} \Phi(\boldsymbol{x}_1)^\mathrm{T}\Phi(\hat{\boldsymbol{x}}_1) & \Phi(\boldsymbol{x}_1)^\mathrm{T}\Phi(\hat{\boldsymbol{x}}_2) & \cdots & \Phi(\boldsymbol{x}_1)^\mathrm{T}\Phi(\hat{\boldsymbol{x}}_j) & \cdots & \Phi(\boldsymbol{x}_1)^\mathrm{T}\Phi(\hat{\boldsymbol{x}}_M) \\ \Phi(\boldsymbol{x}_2)^\mathrm{T}\Phi(\hat{\boldsymbol{x}}_1) & \Phi(\boldsymbol{x}_2)^\mathrm{T}\Phi(\hat{\boldsymbol{x}}_2) & \cdots & \Phi(\boldsymbol{x}_2)^\mathrm{T}\Phi(\hat{\boldsymbol{x}}_j) & \cdots & \Phi(\boldsymbol{x}_2)^\mathrm{T}\Phi(\hat{\boldsymbol{x}}_M) \\ \vdots & \vdots & & \vdots & & \vdots \\ \Phi(\boldsymbol{x}_N)^\mathrm{T}\Phi(\hat{\boldsymbol{x}}_1) & \Phi(\boldsymbol{x}_N)^\mathrm{T}\Phi(\hat{\boldsymbol{x}}_2) & \cdots & \Phi(\boldsymbol{x}_N)^\mathrm{T}\Phi(\hat{\boldsymbol{x}}_j) & \cdots & \Phi(\boldsymbol{x}_N)^\mathrm{T}\Phi(\hat{\boldsymbol{x}}_M) \end{bmatrix}$$

核矩阵 $\hat{\mathbf{K}}$ 的计算方法如下[6]:

$$\begin{aligned} \hat{\mathbf{K}} &= \Phi(\mathbf{X})\Phi(\hat{\mathbf{X}})^\mathrm{T} = [\phi(\mathbf{X}) - \mathbf{1}_N\phi(\mathbf{X})]\left[\phi(\hat{\mathbf{X}}) - \mathbf{1}_M\phi(\mathbf{X})\right]^\mathrm{T} \\ &= \phi(\mathbf{X})\phi(\hat{\mathbf{X}})^\mathrm{T} - \phi(\mathbf{X})\phi(\mathbf{X})^\mathrm{T}\mathbf{1}_M - \mathbf{1}_N\phi(\mathbf{X})\phi(\hat{\mathbf{X}})^\mathrm{T} + \mathbf{1}_N\phi(\mathbf{X})\phi(\mathbf{X})^\mathrm{T}\mathbf{1}_M \\ &= \hat{\mathbf{K}}_0 - \mathbf{K}_0\mathbf{1}_M - \mathbf{1}_N\hat{\mathbf{K}}_0 + \mathbf{1}_N\mathbf{K}_0\mathbf{1}_M \end{aligned}$$

其中, $\hat{\mathbf{K}}_0 = \phi(\mathbf{X})\phi(\hat{\mathbf{X}})^\mathrm{T}$, $\mathbf{1}_N$ 是一个所有元素都是 $1/N$ 的 $N \times N$ 的矩阵; $\mathbf{1}_M$ 是一个所有元素都是 $1/N$ 的 $M \times N$ 的矩阵.

6.2.2 间接构建法

直接法推导过程较为繁琐、不易理解, 而且涉及核矩阵的逆运算, 处理起来较为困难. 本节根据主成分分析与马氏距离之间的关系, 利用核主成分间接推导核

马氏距离. 核主成分是一种应用广泛、理论较为成熟的非线性统计学习方法, 利用该方法间接推导核马氏距离, 其推导过程简洁, 易于理解. 同时, 利用该方法推导出的核马氏距离还可以删除测量噪声和冗余信息. 下面分别给出正常样本和异常样本核马氏距离的详细推导过程:

1. 正常样本核马氏距离

设 $\mathbf{X}=[\boldsymbol{x}_1,\boldsymbol{x}_2,\cdots,\boldsymbol{x}_N]^{\mathrm{T}}$ 为输入空间中的 N 个正常样本向量, $\boldsymbol{x}_i\in\mathbb{R}^p$, $i=1,2,\cdots,N$. 现用一个非线性映射 ϕ 将 $\mathbf{X}$ 中的向量映射到特征空间中, 即

$$\phi(\mathbf{X})=[\phi(\boldsymbol{x}_1),\phi(\boldsymbol{x}_2),\cdots,\phi(\boldsymbol{x}_N)]^{\mathrm{T}}$$

然后采用下式对 $\phi(\mathbf{X})$ 中心化

$$\Phi(\boldsymbol{x}_i)=\phi(\boldsymbol{x}_i)-\frac{1}{N}\sum_{i=1}^{N}\phi(\boldsymbol{x}_i) \tag{6.35}$$

得

$$\Phi(\mathbf{X})=[\Phi(\boldsymbol{x}_1),\Phi(\boldsymbol{x}_2),\cdots,\Phi(\boldsymbol{x}_N)]^{\mathrm{T}}$$

进而, 可将 $\Phi(\mathbf{X})$ 的协方差矩阵写成如下形式

$$\mathbf{S}_{\Phi}=\frac{1}{N}\Phi(\mathbf{X})^{\mathrm{T}}\Phi(\mathbf{X}) \tag{6.36}$$

设 $\boldsymbol{p}$ 和 λ 分别为协方差矩阵 $\mathbf{S}_{\Phi}$ 的特征向量和特征值, 即

$$\mathbf{S}_{\Phi}\boldsymbol{p}=\lambda\boldsymbol{p} \tag{6.37}$$

将公式 (6.36) 代入公式 (6.37) 得

$$\frac{1}{N}\Phi(\mathbf{X})^{\mathrm{T}}\Phi(\mathbf{X})\boldsymbol{p}=\frac{1}{N}\sum_{i=1}^{N}\Phi(\boldsymbol{x}_i)\Phi(\boldsymbol{x}_i)^{\mathrm{T}}\boldsymbol{p}=\lambda\boldsymbol{p} \tag{6.38}$$

当 $\lambda\neq 0$ 时,

$$\boldsymbol{p}=\frac{1}{\lambda N}\sum_{i=1}^{N}\Phi(\boldsymbol{x}_i)\left[\Phi(\boldsymbol{x}_i)^{\mathrm{T}}\boldsymbol{p}\right] \tag{6.39}$$

由于 $\Phi(\boldsymbol{x}_i)^{\mathrm{T}}\boldsymbol{p}$ 为标量, 故当 $\lambda\neq 0$ 时, 特征向量 $\boldsymbol{p}$ 可以表示为所有 $\Phi(\boldsymbol{x}_i)$ 的线性组合, 即

$$\boldsymbol{p}=\sum_{i=1}^{N}a_i\Phi(\boldsymbol{x}_i)=\Phi(\mathbf{X})^{\mathrm{T}}\boldsymbol{a} \tag{6.40}$$

其中, $\boldsymbol{a}=[a_1,a_2,\cdots,a_N]^{\mathrm{T}}$, $a_i=\dfrac{1}{\lambda N}\Phi(\boldsymbol{x}_i)^{\mathrm{T}}\boldsymbol{p}$, $i=1,2,\cdots,N$.

再将公式 (6.40) 代入公式 (6.38) 得

$$\frac{1}{N}\Phi(\mathbf{X})^{\mathrm{T}}\Phi(\mathbf{X})\Phi(\mathbf{X})^{\mathrm{T}}\boldsymbol{a}=\lambda\Phi(\mathbf{X})^{\mathrm{T}}\boldsymbol{a} \tag{6.41}$$

两边同时左乘 $\Phi(\mathbf{X})$ 得

$$\frac{1}{N}\Phi(\mathbf{X})\Phi(\mathbf{X})^{\mathrm{T}}\Phi(\mathbf{X})\Phi(\mathbf{X})^{\mathrm{T}}\boldsymbol{a}=\lambda\Phi(\mathbf{X})\Phi(\mathbf{X})^{\mathrm{T}}\boldsymbol{a} \tag{6.42}$$

设 $\mathbf{K}=\Phi(\mathbf{X})\Phi(\mathbf{X})^{\mathrm{T}}$, 故公式 (6.42) 可以重新写成

$$\frac{1}{N}\mathbf{K}^2\boldsymbol{a}=\lambda\mathbf{K}\boldsymbol{a} \tag{6.43}$$

进一步求解得

$$\mathbf{K}\boldsymbol{a}=N\lambda\boldsymbol{a} \tag{6.44}$$

然后, 对公式 (6.44) 进行特征值分解, 得 $\boldsymbol{a}_1,\boldsymbol{a}_2,\cdots,\boldsymbol{a}_N$ 和 $\lambda_1,\lambda_2,\cdots,\lambda_N$. 由于特征向量 $\boldsymbol{p}$ 主要用来表示投影方向, 一般要求 $\boldsymbol{p}^{\mathrm{T}}\boldsymbol{p}=1$, 即

$$\boldsymbol{p}^{\mathrm{T}}\boldsymbol{p}=\left(\Phi(\mathbf{X})^{\mathrm{T}}\boldsymbol{a}\right)^{\mathrm{T}}\Phi(\mathbf{X})^{\mathrm{T}}\boldsymbol{a}=\boldsymbol{a}^{\mathrm{T}}\Phi(\mathbf{X})\Phi(\mathbf{X})^{\mathrm{T}}\boldsymbol{a}=\boldsymbol{a}^{\mathrm{T}}\mathbf{K}\boldsymbol{a}=N\lambda\boldsymbol{a}^{\mathrm{T}}\boldsymbol{a}=1$$

因此, $\boldsymbol{a}$ 需要根据下式更新

$$\boldsymbol{a}\leftarrow\frac{\boldsymbol{a}}{\sqrt{I\lambda}} \tag{6.45}$$

根据公式 (6.45), 假设由 $\boldsymbol{a}_1,\boldsymbol{a}_2,\cdots,\boldsymbol{a}_N$ 可以相应地得到 $\boldsymbol{p}_1,\boldsymbol{p}_2,\cdots,\boldsymbol{p}_N$, 则 $\mathbf{S}_\Phi$ 可以分解为

$$\mathbf{S}_\Phi=\mathbf{P}\boldsymbol{\Lambda}\mathbf{P}^{\mathrm{T}} \tag{6.46}$$

其中, $\mathbf{P}=[\boldsymbol{p}_1,\boldsymbol{p}_2,\cdots,\boldsymbol{p}_N]$, 且 $\mathbf{P}^{\mathrm{T}}\mathbf{P}=\mathbf{P}\mathbf{P}^{\mathrm{T}}=\mathbf{I}$; $\boldsymbol{\Lambda}=\mathrm{diag}\,(\lambda_1,\lambda_2,\cdots,\lambda_N)$.

进而, $\mathbf{S}_\Phi^{-1}$ 可以写成

$$\mathbf{S}_\Phi^{-1}=\mathbf{P}\boldsymbol{\Lambda}^{-1}\mathbf{P}^{\mathrm{T}}=\sum_{d=1}^{N}\frac{1}{\lambda_d}\boldsymbol{p}_d\boldsymbol{p}_d^{\mathrm{T}} \tag{6.47}$$

据此, 可以构建第 i 个正常样本的核马氏距离

$$\mathrm{MD}_\Phi^2(\boldsymbol{x}_i)=\Phi(\boldsymbol{x}_i)^{\mathrm{T}}\mathbf{S}_\Phi^{-1}\Phi(\boldsymbol{x}_i)=\sum_{d=1}^{N}\frac{1}{\lambda_d}\Phi(\boldsymbol{x}_i)^{\mathrm{T}}\boldsymbol{p}_d\boldsymbol{p}_d^{\mathrm{T}}\Phi(\boldsymbol{x}_i)=\sum_{d=1}^{N}\frac{t_{id}^2}{\lambda_d} \tag{6.48}$$

其中, $t_{id}=\Phi(\boldsymbol{x}_i)^{\mathrm{T}}\boldsymbol{p}_d$ 为 $\Phi(\boldsymbol{x}_i)$ 在 $\boldsymbol{p}_d$ 上的投影值, 可由下式计算

$$t_{id}=\Phi(\boldsymbol{x}_i)^{\mathrm{T}}\boldsymbol{p}_d=\Phi(\boldsymbol{x}_i)^{\mathrm{T}}\sum_{j=1}^{N}a_{dj}\Phi(\boldsymbol{x}_j)=\sum_{j=1}^{N}a_{dj}\Phi(\boldsymbol{x}_i)^{\mathrm{T}}\Phi(\boldsymbol{x}_j)=\sum_{j=1}^{N}a_{dj}k_{ij} \tag{6.49}$$

其中, $k_{ij}(i,j=1,2,\cdots,N)$ 可由核矩阵 $\mathbf{K}=[k_{ij}]_{N\times N}$ 计算, $\mathbf{K}$ 可由下式计算而得

$$\begin{aligned}\mathbf{K}&=\Phi(\mathbf{X})\Phi(\mathbf{X})^{\mathrm{T}}\\&=[\phi(\mathbf{X})-\mathbf{1}_N\phi(\mathbf{X})][\phi(\mathbf{X})-\mathbf{1}_N\phi(\mathbf{X})]^{\mathrm{T}}\\&=\phi(\mathbf{X})\phi(\mathbf{X})^{\mathrm{T}}-\phi(\mathbf{X})\phi(\mathbf{X})^{\mathrm{T}}\mathbf{1}_N-\mathbf{1}_N\phi(\mathbf{X})\phi(\mathbf{X})^{\mathrm{T}}+\mathbf{1}_N\phi(\mathbf{X})\phi(\mathbf{X})^{\mathrm{T}}\mathbf{1}_N\\&=\mathbf{K}_0-\mathbf{K}_0\mathbf{1}_N-\mathbf{1}_N\mathbf{K}_0+\mathbf{1}_N\mathbf{K}_0\mathbf{1}_N\end{aligned} \tag{6.50}$$

其中, $\mathbf{K}_0=\phi(\mathbf{X})\phi(\mathbf{X})^{\mathrm{T}}$, $\mathbf{1}_N$ 为所有元素均为 $1/N$ 的 $N\times N$ 矩阵.

性质 6.1 N 个正常样本的核马氏距离, 其均值等于样本数 N.

证明 首先, 对公式 (6.48) 两边求和, 然后取均值得

$$\frac{1}{N}\sum_{i=1}^{N}\mathrm{MD}_{\Phi}^2(\boldsymbol{x}_i)=\frac{1}{N}\sum_{i=1}^{N}\frac{t_{i1}^2}{\lambda_1}+\frac{1}{N}\sum_{i=1}^{N}\frac{t_{i2}^2}{\lambda_2}+\cdots+\frac{1}{N}\sum_{i=1}^{N}\frac{t_{iN}^2}{\lambda_N}$$

由于 $\sum\limits_{i=1}^{N}\Phi(\boldsymbol{x}_i)=\mathbf{0}$, 故

$$\bar{t}_d=\frac{1}{N}\sum_{i=1}^{N}t_{id}=\frac{1}{N}\sum_{i=1}^{N}\Phi(\boldsymbol{x}_i)^{\mathrm{T}}\boldsymbol{p}_d=0,\quad d=1,2,\cdots,N$$

进而

$$\begin{aligned}\frac{1}{N}\sum_{i=1}^{N}\mathrm{MD}_{\Phi}^2(\boldsymbol{x}_i)=&\frac{1}{\lambda_1}\frac{1}{N}\sum_{i=1}^{N}(t_{i1}-\bar{t}_1)^2+\frac{1}{\lambda_2}\frac{1}{N}\sum_{i=1}^{N}(t_{i2}-\bar{t}_2)^2+\cdots\\&+\frac{1}{\lambda_N}\frac{1}{N}\sum_{i=1}^{N}(t_{iN}-\bar{t}_N)^2\end{aligned}$$

由于

$$\frac{1}{N}\sum_{i=1}^{N}(t_{id}-\bar{t}_d)^2=\lambda_d,\quad d=1,2,\cdots,N$$

故

$$\frac{1}{N}\sum_{i=1}^{N}\mathrm{MD}_{\Phi}^{2}(\boldsymbol{x}_i)=\frac{1}{\lambda_1}\lambda_1+\frac{1}{\lambda_2}\lambda_2+\cdots+\frac{1}{\lambda_N}\lambda_N=N \qquad \square$$

根据该性质, 对公式 (6.48) 进行尺度化处理, 即除以样本数 N. 尺度化处理后, 所有正常样本的核马氏距离均值等于 1. 尺度化的正常样本核马氏距离计算公式如下:

$$\mathrm{MD}_{\Phi}^{2}\left(\boldsymbol{x}_i\right)=\frac{1}{N}\sum_{d=1}^{N}\frac{t_{id}^{2}}{\lambda_d},\quad i=1,2,\cdots,N \tag{6.51}$$

对于公式 (6.51), 若删除较小的特征值, 只使用较大特征值构建核马氏距离, 则可以有效抑制冗余信息对核马氏距离的影响. 因此, 可以取前 D 个较大的核主成分构建核马氏距离, 因此正常样本的核马氏距离可采用下式计算:

$$\mathrm{MD}_{\Phi}^{2}\left(\boldsymbol{x}_i\right)=\frac{1}{D}\sum_{d=1}^{D}\frac{t_{id}^{2}}{\lambda_d},\quad i=1,2,\cdots,N \tag{6.52}$$

2. 异常样本核马氏距离

设 $\hat{\mathbf{X}}=[\hat{\boldsymbol{x}}_1,\hat{\boldsymbol{x}}_2,\cdots,\hat{\boldsymbol{x}}_M]^{\mathrm{T}}$ 为输入空间中的 M 个异常样本向量, $\hat{\boldsymbol{x}}_i\in\mathbb{R}^p$, $i=1,2,\cdots,M$. 现用一个非线性映射 ϕ 将 $\hat{\mathbf{X}}$ 中的向量映射到特征空间中, 即

$$\phi(\hat{\mathbf{X}})=[\phi(\hat{\boldsymbol{x}}_1),\phi(\hat{\boldsymbol{x}}_2),\cdots,\phi(\hat{\boldsymbol{x}}_M)]^{\mathrm{T}}$$

利用正常样本集的均值向量对其中心化得

$$\Phi(\hat{\mathbf{X}})=[\Phi(\hat{\boldsymbol{x}}_1),\Phi(\hat{\boldsymbol{x}}_2),\cdots,\Phi(\hat{\boldsymbol{x}}_M)]^{\mathrm{T}}$$

然后, 利用正常样本集的协方差矩阵 $\mathbf{S}_{\Phi}$ 构建异常样本 $\hat{\boldsymbol{x}}_i$ 的核马氏距离

$$\mathrm{MD}_{\Phi}^{2}(\hat{\boldsymbol{x}}_i)=\Phi(\hat{\boldsymbol{x}}_i)^{\mathrm{T}}\mathbf{S}_{\Phi}^{-1}\Phi(\hat{\boldsymbol{x}}_i)=\sum_{d=1}^{N}\frac{1}{\lambda_d}\Phi(\hat{\boldsymbol{x}}_i)^{\mathrm{T}}\boldsymbol{p}_d\boldsymbol{p}_d^{\mathrm{T}}\Phi(\hat{\boldsymbol{x}}_i)=\sum_{d=1}^{N}\frac{\hat{t}_{id}^{2}}{\lambda_d} \tag{6.53}$$

其中, $\hat{t}_{id}=\Phi(\hat{\boldsymbol{x}}_i)^{\mathrm{T}}\boldsymbol{p}_d$ 为 $\Phi(\hat{\boldsymbol{x}}_i)$ 在 $\boldsymbol{p}_d$ 上的投影值, 可由下式计算

$$\hat{t}_{id}=\Phi(\hat{\boldsymbol{x}}_i)^{\mathrm{T}}\boldsymbol{p}_d=\Phi(\hat{\boldsymbol{x}}_i)^{\mathrm{T}}\sum_{j=1}^{N}a_{dj}\Phi(\boldsymbol{x}_j)=\sum_{j=1}^{N}a_{dj}\Phi(\hat{\boldsymbol{x}}_i)^{\mathrm{T}}\Phi(\boldsymbol{x}_j)=\sum_{j=1}^{N}a_{dj}\hat{k}_{ij} \tag{6.54}$$

其中, $\hat{k}_{ij}(i=1,2,\cdots,M,j=1,2,\cdots,N)$ 可由核矩阵 $\hat{\mathbf{K}}=[\hat{k}_{ij}]_{M\times N}$ 计算, $\hat{\mathbf{K}}$ 由下式计算而得

$$\begin{aligned}\hat{\mathbf{K}}&=\Phi(\hat{\mathbf{X}})\Phi(\mathbf{X})^{\mathrm{T}}\\&=\left[\phi(\hat{\mathbf{X}})-\mathbf{1}_M\phi(\mathbf{X})\right][\phi(\mathbf{X})-\mathbf{1}_N\phi(\mathbf{X})]^{\mathrm{T}}\\&=\phi(\hat{\mathbf{X}})\phi(\mathbf{X})^{\mathrm{T}}-\phi(\hat{\mathbf{X}})\phi(\mathbf{X})^{\mathrm{T}}\mathbf{1}_N-\mathbf{1}_M\phi(\mathbf{X})\phi(\mathbf{X})^{\mathrm{T}}+\mathbf{1}_M\phi(\boldsymbol{X})\phi(\boldsymbol{X})^{\mathrm{T}}\mathbf{1}_N\\&=\hat{\mathbf{K}}_0-\hat{\mathbf{K}}_0\mathbf{1}_N-\mathbf{1}_M\mathbf{K}_0+\mathbf{1}_M\mathbf{K}_0\mathbf{1}_N\end{aligned}\tag{6.55}$$

其中, $\hat{\mathbf{K}}_0=\phi(\hat{\mathbf{X}})\phi(\mathbf{X})^{\mathrm{T}}$, $\mathbf{1}_M$ 为所有元素均为 $1/N$ 的 $M\times N$ 矩阵.

同样, 对异常样本核马氏距离进行尺度化, 并取前 D 个较大核主成分构建核马氏距离, 因此异常样本的核马氏距离可采用下式计算:

$$\mathrm{MD}_{\Phi}^2(\hat{\boldsymbol{x}}_i)=\frac{1}{D}\sum_{d=1}^{D}\frac{\hat{t}_{id}^2}{\lambda_d},\quad i=1,2,\cdots,M\tag{6.56}$$

6.3 特征筛选

核马田系统的特征筛选原理同传统马田系统类似, 表 6.1 展示的是 6 个变量的二水平正交试验设计.

表 6.1 二水平正交试验设计

试验	特征变量							M 个异常样本的核马氏距离				信噪比
	X_1	X_2	X_3	X_4	X_5	X_6						
1	1	1	1	1	1	1	1	$\mathrm{MD}_{\Phi}^2(\hat{\boldsymbol{x}}_1)$	$\mathrm{MD}_{\Phi}^2(\hat{\boldsymbol{x}}_2)$	$\cdots$	$\mathrm{MD}_{\Phi}^2(\hat{\boldsymbol{x}}_M)$	η_1
2	1	1	1	2	2	2	2	$\mathrm{MD}_{\Phi}^2(\hat{\boldsymbol{x}}_1)$	$\mathrm{MD}_{\Phi}^2(\hat{\boldsymbol{x}}_2)$	$\cdots$	$\mathrm{MD}_{\Phi}^2(\hat{\boldsymbol{x}}_M)$	η_2
3	1	2	2	1	1	2	2	$\mathrm{MD}_{\Phi}^2(\hat{\boldsymbol{x}}_1)$	$\mathrm{MD}_{\Phi}^2(\hat{\boldsymbol{x}}_2)$	$\cdots$	$\mathrm{MD}_{\Phi}^2(\hat{\boldsymbol{x}}_M)$	η_3
4	1	2	2	2	2	1	1	$\mathrm{MD}_{\Phi}^2(\hat{\boldsymbol{x}}_1)$	$\mathrm{MD}_{\Phi}^2(\hat{\boldsymbol{x}}_2)$	$\cdots$	$\mathrm{MD}_{\Phi}^2(\hat{\boldsymbol{x}}_M)$	η_4
5	2	1	2	1	2	1	2	$\mathrm{MD}_{\Phi}^2(\hat{\boldsymbol{x}}_1)$	$\mathrm{MD}_{\Phi}^2(\hat{\boldsymbol{x}}_2)$	$\cdots$	$\mathrm{MD}_{\Phi}^2(\hat{\boldsymbol{x}}_M)$	η_5
6	2	1	2	2	1	2	1	$\mathrm{MD}_{\Phi}^2(\hat{\boldsymbol{x}}_1)$	$\mathrm{MD}_{\Phi}^2(\hat{\boldsymbol{x}}_2)$	$\cdots$	$\mathrm{MD}_{\Phi}^2(\hat{\boldsymbol{x}}_M)$	η_6
7	2	2	1	1	2	2	1	$\mathrm{MD}_{\Phi}^2(\hat{\boldsymbol{x}}_1)$	$\mathrm{MD}_{\Phi}^2(\hat{\boldsymbol{x}}_2)$	$\cdots$	$\mathrm{MD}_{\Phi}^2(\hat{\boldsymbol{x}}_M)$	η_7
8	2	2	1	2	1	1	2	$\mathrm{MD}_{\Phi}^2(\hat{\boldsymbol{x}}_1)$	$\mathrm{MD}_{\Phi}^2(\hat{\boldsymbol{x}}_2)$	$\cdots$	$\mathrm{MD}_{\Phi}^2(\hat{\boldsymbol{x}}_M)$	η_8

每次试验的信噪比可以采用望大特性信噪比计算

$$\eta=-10\log_{10}\left(\frac{1}{M}\sum_{i=1}^{M}\frac{1}{\mathrm{MD}_{\Phi}^2(\hat{\boldsymbol{x}}_i)}\right)\tag{6.57}$$

6.4 样本识别

首先根据筛选后的特征变量, 重新计算正常样本的中心化核矩阵 $\mathbf{K}$ 和未知样本集的中心化核矩阵 $\mathbf{K}_{new}$. 然后计算未知样本 $\boldsymbol{x}_{new}$ 的核马氏距离, 计算公式如下:

$$\mathrm{MD}_{\phi}^{2}\left(\boldsymbol{x}_{new}\right)=\frac{1}{D}\sum_{d=1}^{D}\frac{t_{new,d}^{2}}{\lambda_d} \tag{6.58}$$

其中, λ_d 为 $\mathbf{K}$ 的第 d 个较大特征值, $t_{new,\,d}$ 由 λ_d 对应的特征向量 $\boldsymbol{a}_d$ 和 $\mathbf{K}_{new}$ 计算而得. 最后, 根据预先确定的阈值对未知样本 $\boldsymbol{x}_{new}$ 进行识别.

6.5 方法验证

为便于说明, 将直接法构建的核马氏距离用 KMD 表示, 间接法构建的核马氏距离用 KPCMD 表示. 采用两种核马氏距离构建的核马田系统分别用 KMTS 和 KPCMTS 表示. 下面分别采用实数型数据和区间型数据验证两种核马田系统的性能.

6.5.1 实数型数据

选取 9 个实数型 UCI 数据集, 每个数据集选取 20%的样本作为训练样本, 剩余的作为测试样本, 每个数据集的样本分布, 见表 6.2.

表 6.2 数据集描述

数据集	正类数	负类数	训练集		测试集	
			正类数	负类数	正类数	负类数
Breast	444	239	89	48	355	191
Banknote	762	610	152	122	610	488
Seeds	140	70	28	14	112	56
Ionosphere	225	126	45	25	180	101
Sonar	111	97	22	19	89	78
QSAR	699	356	140	71	559	285
WDBC	356	212	71	42	285	170
Audit	286	486	57	97	229	389
Indian	165	414	33	82	132	332

两种核马田系统均采用 ROC 曲线法确定识别阈值, 性能评估指标选取 Accuracy、Sensitivity、Specificity 和 G-means. 表 6.3 和 6.4 是两种核马田系统在 9 个 UCI 数据集上分别运行 50 次各项指标的均值和标准差.

表 6.3 KMTS 的实验结果

数据集	Accuracy	G-means	Sensitivity	Specificity
WDBC	0.88±0.02	0.88±0.02	0.88±0.05	0.88±0.04
Ionosphere	0.88±0.03	0.88±0.03	0.86±0.05	0.91±0.05
Sonar	0.64±0.03	0.63±0.04	0.64±0.09	0.63±0.11
Banknote	0.95±0.02	0.95±0.02	0.91±0.03	1.00±0.00
Breast	0.54±0.04	0.17±0.19	0.86±0.29	0.17±0.29
Audit	0.78±0.02	0.73±0.05	0.64±0.02	0.86±0.06
Indian	0.53±0.16	0.24±0.22	0.55±0.40	0.50±0.44
QSAR	0.55±0.03	0.43±0.05	0.69±0.04	0.27±0.07
Seeds	0.70±0.07	0.74±0.07	0.57±0.09	0.95±0.05

表 6.4 KPCMTS 的实验结果

数据集	Accuracy	G-means	Sensitivity	Specificity
WDBC	0.82±0.08	0.83±0.08	0.77±0.10	0.91±0.08
Ionosphere	0.87±0.03	0.86±0.03	0.88±0.06	0.85±0.06
Sonar	0.58±0.06	0.55±0.10	0.57±0.21	0.59±0.19
Banknote	0.96±0.02	0.96±0.02	0.95±0.03	0.97±0.02
Breast	0.54±0.04	0.11±0.18	0.87±0.30	0.15±0.30
Audit	0.92±0.03	0.92±0.03	0.90±0.06	0.94±0.04
Indian	0.60±0.13	0.28±0.25	0.70±0.32	0.37±0.37
QSAR	0.59±0.07	0.45±0.21	0.65±0.24	0.47±0.28
Seeds	0.73±0.08	0.73±0.08	0.69±0.13	0.80±0.14

从两组数据对比看, 两种核马田系统的识别性能总体接近. 但是, KPCMTS 由于采用核主成分构建核马氏距离, 因此 KPCMTS 可以在降维的情况下使识别性能与 KMTS 总体接近.

6.5.2 区间型数据

为使核马田系统可以处理区间型数据, 下面将直接法推导的核马氏距离改进为核区间马氏距离 (Kernel Interval Mahalanobis Distance, KIMD) 并与考虑中心化的区间马氏距离 (Interval Mahalanobis Distance, IMD) 进行比较, 改进方法如下:

将高斯核改进为如下形式:

$$\kappa(\boldsymbol{x}_i, \boldsymbol{x}_j) = \exp(-||\boldsymbol{x}_i - \boldsymbol{x}_j||^2/\sigma^2) \tag{6.59}$$

其中, σ^2 为核参数, $||\boldsymbol{x}_i - \boldsymbol{x}_j||^2$ 的计算公式如下:

$$||\boldsymbol{x}_i - \boldsymbol{x}_j||^2 = \sum_{q=1}^{p} \left[(\boldsymbol{x}_{iq}^L - \boldsymbol{x}_{jq}^L)^2 - (\boldsymbol{x}_{iq}^U - \boldsymbol{x}_{jq}^U)^2\right] \tag{6.60}$$

为了克服核矩阵 $\mathbf{K}$ 不可逆的问题, 给核矩阵 $\mathbf{K}$ 附加一个正则项, 即

$$\mathbf{K}+\mu\mathbf{I} \tag{6.61}$$

其中, $\mathbf{I}$ 为单位矩阵; μ 为正则化参数, 是很小的正数.

1. 通过仿真构建区间型数据

验证数据由如下方法生成: 首先随机生成 2 维实数点集, 然后将每个点 (x_1,x_2) 看作是一个矩形的“种子”, 每个矩形就是包含 2 个变量的区间向量

$$([x_1-\gamma_1/2,x_1+\gamma_1/2],[x_2-\gamma_2/2,x_2+\gamma_2/2]) \tag{6.62}$$

其中, γ_1 和 γ_2 分别代表矩形的宽和高, 在预先给定的区间 [1, 2], [1, 5], [1, 10], [1, 15] 和 [1, 20] 内随机生成.

根据该方法, 随机生成 2 个具有不同可分性的 2 维区间数据集, 每个数据集由正常样本和异常样本组成, 具体如下:

数据集 1 该数据集通过两条正弦函数曲线生成两类非线性可分数据, 两条正弦函数为

$$\text{正弦函数 } 1: x_2=5+7\sin(12x_1) \tag{6.63}$$

$$\text{正弦函数 } 2: x_2=-5+7\sin(12x_1) \tag{6.64}$$

其中, (x_1,x_2) 是种子坐标, $x_1\sim U[0,60]$. 通过该方法生成两类 400 个区间样本数据, 每类 200 个样本数据. 图 6.2 展示了 γ_1 和 γ_2 在 [1, 5] 区间内生成的样本数据.

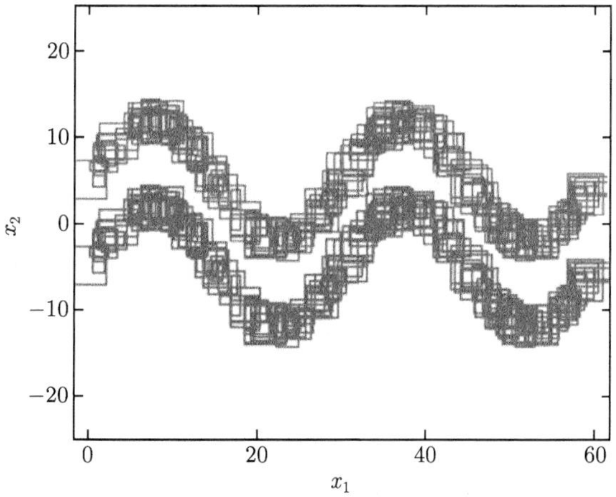

图 6.2 双正弦曲线数据

数据集 2　该数据集为线性可分的区间数据集 (见图 6.3), 由 300 个正常样本和 100 个异常样本构成, γ_1 和 γ_2 在区间 [1, 5] 内随机生成, 实数点 (x_1, x_2) 由 2 维正态分布产生, 其均值向量和协方差矩阵分别为

$$\boldsymbol{\mu} = \begin{bmatrix} \mu_1 \\ \mu_2 \end{bmatrix}, \quad \boldsymbol{\Sigma} = \begin{bmatrix} \sigma_1^2 & \rho_{12} \\ \rho_{21} & \sigma_2^2 \end{bmatrix}$$

产生两类样本的参数如下:

(1) 正常样本: $u_1 = 25$, $u_2 = 15$, $\sigma_1^2 = 121$, $\sigma_2^2 = 9$, $\rho_{12} = 9$.

(2) 异常样本: $u_1 = 40$, $u_2 = 30$, $\sigma_1^2 = 12$, $\sigma_2^2 = 144$, $\rho_{12} = 30$.

数据集 3　该数据集为非线性可分的区间数据集, 大圆环代表正常样本, 由 176 个区间数据构成; 小圆环代表异常样本, 由 106 个区间数据构成, γ_1 和 γ_2 在区间 [1, 2] 内随机生成, 如图 6.4.

数据集 4　该数据集的构建方法与数据集 3 相同, 但是大圆环代表正常样本, 小圆环代表异常样本.

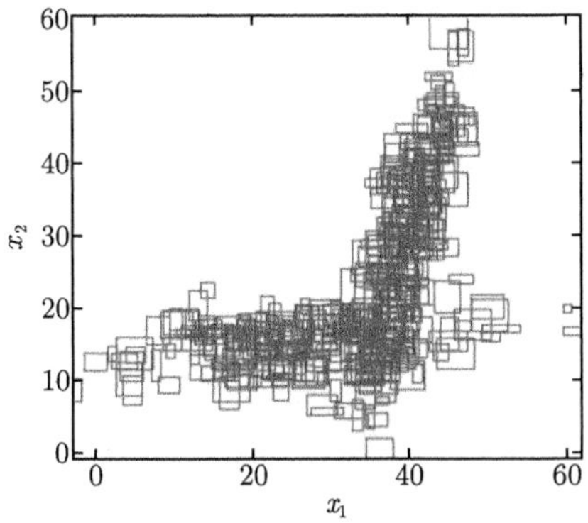

图 6.3　重叠数据

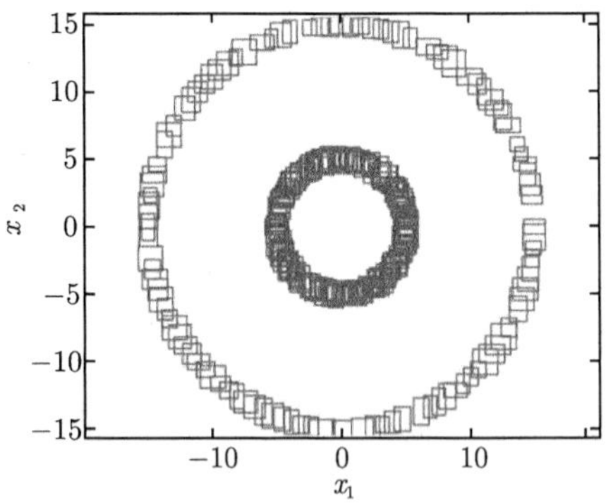

图 6.4　双环数据

每个数据集中正常和异常样本各随机选取 20%作为训练集, 剩下的为测试集, 见表 6.5.

表 6.5　数据集描述

数据集	正常样本	异常样本	训练集		测试集	
			正常样本	异常样本	正常样本	异常样本
1	200	200	40	40	160	160
2	200	200	40	40	160	160
3	106	176	21	35	85	141
4	176	106	35	21	141	85

每个数据集运行 100 次, 计算评估指标 Accuracy, Specificity, Sensitivity 和 G-means 的均值和标准差, γ_1 和 γ_2 分别在区间 [1, 2], [1, 5], [1, 10], [1, 15] 和 [1, 20] 随机生成, 四个数据集的实验结果见表 6.6～ 表 6.9.

表 6.6 数据集 1 的实验结果

距离	评估指标	[1, 2]	[1, 5]	[1, 10]	[1, 15]	[1, 20]
IMD	Accuracy	0.52±0.04	0.54±0.04	0.53±0.03	0.49±0.02	0.50±0.02
	Sensitivity	0.41±0.27	0.35±0.20	0.48±0.32	0.66±0.25	0.49±0.26
	Specificity	0.63±0.33	0.74±0.26	0.57±0.35	0.32±0.22	0.51±0.28
	G-means	0.40±0.08	0.45±0.05	0.40±0.05	0.39±0.08	0.41±0.08
KIMD	Accuracy	0.89±0.05	0.90±0.04	0.88±0.04	0.84±0.06	0.79±0.04
	Sensitivity	0.83±0.09	0.85±0.09	0.81±0.08	0.75±0.09	0.67±0.10
	Specificity	0.97±0.06	0.96±0.05	0.94±0.06	0.94±0.05	0.90±0.07
	G-means	0.89±0.05	0.90±0.05	0.87±0.04	0.83±0.05	0.77±0.05

表 6.7 数据集 2 的实验结果

距离	评估指标	[1, 2]	[1, 5]	[1, 10]	[1, 15]	[1, 20]
IMD	Accuracy	0.64±0.02	0.64±0.02	0.64±0.02	0.64±0.02	0.64±0.02
	Sensitivity	0.88±0.10	0.91±0.09	0.91±0.09	0.91±0.09	0.88±0.10
	Specificity	0.41±0.07	0.39±0.06	0.37±0.07	0.38±0.06	0.40±0.07
	G-means	0.59±0.02	0.59±0.02	0.58±0.03	0.58±0.02	0.59±0.02
KIMD	Accuracy	0.87±0.02	0.88±0.05	0.85±0.03	0.85±0.03	0.83±0.03
	Sensitivity	0.85±0.07	0.82±0.10	0.86±0.09	0.82±0.09	0.82±0.09
	Specificity	0.88±0.05	0.94±0.07	0.84±0.04	0.89±0.09	0.83±0.06
	G-means	0.86±0.03	0.88±0.05	0.84±0.04	0.85±0.03	0.83±0.03

表 6.8 数据集 3 的实验结果

距离	评估指标	[1, 2]	[1, 5]	[1, 10]	[1, 15]	[1, 20]
IMD	Accuracy	0.36±0.03	0.36±0.03	0.35±0.02	0.34±0.03	0.34±0.02
	Sensitivity	0.97±0.09	0.95±0.07	0.94±0.06	0.92±0.07	0.92±0.06
	Specificity	0±0	0±0	0±0	0±0	0±0
	G-means	0±0	0±0	0±0	0±0	0±0
KIMD	Accuracy	0.85±0.05	0.89±0.04	0.80±0.06	0.69±0.05	0.62±0.06
	Sensitivity	0.62±0.15	0.74±0.12	0.54±0.12	0.36±0.09	0.30±0.10
	Specificity	0.99±0.03	0.99±0.02	0.96±0.04	0.89±0.08	0.81±0.12
	G-means	0.78±0.10	0.85±0.07	0.71±0.09	0.56±0.07	0.48±0.06

表 6.9 数据集 4 的实验结果

距离	评估指标	[1, 2]	[1, 5]	[1, 10]	[1, 15]	[1, 20]
IMD	Accuracy	0.99±0.01	0.99±0.01	0.99±0.01	0.99±0.01	0.99±0.01
	Sensitivity	0.99±0.01	0.99±0.01	0.98±0.02	0.98±0.02	0.98±0.02
	Specificity	1.00±0.00	1.00±0.00	1.00±0.00	1.00±0.00	1.00±0.00
	G-means	0.99±0.01	0.99±0.01	0.99±0.01	0.99±0.01	0.99±0.01
KIMD	Accuracy	0.95±0.04	0.95±0.04	0.93±0.05	0.93±0.04	0.94±0.05
	Sensitivity	0.92±0.06	0.91±0.07	0.90±0.07	0.90±0.06	0.92±0.06
	Specificity	0.99±0.02	1.00±0.01	0.99±0.02	0.98±0.03	0.96±0.04
	G-means	0.96±0.03	0.95±0.04	0.94±0.04	0.94±0.03	0.94±0.03

从表 6.6~表 6.9 可以看到, KIMD 的分类结果明显优于 IMD. 下面以区间 [1, 2] 为例, 展示两种距离的分类结果, 见图 6.5~图 6.12.

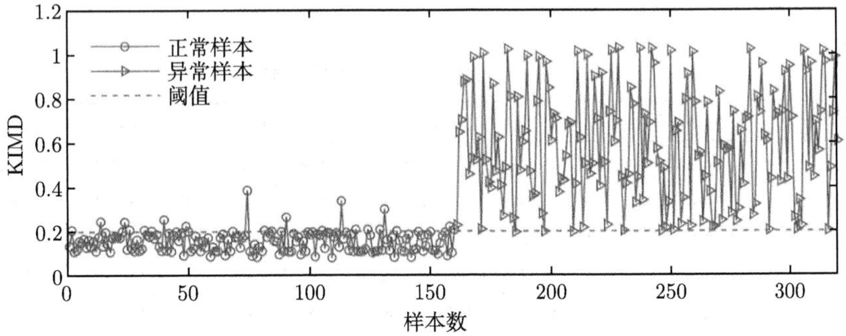

图 6.5 KIMD 在数据集 1 上的分类结果 (Accuracy=0.92)

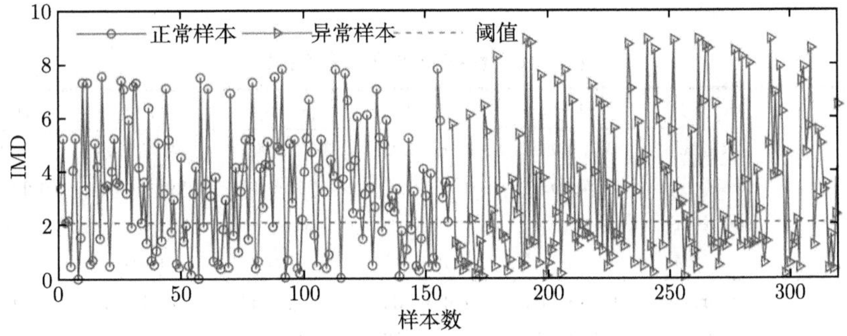

图 6.6 IMD 在数据集 1 上的分类结果 (Accuracy=0.45)

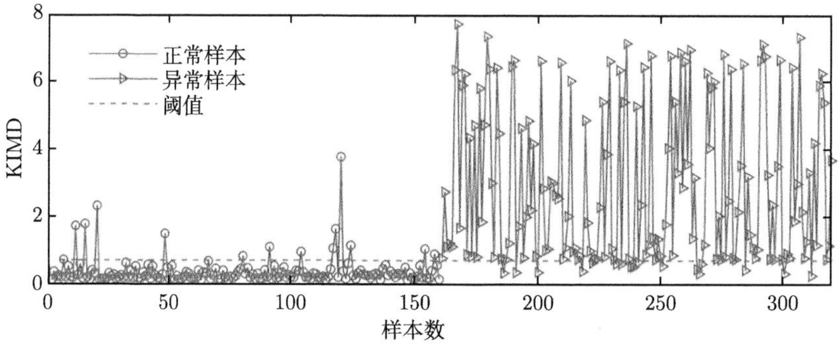

图 6.7 KIMD 在数据集 2 上的分类结果 (Accuracy=0.86)

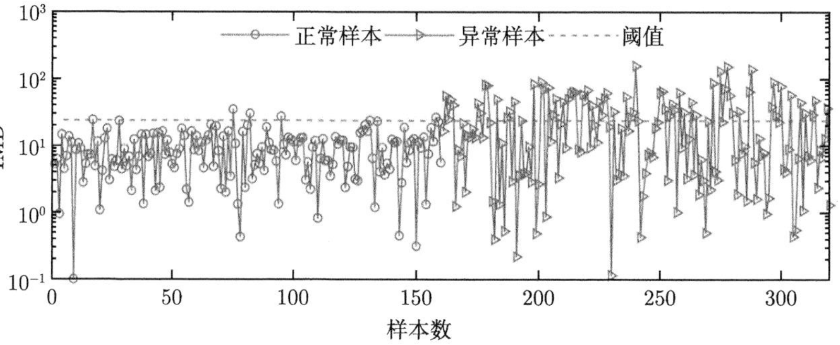

图 6.8 IMD 在数据集 2 上的分类结果 (Accuracy=0.67)

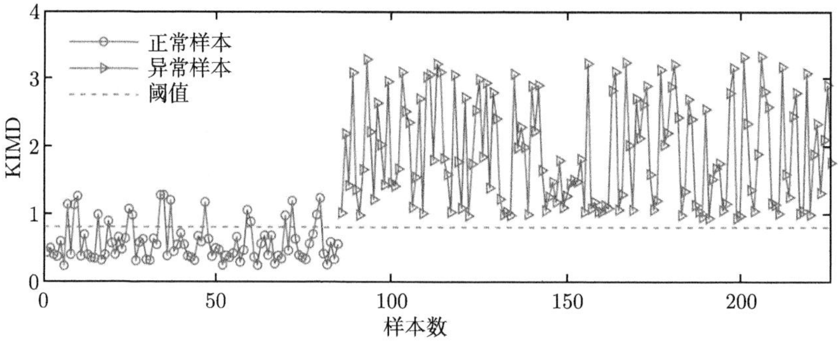

图 6.9 KIMD 在数据集 3 上的分类结果 (Accuracy=0.92)

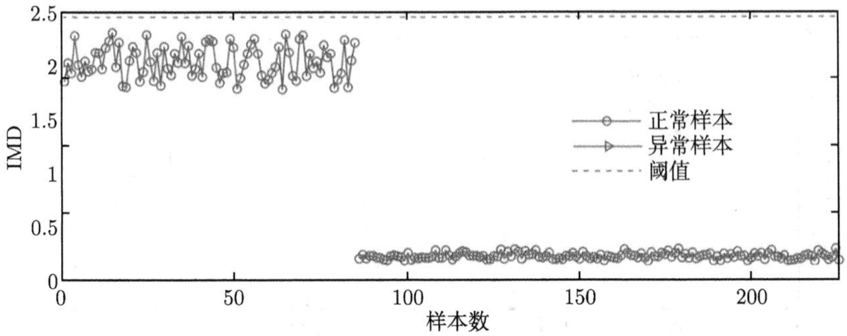

图 6.10 IMD 在数据集 3 上的分类结果 (Accuracy=0)

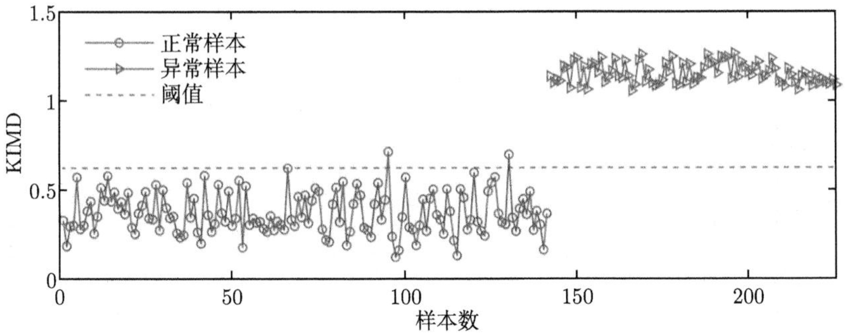

图 6.11 KIMD 在数据集 4 上的分类结果 (Accuracy=0.99)

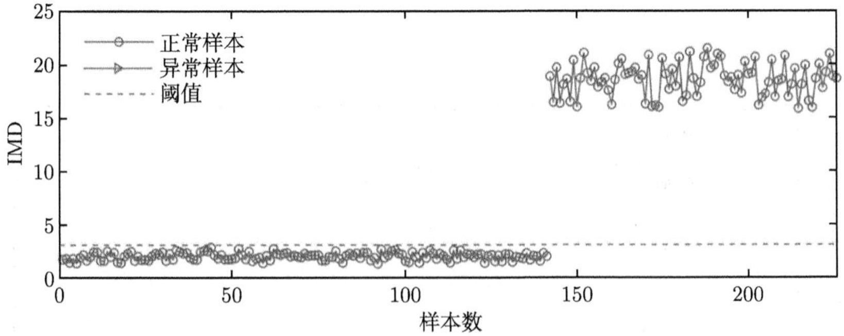

图 6.12 IMD 在数据集 4 上的分类结果 (Accuracy=1.00)

2. 利用 UCI 数据集构建区间型数据

为进一步验证方法的有效性, 从 UCI 数据集中选择 7 个实数型数据集构建区间型数据集, 见表 6.10.

表 6.10 实数型数据集的样本描述

数据集	复杂度	类别数	特征数	正类数	负类数
Breast	0.28	2	9	444	239
Banknote	0.44	2	4	762	610
Seeds	1.37	2	7	140	70
Ionosphere	1.64	2	32	225	126
Sonar	2.17	2	60	111	97
QSAR	2.38	2	41	699	356
ILPD	4.49	2	10	165	414

构建方法如下: 设 p 维的实数样本向量为 $(x_1, x_2, \cdots, x_p)$, 将 p 维区间样本向量定义为

$$([x_1 - 2\sigma_1, x_1 + 2\sigma_1], [x_2 - 2\sigma_2, x_2 + 2\sigma_2], \cdots, [x_p - 2\sigma_p, x_p + 2\sigma_p]) \tag{6.65}$$

其中, σ_i 为第 i 个特征变量的标准差, $i = 1, 2, \cdots, p$.

采用 Fisher 判别比[3] 计算各数据集的复杂程度 (见表 6.10), 首先计算两类样本在单个维度上的可分程度, 计算公式如下:

$$f_j = \frac{(u_1 - u_2)^2}{\sigma_1^2 + \sigma_2^2}, \quad j = 1, 2, \cdots, p \tag{6.66}$$

其中, u_1,u_2,σ_1^2,σ_2^2 分别为两类样本的均值和标准差, p 为样本集的维度数.

然后计算整个样本集的复杂度, 即

$$F = \frac{1}{\max(f_j)} \tag{6.67}$$

其中, F 值越大, 数据的线性可分性越差, 两类样本的重叠度越高, 处理起来越困难.

在每个区间数据集上随机选取 20%的正常样本和 20%的异常样本, 每种方法运行 100 次, 计算评估指标 Accuracy、Specificity、Sensitivity、G-means 和 DRR 的均值和标准差, 具体实验结果见表 6.11 和表 6.12.

表 6.11 KIMD 的实验结果

数据集	Accuracy	Sensitivity	Specificity	G-means	DRR
Breast	0.94±0.01	0.93±0.02	0.96±0.03	0.95±0.01	0.39±0.20
Banknote	0.93±0.02	0.90±0.03	0.99±0.01	0.95±0.01	0±0
Seeds	0.78±0.05	0.72±0.07	0.89±0.09	0.80±0.05	0.29±0.01
Ionosphere	0.88±0.04	0.86±0.06	0.91±0.04	0.88±0.03	0.65±0.12
Sonar	0.64±0.04	0.65±0.11	0.62±0.12	0.63±0.03	0.50±0.07
QSAR	0.90±0.14	0.97±0.17	0.72±0.13	0.78±0.27	0.61±0.19
ILPD	0.94±0.11	0.99±0.09	0.84±0.27	0.84±0.29	0.73±0.13

表 6.12 IMD 的实验结果

数据集	Accuracy	Sensitivity	Specificity	G-means	DRR
Breast	0.83±0.21	0.74±0.33	0.98±0.02	0.81±0.28	0.38±0.10
Banknote	0.65±0.03	0.74±0.16	0.54±0.25	0.59±0.10	0.10±0.12
Seeds	0.57±0.08	0.56±0.17	0.58±0.12	0.55±0.07	0.26±0.11
Ionosphere	0.82±0.04	0.75±0.07	0.93±0.03	0.84±0.03	0.41±0.08
Sonar	0.49±0.02	0.08±0.04	0.96±0.02	0.27±0.07	0.44±0.04
QSAR	0.58±0.07	0.37±0.11	0.99±0.04	0.59±0.09	0.47±0.04
ILPD	0.78±0.05	0.69±0.07	0.99±0.01	0.83±0.04	0.48±0.11

从分类准确率看, KIMD 明显优于 IMD, 然而, IMD 预测负类样本的能力优于 KIMD, KIMD 的正类样本预测能力优于 IMD. 处理不平衡数据能力, KIMD 要优于 IMD. 从特征筛选能力看, 当特征较少时, IMD 的特征筛选能力较强, 而特征较多时, KIMD 的特征筛选能力强.

参 考 文 献

[1] Vapnik V N. The Nature of Statistical Learning Theory[M]. New York: Springer Verlag, 1995.

[2] 章毓晋. 基于子空间的人脸识别 [M]. 北京: 清华大学出版社, 2009.

[3] Muller K R, Mika S, Ratsch G, et al. An introduction to kernel-based learning algorithms[J]. IEEE Trans Neural Netw, 2001, 12(2): 181-201.

[4] Shawe-Taylor J, Cristianini N. Kernel Methods for Pattern Analysis[M]. Cambridge: UK: Cambridge University Press, 2004.

[5] Ruiz A, Lopez-De-Teruel P E. Nonlinear kernel-based statistical pattern analysis[J]. IEEE Trans Neural Netw, 2001, 12(1): 16-32.

[6] Schökopf B. Learning with Kernels - Support Vector Machines, Regularization, Optimization, and Beyond[M]. Cambridge: MIT Press, 2002.

第 7 章 马田系统在贫困识别领域中的应用

2020 年, 我国脱贫攻坚战取得了全面胜利, 按照 “两不愁三保障” 的脱贫基本要求, 9899 万农村贫困人口全部脱贫, 完成了消除绝对贫困的艰巨任务. 然而, 如何防止 2020 年后脱贫人口出现规模性返贫, 是摆在当前重要而紧迫的任务, 也是巩固脱贫攻坚成果同乡村振兴有效衔接的重要前提. 防止规模性返贫的关键是要准确识别返贫人口, 做到早发现、早预警、早帮扶. 近些年, 随着大数据技术的广泛应用, 一些地区纷纷尝试采用大数据技术识别返贫人口, 如有的地区利用大数据技术联通医保、民政、应急管理等所有与 “两不愁三保障” 相关的数据, 精准识别返贫人口及其返贫原因. 还有的地区利用大数据技术打造 “互联网 + 网格” 双网融合新模式, 实施网格化监测、大数据对比、立体式帮扶, 对防止规模性返贫十分有效. 本章将区间马田系统、度量马田系统、核马田系统和弱监督马田系统分别应用于贫困识别领域.

7.1 基于区间马田系统的返贫识别

目前, 学术界对基于模式识别技术的贫困识别方法研究相对较少, 主要有罗丽等[1] 采用随机森林算法识别贫困; 李春雷等[2] 采用集成学习算法构建了返贫人口识别模型; 毛秋云等[3] 分别采用支持向量机、逻辑回归和神经网络三种方法识别贫困; 袁帅等[4] 采用 BP 神经网络识别县域贫困等. 上述研究对构建基于模式识别技术的贫困识别方法具有很好的借鉴作用, 但也存在一些不足: ①现有的方法主要针对单点的实数环境, 而贫困数据往往具有一定的不确定性, 采用双点区间数据更能准确反映农户的真实情况. ②现有的方法一般原理较为复杂, 并且要求在一定的数据分布假设前提下使用, 对使用者的统计学知识要求较高, 难以在实践中推广使用. ③现有的方法一般在平衡数据环境中识别效果较好, 而贫困识别本质上是一种异常值识别, 往往需要面对不平衡数据环境. 针对以上不足, 本节采用区间马田系统识别返贫农户, 具体计算步骤如下.

步骤 1 构建贫困识别指标体系.

充分调研多地《贫困户建档立卡登记表》中的指标设计, 并参考中国健康与营养调查 (CHNS) 数据库中的指标设计, 最终选取 18 个指标用于构建返贫识别指标体系, 见表 7.1.

表 7.1　返贫识别指标体系

符号	指标	类型	解释
X_1	家庭成员健康状况	区间型	很健康 =[5 4], 健康 =[4 3], 一般 =[3 2], 不健康 =[2 1], 很不健康 =[1 0]
X_2	家庭成员受教育程度	区间型	很高 =[5 4], 高 =[4 3], 一般 =[3 2], 低 =[2 1], 很低 =[1 0]
X_3	教育支出	区间型	用于家庭子女教育的费用
X_4	医疗支出	区间型	家庭成员的医疗费用
X_5	劳动力数量	区间型	家庭成员具有劳动能力的人数
X_6	联系资本	区间型	家庭成员通信费用
X_7	就业资本	区间型	寻找外出务工机会可求助的亲友数量
X_8	耕地数量	实数型	家庭成员耕地面积
X_9	粮食产量	区间型	家庭所有耕地的粮食产量
X_{10}	住房情况	实数型	家庭成员住房面积
X_{11}	生产资料数量	区间型	家庭拥有的汽车、摩托车、拖拉机、农业机械等生产型资产数量
X_{12}	耐用消费品	区间型	家庭拥有电视、空调、冰箱洗衣机、电脑等耐用消费品数量
X_{13}	食品支出	区间型	家庭成员食品支出费用
X_{14}	信贷资本	实数型	从信用社、商业银行等获取贷款的金额
X_{15}	自然灾害	区间型	每年受到滑坡、泥石流、塌方、洪涝等自然灾害或威胁的数量
X_{16}	基础设施	区间型	非常高 =[5 4], 高 =[4 3], 一般 =[3 2], 比较低 =[2 1], 非常低 =[1 0]
X_{17}	医疗服务	区间型	距离最近的卫生站/医院的时间
X_{18}	家庭纯收入	区间型	总收入相应的扣除所发生的费用后的纯收入

步骤 2　收集样本数据.

根据返贫识别指标体系, 通过问卷调研收集整理了大别山区 355 户脱贫农户和 80 户返贫农户的相关数据.

步骤 3　构建度量尺度.

随机选取 20%的脱贫农户和返贫农户数据作为训练样本, 其中脱贫农户数据用于构建参照基准, 返贫农户数据用于验证度量尺度的有效性. 图 7.1 为两类样本的区间马氏距离, 区分明显, 表明构建的度量尺度是有效的.

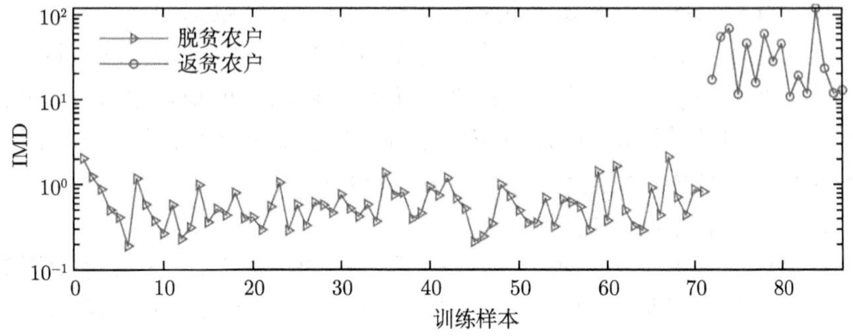

图 7.1　两类样本的区间马氏距离

步骤 4 筛选特征.

选取 $L_{20}(2^{19})$ 正交表安排正交试验, 根据正交表中每次试验参与的指标, 计算 16 个返贫农户的区间马氏距离, 计算每次试验的信噪比, 见表 7.2.

表 7.2 二水平正交试验设计

试验	X_1	X_2	X_3	$\cdots$	X_{16}	X_{17}	X_{18}	16 个返贫农户的区间马氏距离					η
1	2	2	2	$\cdots$	2	1	2	1	0.20	4.90	$\cdots$	4.75	2.09
2	2	2	2	$\cdots$	1	2	1	2	1.37	1.73	$\cdots$	0.42	1.97
3	2	2	1	$\cdots$	2	2	1	1	0.29	4.65	$\cdots$	4.43	2.12
4	2	2	1	$\cdots$	2	1	2	2	0.15	0.20	$\cdots$	1.19	−1.24
5	2	2	1	$\cdots$	1	2	2	1	1.65	1.52	$\cdots$	1.17	4.76
6	2	1	2	$\cdots$	1	1	2	1	2.40	2.02	$\cdots$	1.18	2.62
7	2	1	2	$\cdots$	2	1	1	2	0.44	0.41	$\cdots$	1.46	1.91
8	2	1	2	$\cdots$	1	1	1	1	2.61	7.85	$\cdots$	2.82	7.22
9	2	1	1	$\cdots$	1	2	2	2	2.35	13.34	$\cdots$	7.13	8.27
10	2	1	1	$\cdots$	2	2	1	2	0.45	2.41	$\cdots$	3.13	2.89
11	1	2	2	$\cdots$	1	2	1	2	0.61	0.95	$\cdots$	3.76	4.65
12	1	2	2	$\cdots$	2	2	2	1	0.19	0.92	$\cdots$	3.36	1.87
13	1	2	2	$\cdots$	1	1	2	2	2.45	21.13	$\cdots$	7.80	8.74
14	1	2	1	$\cdots$	1	1	1	2	0.45	6.18	$\cdots$	3.40	3.20
15	1	2	1	$\cdots$	2	1	1	1	0.13	0.52	$\cdots$	3.92	0.81
16	1	1	2	$\cdots$	2	2	2	2	0.31	2.68	$\cdots$	4.60	3.81
17	1	1	2	$\cdots$	2	2	1	1	0.18	0.35	$\cdots$	1.19	−0.60
18	1	1	1	$\cdots$	1	2	2	1	2.35	2.01	$\cdots$	1.42	3.31
19	1	1	1	$\cdots$	2	1	2	2	0.12	0.43	$\cdots$	0.55	−1.47
20	1	1	1	$\cdots$	1	1	1	1	1.79	17.5	$\cdots$	4.54	8.11

根据表 7.2 中的信噪比, 计算每个指标的信息增益, 如图 7.2.

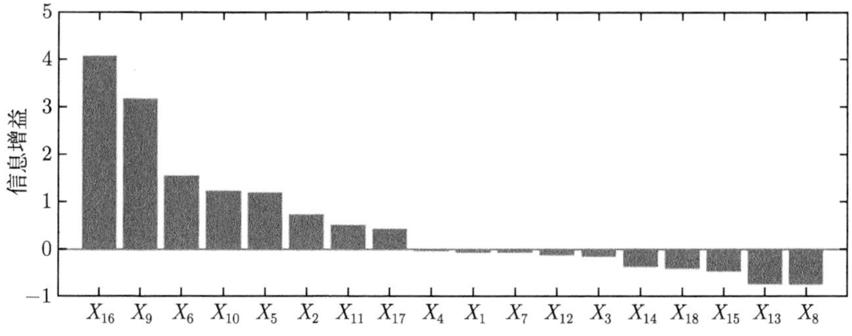

图 7.2 各指标的信息增益

从图 7.2 可以看到, 指标 X_4, X_1, X_7, X_{12}, X_3, X_{14}, X_{18}, X_{15}, X_{13} 和 X_8 的

信息增益小于零, 故将其删除. 通过特征筛选, 选取 8 个指标识别返贫农户, 具体如下:

$$X_{16}-X_{9}-X_{6}-X_{10}-X_{5}-X_{2}-X_{11}-X_{17}$$

步骤 5 确定识别阈值.

利用 8 个指标重新计算 71 个脱贫农户和 16 个返贫农户的区间马氏距离, 如图 7.3.

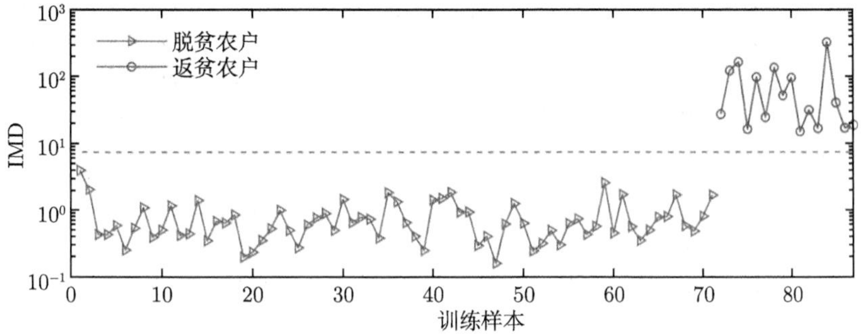

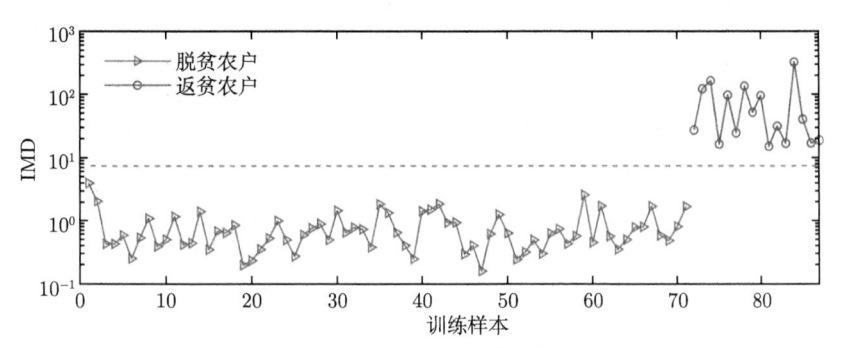

图 7.3　特征筛选后两类样本的区间马氏距离

由图 7.3 可知, 特征筛选后两类样本的区间马氏距离可分性依然较好. 根据两类样本的区间马氏距离确定阈值为 7.49.

步骤 6 识别返贫农户.

利用筛选后的指标重新计算测试样本的区间马氏距离, 并将阈值设定为 7.49 得到整体识别准确率为 99%, 脱贫识别准确率为 99%, 返贫识别准确率 100%, 如图 7.4.

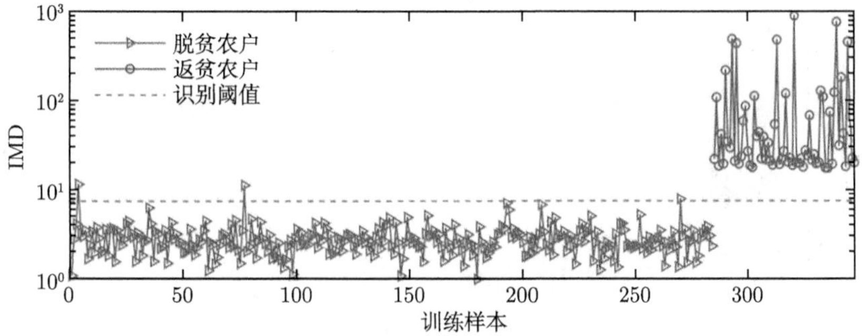

图 7.4　区间马田系统的测试结果

为进一步验证区间马田系统的可行性, 将数据集运行 100 次, 计算评估指标 Accuracy、Specificit、Sensitivity 和 G-means 的均值和标准差, 验证结果见表 7.3.

表 7.3 验证结果

Accuracy	Sensitivity	Specificity	G-means
0.96±0.03	0.95±0.04	1.00±0.00	0.98±0.02

验证结果表明: 应用区间马田系统识别返贫是可行的. 在脱贫样本与返贫样本分布不平衡的情况下, 区间马田系统仍然具有较高的识别性能, 整体识别准确率、脱贫识别准确率、返贫识别准确率均能达到 95%以上.

7.2 基于度量马田系统的返贫识别

本节应用度量马田系统识别返贫人口, 具体步骤如下.

步骤 1 构建贫困度量指标体系.

初步选取 17 个指标用于构建贫困度量指标体系, 具体指标及解释见表 7.4.

表 7.4 贫困度量指标体系

符号	贫困度量指标	解释
X_1	家庭人均纯收入	是指农村住户上年从各个来源得到的总收入相应的扣除所发生的费用后的收入总和除以家庭人口数
X_2	家庭人均受教育程度	未上过学 =0, 小学/私塾 =6, 初中 =9, 普通高中/职业高中/技校/中专 =12, 大专 =15, 大学本科 =16, 硕士 =19, 博士 =23
X_3	拥有耐用消费品情况	1 洗衣机、2 电冰箱、3 黑白电视机、4 彩色电视机、5 自行车、6 电话、7 手机、8 三轮或四轮农用机动车、9 摩托车
X_4	到最近的六 (或五) 年制小学所需时间	是指从本行政村村委会到六 (或五) 年制小学的时间, 不论这个小学是否与本村同属一个乡镇
X_5	身体健康状况	健康 =5、体弱多病 =4、长期慢性病 =3、患有大病 =2、残疾人 =1
X_6	医疗支出比	医疗支出占家庭总消费的比例
X_7	到最近的乡级医院所需时间	是指从本行政村村委会到最近的乡级医院的时间, 不论这个乡镇是否管辖本村
X_8	饮水情况	池塘水/江河湖水 =1, 雨水 =2, 山泉水 =3, 窖水 =4, 深井水 =5, 自来水 =6, 矿泉水/纯净水 =7
X_9	做饭燃料类型	柴草 =1, 煤炭 =2, 煤气 (液化气)=3, 电 =4, 天然气 =5, 沼气/太阳能 =6
X_{10}	劳动力状况	劳动力 =3、丧失劳动力 =2、无劳动力 =1
X_{11}	食品占支出比	食物支出占家庭总消费的比例
X_{12}	扶持补贴资金和捐赠物资折款	是指上年度内农户接受所有项目扶持补贴资金和捐赠物资的折款金额
X_{13}	家庭全部现金收入	是指经济和生活连为一体的贫困农户家庭成员在上年度内得到全部现金收入: 家庭全部现金收入 = 家庭上年度全部 (工资性收入 + 经营现金收入 + 转移性收入 + 财产性收入)
X_{14}	耕地面积	是指专门种植农作物并经常耕种的田地. 不包括租入面积
X_{15}	住房类型	是否为“土坯”结构或“危房”, 是 =1, 否 =0
X_{16}	人均住房面积	是指农村住户自有或租用住房面积. 但不包括仓库等作为生产用途房屋面积
X_{17}	通电情况	没通电 =1, 经常断电 =2, 偶尔断电 =3, 几乎未断电 =4

步骤 2　收集样本数据.

收集整理了 140 户脱贫农户和 60 户返贫农户的相关数据, 随机选取 20%的样本作为训练样本, 剩余的作为测试样本.

步骤 3　估计度量矩阵.

利用 28 个脱贫样本和 12 个返贫样本构建 444 个同类样本对和 336 个非同类样本对数据集, 然后估计度量矩阵 **M**.

$$\mathbf{M}=\begin{bmatrix} 0.0000 & -0.0000 & 0.0000 & -0.0000 & \cdots & 0.0000 & 0.0000 & -0.0000 & 0.0000 \\ -0.0000 & 0.0383 & 0.2197 & 0.0006 & \cdots & 0.0065 & -0.0000 & 0.0018 & 0.1473 \\ 0.0000 & 0.2197 & 3.6747 & 0.0494 & \cdots & -0.0271 & 0.0000 & 0.0179 & 0.5509 \\ -0.0000 & 0.0006 & 0.0494 & 0.0035 & \cdots & -0.0052 & 0.0000 & 0.0004 & -0.0172 \\ \vdots & \vdots & \vdots & \vdots & & \vdots & \vdots & \vdots & \vdots \\ 0.0000 & 0.0065 & -0.0271 & -0.0052 & \cdots & 0.0257 & -0.0000 & 0.0003 & 0.0397 \\ -0.0000 & -0.0000 & 0.0000 & 0.0000 & \cdots & -0.0000 & 0.0000 & 0.0000 & -0.0000 \\ -0.0000 & 0.0018 & 0.0179 & 0.0004 & \cdots & 0.0003 & 0.0000 & 0.0001 & 0.0046 \\ 0.0000 & 0.1473 & 0.5509 & -0.0172 & \cdots & 0.0397 & -0.0000 & 0.0046 & 0.7096 \end{bmatrix}$$

步骤 4　验证度量矩阵.

计算 444 个同类样本对和 336 个非同类样本对的度量马氏距离. 从图 7.5 可以看到, 两类样本对的度量马氏距离区分较明显, 表明度量矩阵 **M** 可以使同类样本更紧凑, 非同类样本更分离.

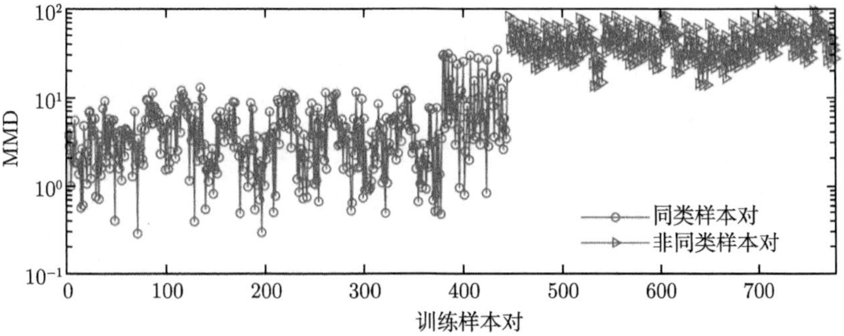

图 7.5　两类成对样本的度量马氏距离

下面采用协方差马氏距离计算 444 个同类样本对和 336 个非同类样本对的马氏距离, 如图 7.6. 可以看到, 两类样本对的协方差马氏距离区分不明显, 无法使同类样本更紧凑非同类样本更分离, 验证了度量马氏距离的优势.

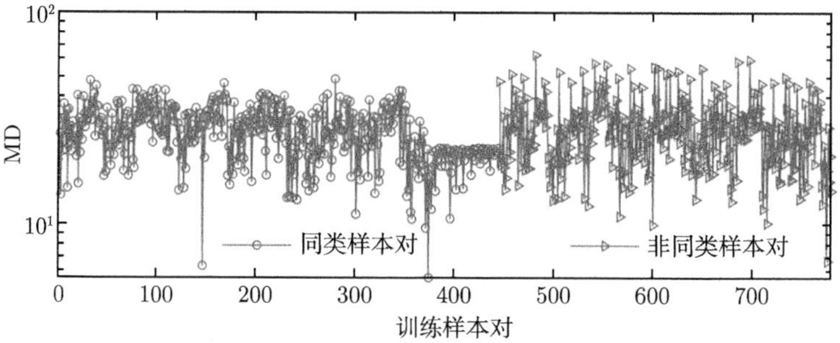

图 7.6 两类成对样本的协方差马氏距离

步骤 5 筛选特征.

首先, 选取 $L_{20}(2^{19})$ 正交表安排正交试验, 根据每次试验所选取的特征子集, 计算每次试验的 ω_K 值, 见表 7.5.

表 7.5 17 个变量的二水平正交试验设计

试验	贫困度量指标								336 个非同类样本对的度量马氏距离之和	444 个同类样本对的度量马氏距离之和	ω_K
	X_1	X_2	X_3	$\cdots$	X_{16}	X_{17}					
1	2	2	2	$\cdots$	2	1	2	1	6310	970	6.48
2	2	2	2	$\cdots$	1	2	1	2	3090	840	3.70
3	2	2	1	$\cdots$	2	2	1	1	5760	810	7.12
4	2	2	1	$\cdots$	2	1	2	2	4220	740	5.70
5	2	2	1	$\cdots$	1	2	2	1	2060	1710	1.20
6	2	1	2	$\cdots$	1	1	2	1	2570	810	3.16
7	2	1	2	$\cdots$	2	1	1	2	5350	780	6.83
8	2	1	2	$\cdots$	1	1	1	1	4700	560	8.35
9	2	1	1	$\cdots$	1	2	2	2	5710	2230	2.56
10	2	1	1	$\cdots$	2	2	1	2	2510	1320	1.89
11	1	2	2	$\cdots$	1	2	1	2	4850	1210	4.00
12	1	2	2	$\cdots$	2	2	2	1	566510	182230	3.11
13	1	2	2	$\cdots$	1	1	2	2	5130	980	5.25
14	1	2	1	$\cdots$	1	1	1	2	3680	1340	2.74
15	1	2	1	$\cdots$	2	1	1	1	4110	1100	3.74
16	1	1	2	$\cdots$	2	2	2	2	4970	890	5.58
17	1	1	2	$\cdots$	2	2	1	1	5090	1480	3.44
18	1	1	1	$\cdots$	1	2	2	1	4810	1540	3.13
19	1	1	1	$\cdots$	2	1	2	2	7460	1490	5.01
20	1	1	1	$\cdots$	1	1	1	1	14930	2570	5.82

然后, 计算每个指标的 $\Delta\omega$ 值, 具体见图 7.7.

由图 7.7 可知, 指标 X_8, X_5, X_{12}, X_4, X_1, X_{15}, X_{16}, X_{14} 和 X_3 的 $\Delta\omega < 0$, 故将其删除. 因此, 贫困度量指标由 17 个减少到 8 个. 采用保留后的 8 个指标重新计算 444 个同类样本对和 336 个非同类样本对的度量马氏距离, 如图 7.8.

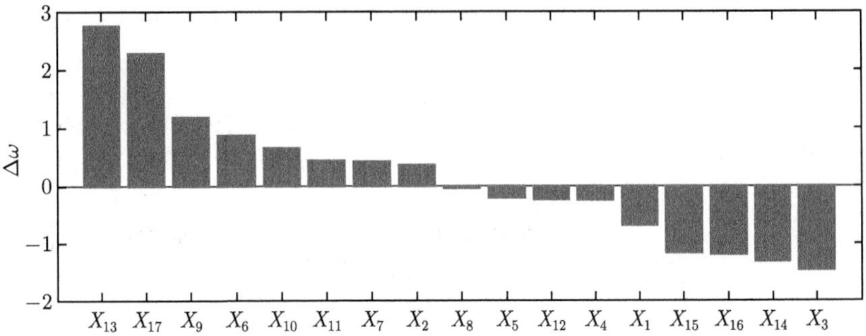

图 7.7 每个指标的 $\Delta\omega$ 值

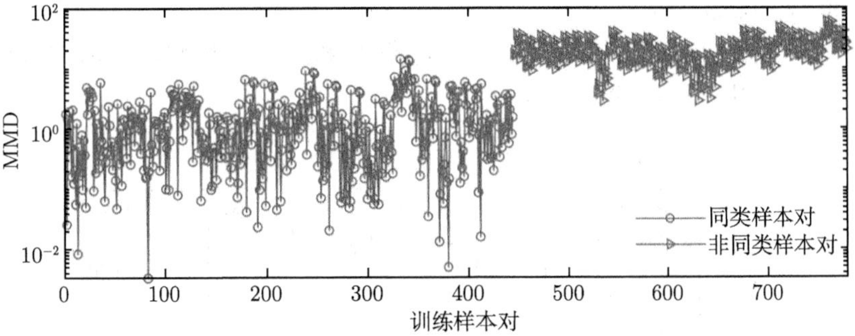

图 7.8 特征筛选后两类样本对的度量马氏距离

对比图 7.5 和图 7.8 可知, 特征筛选后两类样本对的度量马氏距离区分更加明显, 表明筛选后的 8 个指标比筛选前的 17 个指标更有利于提高马田系统的识别性能, 同时也表明利用筛选后的 8 个指标重新估计得到的度量矩阵是有效的, 可以使同类样本更紧凑, 非同类样本更分离. 同特征筛选前一样, 采用筛选后的 8 个指标重新计算 444 个同类样本对和 336 个非同类样本对的协方差马氏距离, 如图 7.9. 可以看到, 传统的协方差马氏距离仍然无法使同类样本更紧凑、非同类样本更分离, 进一步验证了度量马氏距离的优势.

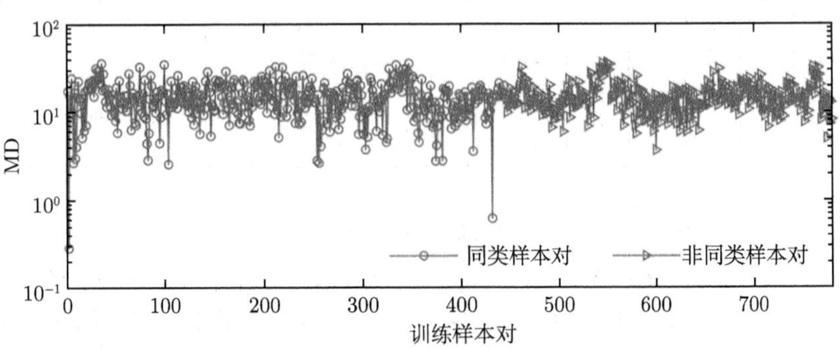

图 7.9 特征筛选后两类样本对的协方差马氏距离

步骤 6 确定识别阈值.

重新计算 28 个脱贫农户和 12 个返贫农户的度量马氏距离, 确定阈值为 10, 如图 7.10.

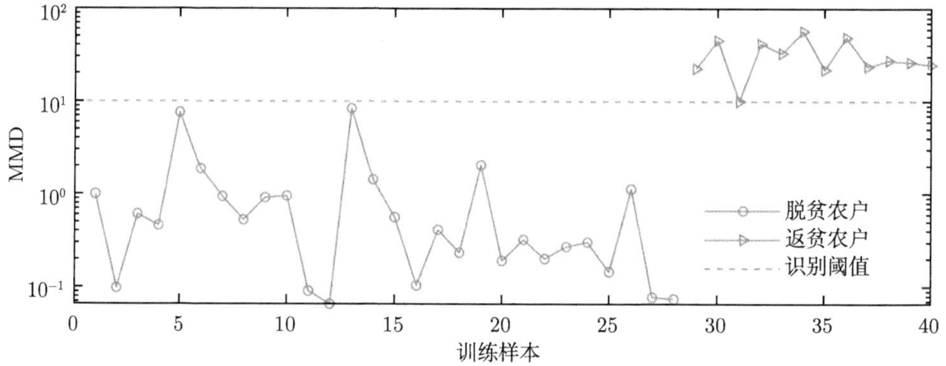

图 7.10 确定识别阈值

步骤 7 识别返贫农户.

重新计算 160 个测试样本的度量马氏距离, 利用阈值 10 识别返贫农户, 整体识别准确率为 99%, 返贫识别准确率为 100%, 脱贫识别准确率为 99%, 如图 7.11.

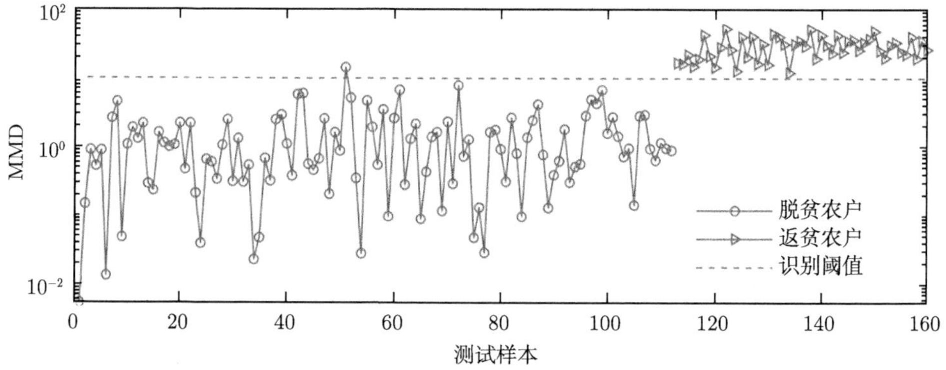

图 7.11 度量马田系统的测试结果

同时, 利用传统马田系统进行测试, 整体识别准确率为 89%, 返贫识别准确率为 88%, 脱贫识别率 89%, 如图 7.12.

以上实例表明: 采用度量马田系统识别返贫农户是可行、有效的, 同传统马田系统相比, 识别性能得到大幅提升, 特别是返贫识别准确率能达到 100%.

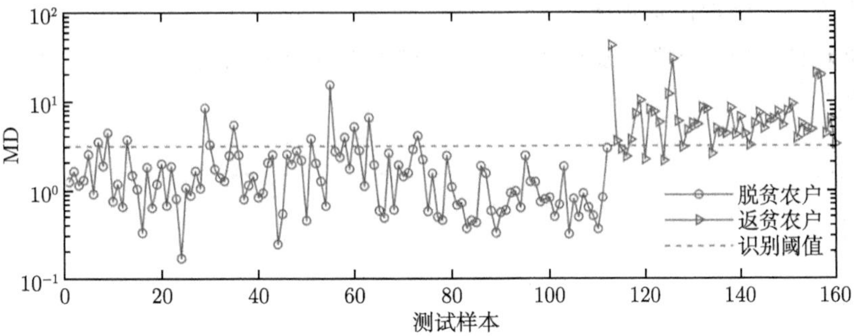

图 7.12 传统马田系统的测试结果

7.3 基于核主成分马田系统的贫困识别

本节采用核主成分马田系统识别贫困人口. 贫困度量指标体系见表 7.4, 样本数据来自课题组对 G 贫困县、Q 贫困县和 H 贫困县共计 1036 个建档立卡贫困户所做的问卷调查, 由“脱贫户”和“未脱贫户”两类样本组成, 样本数据统计见表 7.6.

表 7.6 样本数据

贫困县	复杂度	脱贫户	未脱贫户
G	0.26	140	207
Q	0.35	134	223
H	1.46	126	206

本节所有实验均从样本集中随机选取 20%的脱贫户和未脱贫户作为训练集, 剩余的作为测试集. 下面以 G 贫困县数据集为例, 详细说明计算过程:

阶段 1 构建一个以脱贫户为参考基准的度量尺度.

(1) 随机选取 28 个脱贫户构建度量尺度的参考点;

(2) 采用高斯核函数计算核矩阵 $\mathbf{K}$, 最优核参数在候选区间 [1, 200] 上搜索得到;

(3) 对 $\mathbf{K}$ 特征值分解, 提取核主成分累计贡献率大于 90%的前 6 个核主成分计算 28 个脱贫户的核马氏距离, 见图 7.13.

阶段 2 验证度量尺度的有效性.

(1) 随机选取 41 个未脱贫户, 用来验证度量尺度;

(2) 计算未脱贫户核矩阵 $\hat{\mathbf{K}}$, 进而计算 41 个未脱贫户的核马氏距离;

(3) 比较脱贫户和未脱贫户的核马氏距离, 通过比较发现具有一定的可分性, 表明所构建的度量尺度有效, 见图 7.13.

阶段 3 删除影响核马氏距离稳健性的指标. 由于指标体系有 17 个指标, 故选取 $L_{20}(2^{19})$ 正交表安排正交试验, 见表 7.7.

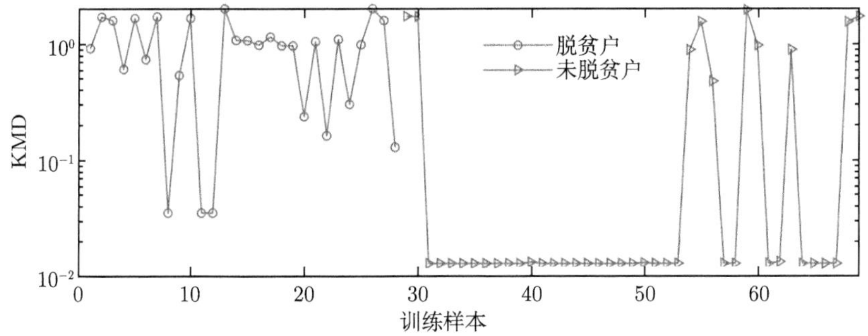

图 7.13 降维前两类训练样本的核马氏距离

表 7.7 二水平正交试验

试验 \ 指标	X_1	X_2	X_3	···	X_{16}	X_{17}			未脱贫户核马氏距离				信噪比
1	2	2	2	···	2	1	2	1	4.57	5.42	···	3.09	7.11
2	2	2	2	···	1	2	1	2	1.07	2.38	···	0.67	−3.82
3	2	2	1	···	2	2	1	1	3.68	1.28	···	3.86	3.14
4	2	2	1	···	2	1	2	2	3.33	1.53	···	3.92	4.84
5	2	2	1	···	1	2	2	1	1.29	2.48	···	0.65	−3.63
6	2	1	2	···	1	1	2	1	2.17	1.25	···	0.55	−2.87
7	2	1	2	···	2	1	1	2	1.35	1.25	···	0.78	1.46
8	2	1	2	···	1	1	1	1	1.33	3.64	···	1.21	0.10
9	2	1	1	···	1	2	2	2	1.10	1.98	···	0.67	−0.44
10	2	1	1	···	2	2	1	2	1.21	2.18	···	0.83	1.09
11	1	2	2	···	1	2	1	2	0.01	0.01	···	1.78	−17.52
12	1	2	2	···	2	2	2	1	0.02	0.02	···	2.04	−16.74
13	1	2	2	···	1	1	2	2	0.01	0.01	···	1.79	−17.65
14	1	2	1	···	1	1	1	2	0.02	0.02	···	1.76	−16.91
15	1	2	1	···	2	1	1	1	0.02	0.02	···	2.06	−16.12
16	1	1	2	···	2	2	2	2	0.02	0.02	···	2.05	−16.09
17	1	1	2	···	2	2	1	1	0.02	0.02	···	2.04	−16.22
18	1	1	1	···	1	2	2	1	0.01	0.01	···	1.77	−17.50
19	1	1	1	···	2	1	2	2	0.02	0.02	···	2.04	−16.26
20	1	1	1	···	1	1	1	1	0.01	0.01	···	1.79	−17.69

根据表 7.7 中每次试验的信噪比计算各指标的信息增益, 如图 7.14.

由图 7.14 可知, 指标 X_{10}, X_5, X_{11}, X_{14}, X_2, X_4, X_8, X_{16} 和 X_1 的信息增益小于零故将其删除. 通过降维, 贫困度量指标由 17 个减少到 8 个, 具体如下:

$$X_{13} - X_{17} - X_9 - X_{12} - X_6 - X_{15} - X_7 - X_3$$

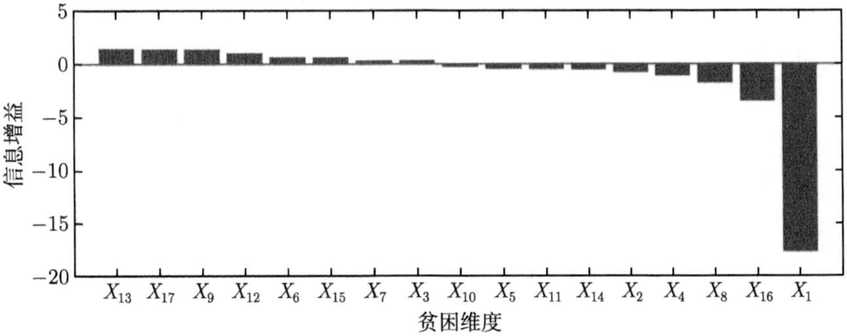

图 7.14　核马田系统计算的指标信息增益

阶段 4　确定识别阈值. 利用降维后的指标, 重新计算“脱贫户”和“未脱贫户”的核马氏距离, 见图 7.15. 由于降维后两类样本的可分性较好, 利用 ROC 曲线将阈值设定为 2.28.

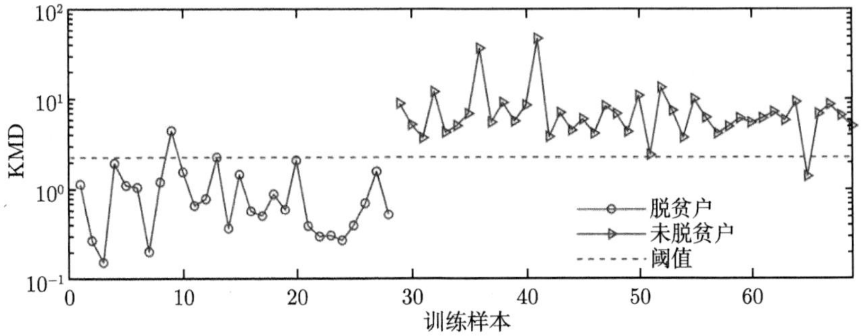

图 7.15　降维后两类训练样本的核马氏距离

阶段 5　识别待测样本. 计算测试样本的核马氏距离, 将阈值设定为 2.28, 识别结果为: 总体识别准确率为 0.95, 脱贫识别率为 0.86, 未脱贫识别率为 0.99, 降维率为 0.53, 如图 7.16.

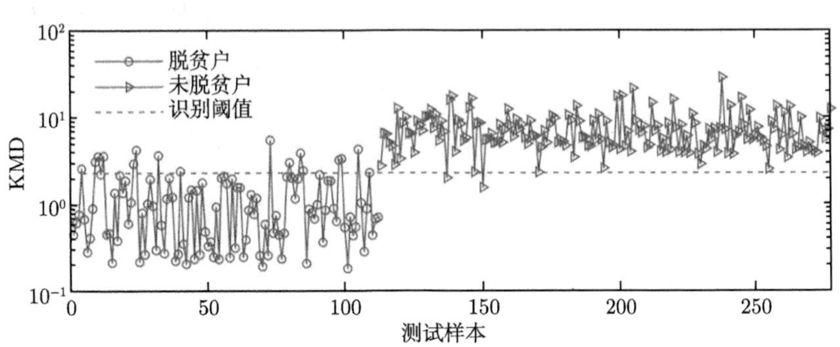

图 7.16　核马田系统识别结果

为便于同传统马田系统进行比较, 下面给出传统马田系统的降维和识别结果. 利用传统马田系统降维后, 指标由 17 个减少到 11 个, 见图 7.17.

$$X_{17} - X_{12} - X_1 - X_{13} - X_9 - X_2 - X_7 - X_6 - X_4 - X_{14} - X_{11}$$

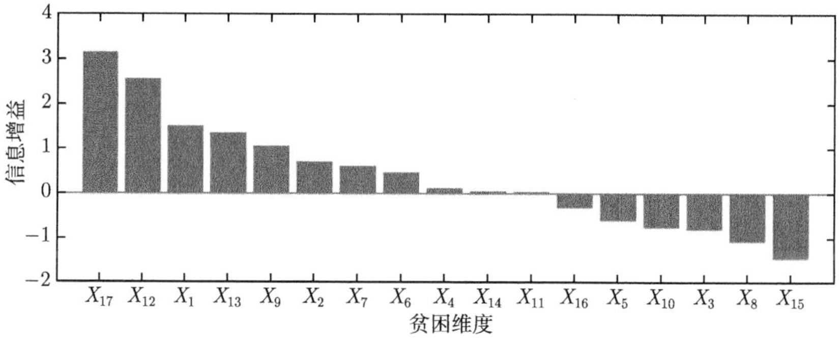

图 7.17 传统马田系统计算的指标信息增益

识别结果: 总体识别准确率为 0.88, 脱贫识别率为 0.72, 未脱贫识别率为 1.00, 降维率为 0.24, 如图 7.18.

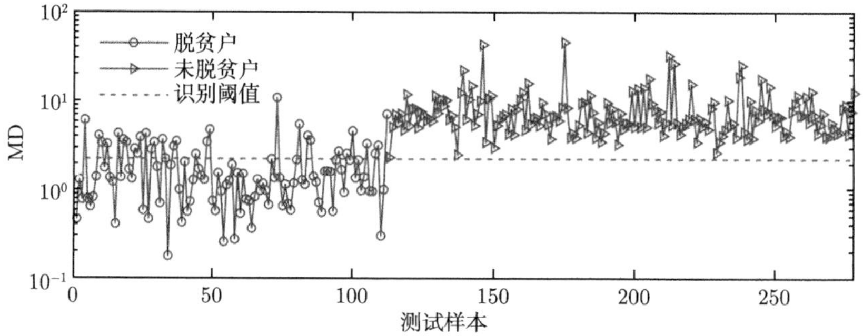

图 7.18 传统马田系统识别结果

为进一步评估和比较核马田系统 (KMTS) 的性能, 本节将核马田系统分别同传统马田系统 (MTS)、支持向量机递归特征消除 (Support Vector Machine Recursive Feature Elimination, SVM-RFE)、BP 神经网络 (Back-Propagation Neural Network, BPNN)、随机森林 (Random Forest, RF) 和逻辑回归 (Logistic Regression, LR) 等五种方法进行比较. 每种方法分别在 3 个数据集上运行 30 次, 计算 DDR、Sensitivity、Specificity、G-means 和 Accuracy 的平均值和标准差, SVM-RFE、BPNN、RF 和 LR 均以 Accuracy 最高为最优特征子集的选取条件, SVM-RFE 采用高斯核函数, 具体实验结果见表 7.8.

由表 7.8 可知, KMTS 的降维率在 3 个样本集上均优于其他方法, 并且不需要通过反复迭代. 在识别准确率方面, 当数据的复杂度较高时, KMTS 要优于其他方法; 当数据的复杂度较低时, KMTS 与 SVM-RFE 性能接近, 但 KMTS 的降维率更高. 在处理不平衡数据时, KMTS 和 SVM-RFE 的 G-means 值总体接近, 但比其他方法的 G-means 值都高, 说明两种方法均有较强的不平衡数据处理能力, 并且性能接近. 另外, 由于 KMTS 和 SVM-RFE 具有不平衡数据处理能力, 在 Sensitivity 方面总体优于其他方法.

表 7.8 实验结果

样本数据	复杂度	分类器	评估指标				
			DDR	Sensitivity	Specificity	G-means	Accuracy
G 贫困县	0.27	KMTS	0.55±0.05	0.90±0.04	0.95±0.03	0.93±0.02	0.93±0.02
		MTS	0.45±0.09	0.66±0.09	0.98±0.02	0.80±0.05	0.85±0.03
		SVM-RFE	0.41±0.03	0.84±0.08	0.96±0.06	0.89±0.04	0.90±0.04
		BP	0.25±0.10	0.57±0.11	1.00±0.00	0.75±0.08	0.84±0.04
		RF	0.19±0.08	0.78±0.08	0.88±0.05	0.83±0.03	0.83±0.03
		LR	0.28±0.06	0.61±0.15	1.00±0.00	0.77±0.10	0.85±0.06
F 贫困县	0.35	KMTS	0.60±0.00	0.94±0.04	0.97±0.02	0.96±0.03	0.96±0.01
		MTS	0.51±0.08	0.71±0.08	1.00±0.00	0.84±0.02	0.89±0.03
		SVM-RFE	0.48±0.07	0.93±0.06	1.00±0.00	0.96±0.03	0.96±0.04
		BP	0.42±0.04	0.47±0.10	0.99±0.01	0.68±0.08	0.79±0.04
		RF	0.24±0.05	0.43±0.09	0.98±0.02	0.65±0.07	0.78±0.03
		LR	0.36±0.10	0.27±0.16	1.00±0.00	0.52±0.03	0.77±0.05
H 贫困县	1.46	KMTS	0.42±0.07	0.68±0.12	0.98±0.02	0.82±0.03	0.87±0.04
		MTS	0.36±0.08	0.45±0.13	1.00±0.00	0.67±0.05	0.79±0.05
		SVM-RFE	0.31±0.05	0.71±0.08	0.99±0.01	0.84±0.07	0.82±0.07
		BP	0.34±0.09	0.41±0.09	0.97±0.02	0.63±0.05	0.76±0.04
		RF	0.27±0.11	0.42±0.10	0.99±0.01	0.64±0.08	0.78±0.04
		LR	0.31±0.02	0.54±0.11	0.99±0.02	0.73±0.07	0.82±0.02

7.4 基于弱监督马田系统的相对贫困关键识别指标筛选

2020 年, 我国脱贫攻坚战取得了全面胜利, 完成了消除绝对贫困的艰巨任务. 消除绝对贫困并不意味着减贫工作的停止, 解决发展不平衡不充分问题、缩小城乡区域发展差距、扎实推进全体人民共同富裕, 还需要缓解相对贫困, 缓解相对贫困的前提是识别相对贫困. 关于如何识别相对贫困的问题, 国内学术界已取得了一些研究成果. 如陈宗胜等[5]、叶兴庆等[6]、孙久文等[7]、沈扬扬等[8]、周力等[9]主张采用单一的收入维度识别相对贫困. 采用单一收入识别相对贫困, 虽然简单易操作, 但不能适应后 2020 时期相对贫困的特点, 也不便于制定有针对性的减贫政策. 还有一部分学者认为, 相对贫困是由于收入水平差距带来的教育、社会地位和生活质量等多维困境[10], 后 2020 时期的相对贫困识别必将是多维度的. 如王小林等[11] 认为, 仅仅采用单一收入识别相对贫困的局限性太大, 与我国到 2035 年的发展战略目标不符合, 相对贫困的识别除了要包括反映 "贫" 的经济维度, 也要包括反映 "困" 的社会发展维度, 还要包括生态环境维度. 汪三贵等[12] 建议采用收入维度与非收入维度共同识别相对贫困.

在理想情况下, 识别相对贫困的维度越多、覆盖面越广, 越能真实地反映相对贫困的深度和广度, 也就越能全面准确地识别相对贫困人口. 但在实际操作过程中, 受数据采集成本、数据可得性等因素的制约, 构建全覆盖的多维相对贫困识别指标体系是不现实的. 另外, 不同区域的相对贫困特征、深度和广度都有所不同, 导致同一区域内和不同区域间的贫困维度复杂多样, 难以建立统一的多维相对贫困识别指标体系. 如果缺乏统一的识别指标体系, 不但识别结果间可比性差, 而且也无法从市域、省域或国家等多个尺度范围识别和缓解相对贫困, 最终实现共同富裕.

相对贫困的识别可以借鉴绝对贫困的识别思路. 绝对贫困的识别国家给出了统一的 "两不愁三保障" 五个关键识别指标, 即不愁吃、不愁穿、义务教育有保障、基本医疗有保障和住房安全有保障, 各区域可以在此基础之上结合本区域的实际情况进一步补充和完善. 因此, 相对贫困的识别, 特别是在区域或国家尺度, 可以筛选若干个有代表性、可操作性强、认可度高, 具有较强识别能力的关键指标构建相对贫困的识别指标体系. 采用关键指标识别相对贫困不仅可以克服单一收入维度容易忽略贫困深度和广度的问题, 还可以在国家或区域层面建立统一的识别指标体系, 使相对贫困的识别尺度相对统一. 更为重要的是, 关键指标还有助于基层部门对相对贫困进行监测和识别, 便于定期为政府决策、科学研究和公众认知等提供基础信息.

但是, 如何筛选识别相对贫困的关键指标是一个至关重要的问题. 目前, 常用的指标筛选方法主要有两类, 一类是无监督指标筛选方法, 如 Variance[13]、Laplacian Score[14] 等, 这类方法不需要事先收集先验信息较强的类标签样本数据, 但筛选的指标识别效果不理想; 另一类是有监督指标筛选方法, 如 Relief[15]、Fisher Score[13] 等, 这类方法需要事先收集先验信息较强的类标签样本数据, 但筛选的指标识别能力较强. 如果相对贫困的关键识别指标筛选采用有监督的方法, 则需要在每个维度上确定具体的识别标准, 以便收集 "相对贫困" 和 "相对富裕" 两类标签样本数据, 这在实际操作层面难度很大, 特别是维度较多的情况. 在学术层面, 目前无论是采用单一收入维度识别相对贫困还是采用多维度识别相对贫困, 在如何制定相对贫困识别标准的问题上, 都没有达成一致意见. 因此, 如何弱化样本的先验信息, 降低对相对贫困识别标准的依赖或避开相对贫困识别标准, 就成为制约筛选相对贫困关键识别指标的瓶颈. 为此, 本节采用弱监督马田系统筛选相对贫困关键识别指标. 弱监督马田系统不需要依赖相对贫困识别标准收集“相对贫困”和“相对富裕”两类先验信息较强的标签样本, 而是通过“成对比较”收集样本. 通过比较, 如果两个样本之间存在相对贫困就归为一类, 如果两个样本之间不存在相对贫困就归为另一类. 一般来说, 判断两个样本之间是否存在相对贫困, 要比直接判断一个样本确切属于“相对贫困”还是属于“相对富裕”更容易.

7.4.1 初选指标

本节以大别山区的农村家庭为研究对象, 分别从人力资本、社会资本、自然资本、金融资本和物质资本 5 个维度, 初选 18 个指标作为大别山区相对贫困的识别指标集, 见表 7.9.

表 7.9 相对贫困识别指标集

符号	指标	解释
x_1	家庭成员健康状况	非常健康 =5, 健康 =4, 一般 =3, 比较健康 =2, 非常不健康 =1
x_2	家庭人均受教育程度	未上过学 =0, 小学/老人可能读过私塾 =6, 初中 =9, 普通高中/职业高中/技校/中专 =12, 大专 =15, 大学本科 =16, 硕士 =19, 博士 =23
x_3	教育支出	家庭教育支出占总消费的比例
x_4	医疗支出	家庭医疗支出占总消费的比例
x_5	职业技能	无劳动能力 =0, 普通农业劳动力 =1, 技术型农业劳动力 =2, 企业普通工人 =3, 企业技术人员 =4, 在政府等非企业组织供职或从事个体经营的劳动者 =5
x_6	联系资本	户主月均通信费用
x_7	就业资本	寻找外出务工机会可求助的亲友数量
x_8	耕地数量	家庭成员人均耕地面积
x_9	粮食产量	家庭所用耕地的亩均粮食产量
x_{10}	住房情况	家庭成员人均住房面积
x_{11}	生产资料数量	家庭拥有的汽车、摩托车、拖拉机、农业机械等生产型资产数量
x_{12}	耐用消费品	家庭拥有电视、空调、冰箱、洗衣机、电脑等耐用消费品数量
x_{13}	食品支出	家庭食品支出占总消费的比例
x_{14}	信贷资本	从信用社、商业银行等获取贷款的机会
x_{15}	自然灾害	年均受到滑坡、泥石流、塌方、洪涝等自然灾害或威胁的数量
x_{16}	基础设施	是否通自来水、通电、通公路
x_{17}	公共服务	公共服务可达性, 距离最近的卫生站/医院、小学、公交站的平均时间
x_{18}	人均年收入	是指农村住户上年从各个来源得到的总收入相应的扣除所发生的费用后的收入总和除以家庭人口数

7.4.2 数据介绍

通过入户走访共收集整理了 568 个有效的农户数据, 在其中选取 212 个相对富裕的农户作为“相对富裕群体”, 剩余的 356 个农户作为“相对贫困群体”. 需要说明的是在实际应用中不需要划分“相对富裕群体”和“相对贫困群体”两类标签样本.

7.4.3 筛选关键指标

步骤 1 构建“存在相对贫困”和“不存在相对贫困”的两类成对样本集.

如图 7.19 所示, 在成对比较的过程中, 不存在相对贫困的成对样本可能来自“相对富裕群体”, 也可能来自“相对贫困群体”, 因此不存在相对贫困的样本对, 一部分在“相对贫困群体”中成对随机选取, 另一部分在“相对富裕群体”中成对随机选取. 与之相反, 存在相对贫困的成对样本可能一个来自“相对富裕群体”, 另一个来自“相对贫困群体”, 因此存在相对贫困的样本对分别在“相对贫困群体”和“相对富裕群体”中随机选取组成.

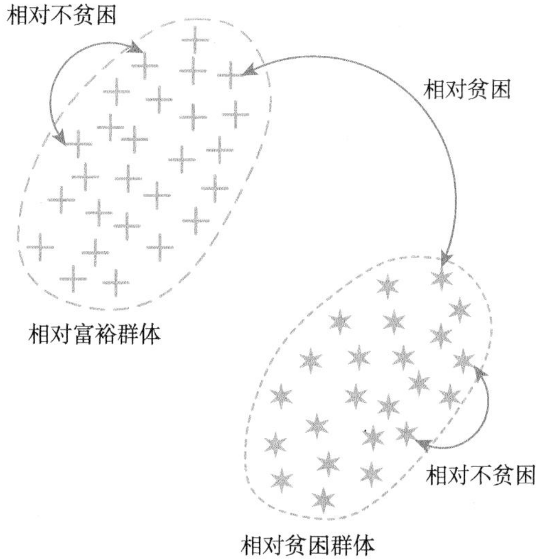

图 7.19 成对样本集构建思路

为验证不同样本组合对关键指标识别性能的影响, 选取 4 组成对样本数据集 (见表 7.10) 筛选 4 组关键指标, 分别评估其分类性能.

表 7.10 样本对数据集

组号	存在相对贫困	不存在相对贫困
1	20 对	20 对
2	30 对	30 对
3	30 对	20 对
4	20 对	30 对

步骤 2 根据指标个数设计正交试验.

由于有 18 个初选指标, 故选取 $L_{20}(2^{19})$ 正交表安排正交试验. 然后计算每次试验的 ω_K 值. 表 7.11 展示的是采用第 1 组样本对数据集计算得到的正交试验结果, 其他同理.

表 7.11　二水平正交试验

试验	相对贫困识别指标								存在相对贫困样本对的马氏距离之和	不存在相对贫困样本对的马氏距离之和	ω_K
	x_1	x_2	x_3	$\cdots$	x_{16}	x_{17}	x_{18}				
1	2	2	2	···	2	1	2	1	16.16	11.21	4.95
2	2	2	2	···	1	2	1	2	11.67	11.06	0.61
3	2	2	1	···	2	2	1	1	10.25	9.79	0.45
4	2	2	1	···	2	1	2	2	13.22	6.86	6.37
5	2	2	1	···	1	2	2	1	12.95	9.95	3.00
6	2	1	2	···	1	1	2	1	16.78	12.86	3.92
7	2	1	2	···	2	1	1	2	17.58	12.03	5.55
8	2	1	2	···	1	1	1	1	12.71	9.88	2.83
9	2	1	1	···	1	2	2	2	12.63	11.68	0.96
10	2	1	1	···	2	2	1	2	15.41	10.24	5.17
11	1	2	2	···	1	2	1	2	18.30	14.00	4.30
12	1	2	2	···	2	2	2	1	13.13	11.85	1.28
13	1	2	2	···	1	1	2	2	16.29	12.69	3.60
14	1	2	1	···	1	1	1	2	17.13	11.96	5.17
15	1	2	1	···	2	1	1	1	14.05	10.45	3.60
16	1	1	2	···	2	2	2	2	14.24	12.02	2.22
17	1	1	2	···	2	2	1	1	12.80	7.92	4.88
18	1	1	1	···	1	2	2	1	12.22	8.72	3.50
19	1	1	1	···	2	1	2	2	14.30	10.75	3.55
20	1	1	1	···	1	1	1	1	27.03	22.71	4.32

步骤 3　计算各指标的重要程度.

根据每次试验的 ω_K 值, 计算 18 个指标的重要程度, 并由高到低排序. 图 7.20 ~ 图 7.23 是由 4 组样本对计算得到的指标重要度, 并按照由高到低排序.

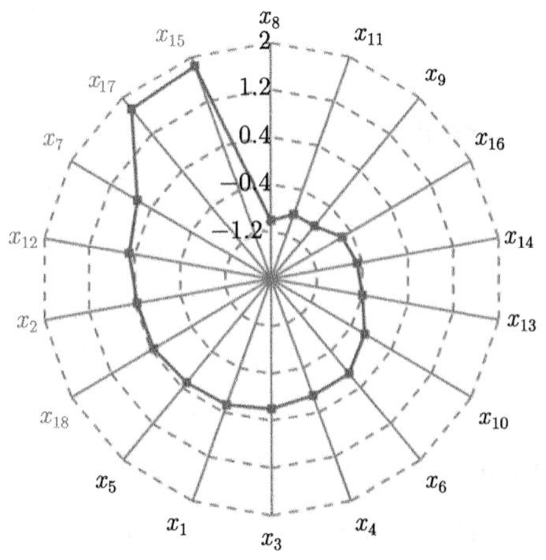

图 7.20　第 1 组成对样本集

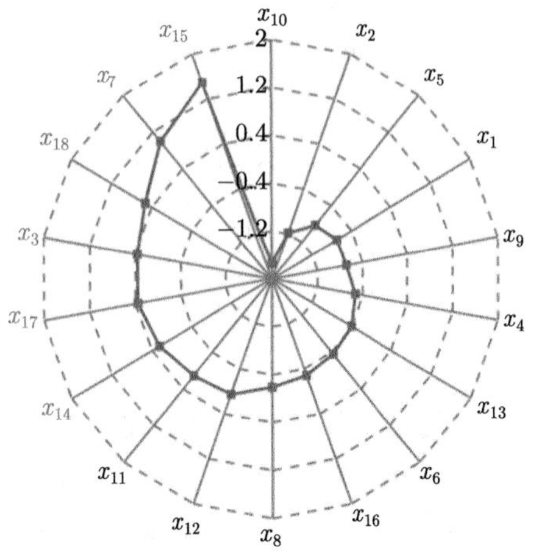

图 7.21　第 2 组成对样本集

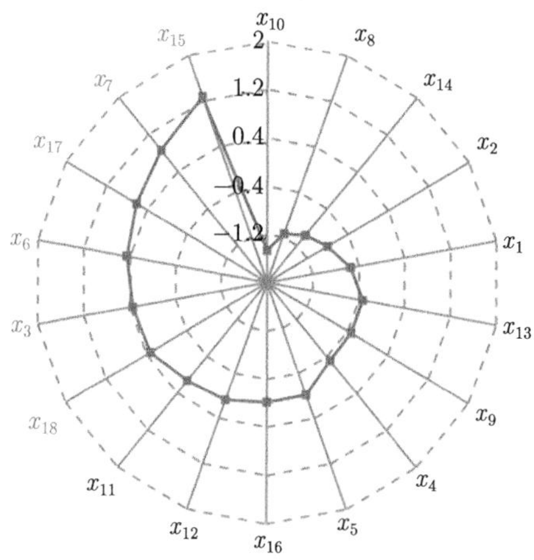

图 7.22 第 3 组成对样本集

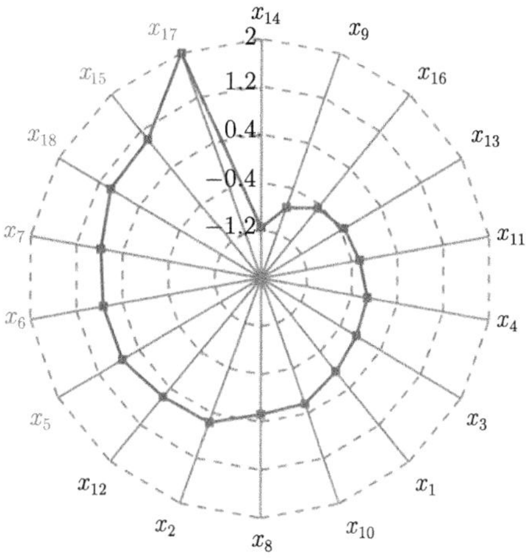

图 7.23 第 4 组成对样本集

步骤 4 筛选关键指标.

根据指标重要程度, 每组指标选取前 6 个指标作为识别相对贫困的关键指标, 具体如下:

$$K_1 = \{x_{15}, x_{17}, x_7, x_{12}, x_2, x_{18}\}, \quad K_2 = \{x_{15}, x_7, x_{18}, x_3, x_{17}, x_{14}\},$$

$$K_3 = \{x_{15}, x_7, x_{17}, x_6, x_3, x_{18}\}, \quad K_4 = \{x_{15}, x_7, x_{17}, x_6, x_3, x_{18}\}.$$

7.4.4 选取分类器

选取逻辑回归 (Logistic Regression, LR)、决策树 (Decision Tree, DT)、支持向量机 (Support Vector Machine, SVM)、深度神经网络 (Deep Neural Network, DNN)、随机森林 (Random Forest, RF)、朴素贝叶斯 (Naive Bayesian, NB) 和 Boosting 七种分类器验证筛选的关键指标能否有效识别相对贫困, 每种分类器采用 Matlab 自带函数, 具体参数设置见表 7.12.

实验环境为: Intel(R) Core(TM) i9-9900 处理器, Win10 家庭中文版 64 位操作系统, 32GB 内存. 编程环境为: Matlab2021a 版本.

表 7.12 分类器、函数及参数设置

分类器	函数	参数设置
LR	fitglm	系统默认
DT	fitctree	系统默认
SVM	fitcsvm	采用径向基核函数, 核参数自动优化
DNN	fitcnet	系统默认
RF	treebagger	集成 20 棵决策树
NB	fitcnb	系统默认
Boosting	fitensemble	采用 RobustBoost 算法, 集成 30 棵决策树, 误差阈值 0.01

7.4.5　实验结果分析

实验从 Accuracy、Sensitivity、Specificity 和 AUC 四个方面, 评估 4 组关键指标和全部指标的性能. 所有实验均从数据集中随机选取 30%的样本作为训练集, 剩余的样本作为测试集, 每次实验均运行 50 次, 然后计算 Accuracy、Sensitivity、Specificity 和 AUC 的平均值和标准差, 具体实验结果见表 7.13. ①从每组关键指标看, 7 种分类器中除了 DT 算法, 其他 6 种分类器的 Accuracy、Sensitivity、

表 7.13　实验结果

指标	分类器	Accuracy	Sensitivity	Specificity	AUC
$x_{15}-x_{17}-x_7-x_{12}-x_2-x_{18}$	LR	0.96±0.01	0.96±0.01	0.96±0.02	0.99±0.00
	SVM	0.95±0.01	0.95±0.02	0.95±0.02	0.98±0.03
	DT	**0.89±0.02**	0.92±0.04	**0.85±0.05**	**0.83±0.04**
	DNN	0.94±0.01	0.95±0.02	0.94±0.03	0.96±0.03
	RF	0.93±0.01	0.94±0.02	0.92±0.03	0.98±0.01
	NB	0.93±0.02	0.92±0.03	0.95±0.02	0.98±0.01
	Boosting	0.94±0.01	0.94±0.03	0.94±0.02	0.98±0.00
$x_{15}-x_7-x_{18}-x_3-x_{17}-x_{14}$	LR	0.95±0.01	0.95±0.02	0.95±0.02	0.99±0.00
	SVM	0.94±0.01	0.95±0.02	0.93±0.03	0.98±0.01
	DT	0.91±0.02	0.94±0.03	**0.87±0.03**	**0.85±0.03**
	DNN	0.93±0.02	0.94±0.03	0.91±0.03	0.93±0.04
	RF	0.94±0.01	0.96±0.02	0.92±0.02	0.97±0.01
	NB	0.92±0.01	0.93±0.03	0.91±0.01	0.98±0.01
	Boosting	0.94±0.01	0.94±0.02	0.93±0.02	0.98±0.01
$x_{15}-x_7-x_{17}-x_6-x_3-x_{18}$	LR	0.97±0.01	0.98±0.01	0.96±0.02	0.99±0.00
	SVM	0.97±0.01	0.97±0.02	0.96±0.02	0.98±0.03
	DT	0.92±0.01	0.93±0.02	0.90±0.03	**0.88±0.03**
	DNN	0.96±0.01	0.98±0.01	0.95±0.02	0.97±0.02
	RF	0.96±0.01	0.96±0.02	0.95±0.02	0.98±0.01
	NB	0.96±0.01	0.96±0.01	0.97±0.01	0.99±0.00
	Boosting	0.95±0.01	0.96±0.01	0.95±0.02	0.99±0.00
$x_{17}-x_{15}-x_{18}-x_7-x_6-x_5$	LR	0.96±0.01	0.97±0.02	0.95±0.02	0.99±0.00
	SVM	0.96±0.01	0.97±0.02	0.95±0.02	0.98±0.02
	DT	0.92±0.01	0.93±0.03	0.90±0.04	**0.87±0.03**
	DNN	0.95±0.01	0.96±0.02	0.93±0.02	0.93±0.03
	RF	0.95±0.01	0.95±0.02	0.95±0.02	0.98±0.02
	NB	0.96±0.01	0.97±0.01	0.95±0.01	0.99±0.00
	Boosting	0.94±0.01	0.95±0.02	0.94±0.02	0.98±0.01
全部指标	LR	0.97±0.01	0.97±0.01	0.97±0.01	0.99±0.00
	SVM	0.96±0.01	0.97±0.02	0.96±0.02	0.97±0.03
	DT	0.92±0.01	0.94±0.03	0.90±0.04	**0.86±0.03**
	DNN	0.97±0.01	0.97±0.01	0.96±0.02	0.96±0.01
	RF	0.95±0.01	0.95±0.02	0.94±0.02	0.98±0.01
	NB	0.94±0.01	0.94±0.02	0.96±0.02	0.99±0.00
	Boosting	0.96±0.01	0.97±0.02	0.95±0.02	0.99±0.01

Specificity 和 AUC 均能超过 90%, 大部分指标超过 95%; ②从 4 组关键指标看, 每种分类器的分类性能波动性很小, 这表明采用不同的样本对组合筛选出的关键指标分类性能变化不大; ③从 4 组关键指标与全部指标对比看, 4 组关键指标的分类性能同全部指标的分类性能基本接近, 表明筛选的 4 组关键指标均能代替全部 18 个指标展开相对贫困的识别、日常监测以及相关数据的收集等.

参 考 文 献

[1] 罗丽. 基于随机森林算法的贫困精准识别模型研究 [J]. 华中农业大学学报 (社会科学版), 2019(6): 21-29.

[2] 李春雷, 王文生, 郭雷风, 等. 基于集成学习算法的返贫人口识别模型: 以 H 省 F 县贫困户建档立卡数据为例 [J]. 江苏农业科学, 2021, 49(17): 231-237.

[3] 毛秋云, 李璟, 毕凤娟, 等. 机器学习算法在电力贫困用户识别中的应用 [J]. 中国计量大学学报, 2021, 32(3): 391-397.

[4] 袁帅, 刘雨昕, 汪意, 等. 基于 BP 神经网络的湖南省县域贫困识别研究 [J]. 湖南师范大学自然科学学报, 2022, 45(6): 32-40.

[5] 陈宗胜, 沈扬扬, 周云波. 中国农村贫困状况的绝对与相对变动: 兼论相对贫困线的设定 [J]. 管理世界, 2013(1): 67-77, 187-188.

[6] 叶兴庆, 殷浩栋. 从消除绝对贫困到缓解相对贫困: 中国减贫历程与 2020 年后的减贫战略 [J]. 改革, 2019(12): 5-15.

[7] 孙久文, 夏添. 中国扶贫战略与 2020 年后相对贫困线划定: 基于理论、政策和数据的分析 [J]. 中国农村经济, 2019(10): 98-113.

[8] 沈扬扬, 李实. 如何确定相对贫困标准: 兼论 "城乡统筹" 相对贫困的可行方案 [J]. 华南师范大学学报 (社会科学版), 2020(2): 91-101.

[9] 周力. 相对贫困标准划定的国际经验与启示 [J]. 人民论坛 • 学术前沿, 2020(14): 70-79.

[10] 邢成举, 李小云. 相对贫困与新时代贫困治理机制的构建 [J]. 改革, 2019(12): 16-25.

[11] 王小林, 冯贺霞. 2020 年后中国多维相对贫困标准: 国际经验与政策取向 [J]. 中国农村经济, 2020(3): 2-21.

[12] 汪三贵, 孙俊娜. 全面建成小康社会后中国的相对贫困标准、测量与瞄准: 基于 2018 年中国住户调查数据的分析 [J]. 中国农村经济, 2021(3): 2-23.

[13] Bishop C M. Neural Networks for Pattern Recognition[M]. Oxford: Oxford University Press, 1995.

[14] He X F, Cai D, Niyogi P. Laplacian Score for Feature Selection[M]. Cambridge, MA: MIT Press, 2005.

[15] Kira K. The feature selection problem: traditional methods and a new algorithm[C]. Proceedings of the 10th National Conference on Artificial Intelligence(AAAI), 129-134, San Jose, 1992.

第 8 章　马田系统在多属性决策领域中的应用

本章将马田系统引入到多属性决策领域, 对模糊积分多属性决策和区间数多属性决策两类问题展开研究. 模糊积分多属性决策是指属性测度为模糊测度, 信息集结方式采用非线性模糊积分算子, 并且考虑属性间存在交互作用的决策问题. 解决这类问题的关键是确定模糊测度, 本章利用马田系统的特征筛选原理, 构建了四种模糊测度计算方法: ①基于逆矩阵马田系统和 ϕ_s 转换函数的模糊测度计算方法; ②基于施密特正交马田系统和 ϕ_s 转换函数的模糊测度计算方法; ③基于加权马田系统的模糊测度计算方法; ④基于区间马田系统的模糊测度计算方法. 另外, 模糊积分算子作为解决模糊积分多属性决策问题的重要工具, 本章做了两方面的工作: ①提出灰模糊积分关联度的概念. 由于传统灰关联度采用简单的算术平均集结算子, 该算子是建立在属性间相互独立的基础之上的, 不能处理属性间的交互作用, 为此本章将其同 Choquet 模糊积分算子结合, 定义了灰模糊积分关联度. ②提出 2 可加 Choquet 模糊积分算子. 该算子是在 2 可加模糊测度和 Choquet 模糊积分算子的基础上推导而得, 由于只涉及单个属性的 Shapley 值和两两属性间的交互指标, 不但大大降低了计算的复杂性, 而且还提高了决策的准确性. 关于区间数多属性决策方面的研究, 本章从立体视角切入, 提出利用马田系统的 3 个关键工具 (马氏距离、正交表和信噪比) 来处理区间数决策信息, 构建了基于广义马田系统的区间数多属性决策理论与方法, 拓展了区间数多属性决策问题的研究思路. 基于以上研究成果, 本章给出六种基于马田系统的多属性决策方法: ①基于马田系统的模糊积分多属性决策方法; ②基于马田系统的 2 可加 Choquet 模糊积分多属性决策方法; ③基于施密特正交马田系统的多属性决策方法; ④基于区间马田系统的模糊积分多属性决策方法; ⑤基于加权马田系统的模糊积分多属性决策方法; ⑥基于广义马田系统的区间数多属性决策方法.

8.1　多属性决策基础理论

8.1.1　多属性决策的定义

多属性决策 (Multiple Criteria Decision Making, MCDM) 是指在一定数量的备选方案上进行偏好决策, 如选择、排序、评价等. 多属性决策问题一般具有如下特征[1].

(1) 备选方案. 简称方案, 是决策的客体, 这些方案被多个通常互相冲突的属性所刻画.

(2) 多个属性. 每个问题都有多个属性. 每个问题决策者必须给出相应的属性, 其多少与问题的性质有关.

(3) 不同量纲. 每个属性使用不同的测量单位. 不同的测量单位使得测度的数值不能直接用于属性整体比较.

(4) 属性测度. 几乎所有的多属性决策问题都需要关于每个属性相对重要性的信息, 这些信息可以由决策者直接以基数或序数的形式提供.

8.1.2 多属性决策的术语

(1) 属性. 属性是指方案固有的特征、品质或性能. 凡是表示决策方案绩效的参数, 并因此使其与其他客体相似或相异的一切成分、因素、特征、性质等都是属性[1].

(2) 决策矩阵. 多属性决策问题可以用矩阵的形式表示. 如一个多属性决策问题, 有 m 个备选方案 $D=\{d_1,d_2,\cdots,d_m\}$, n 个属性 $X=\{x_1,x_2,\cdots,x_n\}$, 那么可以构成如下决策矩阵

$$\mathbf{X}=\begin{bmatrix} x_{11} & x_{12} & \cdots & x_{1n} \\ x_{21} & x_{22} & \cdots & x_{2n} \\ \vdots & \vdots & & \vdots \\ x_{m1} & x_{m2} & \cdots & x_{mn} \end{bmatrix}$$

其中, x_{ij} 表示方案 d_i 在属性 x_j 上的观测值, $i=1,2,\cdots,m$, $j=1,2,\cdots,n$.

(3) 正理想方案. 在多属性决策问题中, 正理想方案能够在每个属性上同时最优, 其定义如下:

$$d^+=\{x_1^+,x_2^+,\cdots,x_n^+\}$$

其中, x_j^+ 表示属性 x_j 的一个可行最优值.

(4) 负理想方案. 同正理想方案相反, 负理想方案是在各属性上都具有最差的值, 其定义如下:

$$d^-=\{x_1^-,x_2^-,\cdots,x_n^-\}$$

其中, x_j^- 表示属性 x_j 的一个可行最劣值.

在多属性决策问题中, 负理想方案和正理想方案通常是不存在的, 一般作为参考的基准用以对备选方案进行评价.

8.1.3 属性值无量纲化

属性值的无量纲化, 也叫做属性值的标准化、规范化, 它是通过数学变换来消除原始属性量纲及量级影响的方法. 一般而言, 属性值无量纲化是实现信息集成的前提条件, 各属性值通过无量纲化处理之后才能进行加权集结. 因此, 无量纲化结果对后续的决策结果产生较大的影响, 其过程的合理与否直接关系到最终结果的合理性. 为此, 一些学者提出了多种无量纲化方法, 其中线性无量纲化方法是在多属性决策领域常用的方法, 下面介绍五种常用的无量纲化方法[2]:

设方案 $d_i(i=1,2,\cdots,m)$ 在属性 $x_j(j=1,2,\cdots,n)$ 上的观测值为 x_{ij}. 若无特殊说明, 以下所考虑的属性 x_j 均为极大型属性.

(1) 标准化

$$z_{ij}=\frac{x_{ij}-\bar{x}_j}{s_j} \tag{8.1}$$

其中, $\bar{x}_j$ 和 s_j 分别为属性 x_j 的均值和标准差; z_{ij} 一般称为标准观测值, z_{ij} 的均值为 0, 方差为 1.

(2) 极值化

$$z_{ij}=\frac{x_{ij}-\min\limits_i x_{ij}}{\max\limits_i x_{ij}-\min\limits_i x_{ij}} \tag{8.2}$$

如果属性 x_j 为极小型, 则

$$z_{ij}=\frac{\min\limits_i x_{ij}-x_{ij}}{\max\limits_i x_{ij}-\min\limits_i x_{ij}} \tag{8.3}$$

其中, $z_{ij}\in[0,1]$, 最大值为 1, 最小值为 0.

(3) 线性比例化

$$z_{ij}=\frac{x_{ij}}{\hat{x}_j} \tag{8.4}$$

其中, $\hat{x}_j>0$ 为一特殊点, 一般可取为 $\min\limits_i x_{ij}$, $\max\limits_i x_{ij}$ 或 $\bar{x}_j$. 当 $\hat{x}_j=\min\limits_i x_{ij}>0$ 时, $z_{ij}\in[1,\infty)$, 有最小值 1, 无固定最大值; 当 $\hat{x}_j=\max\limits_i x_{ij}>0$ 时, $z_{ij}\in(1,\infty]$, 有最大值 1, 无固定最小值; 当 $\hat{x}_j=\bar{x}_j>0$ 时, $z_{ij}\in(-\infty,\infty)$, 取值范围不固定.

(4) 归一化

$$z_{ij}=\frac{x_{ij}}{\sum\limits_{i=1}^{m}x_{ij}} \tag{8.5}$$

可看成是线性比例法的一种特例, 要求 $\sum\limits_{i=1}^{m} x_{ij} > 0$. 当 $x_{ij} \geqslant 0$ 时, $z_{ij} \in (0,1)$, 无固定的最小值、最大值, $\sum\limits_{i=1}^{m} z_{ij} = 1$.

(5) 规范化

$$z_{ij} = \frac{x_{ij}}{\sqrt{\sum\limits_{i=1}^{m} x_{ij}^2}} \tag{8.6}$$

其中, 当 $x_{ij} \geqslant 0$ 时, $z_{ij} \in (0,1)$, 无固定最大值和最小值, $\sum\limits_{i=1}^{m} z_{ij}^2 = 1$.

8.1.4 属性测度

1. 可加测度

权重是一种经典的可加测度, 应用该测度的前提是假设属性之间彼此相互独立, 因此常用标准化处理后和为 1 的一组数来表示权重. 如果有 n 个属性, 权重向量为

$$\boldsymbol{w} = (w_1, w_2, \cdots, w_n)^{\mathrm{T}}, \quad 0 \leqslant w_j \leqslant 1, \quad \sum_{j=1}^{n} w_j = 1$$

由于确定属性权重不需要考虑属性之间客观存在的交互作用, 因此只需要确定 n 个参数, 即 n 个属性的相对重要性, 确定起来较为简单. 确定属性权重的方法较多, 如层次分析法[3]、熵权法[4] 和序关系分析法[2] 等.

2. 非可加测度

可加性在很多实际应用中无法得到满足, 如两人合作的工作效率不是简单地等于两人工作效率之和. 1974 年, 日本学者 Sugeno[5] 首次提出用比较弱的单调性代替可加性的一类集函数, 称为模糊测度. 模糊测度的主要特征是非可加性, 因此也称为非可加测度. 下面简单介绍模糊测度的概念和基本内容[6].

定义 8.1 设 X 为有限集, $\mathcal{P}(X)$ 是 X 的幂集, 集函数 $g : \mathcal{P}(X) \to [0,1]$ 满足下面两个条件:

(1) $g(\varnothing) = 0$, $g(X) = 1$;

(2) $\forall A, B \in \mathcal{P}(X)$, 若 $A \subset B$, 则有 $g(A) \leqslant g(B)$;

称函数 g 为定义在 $\mathcal{P}(X)$ 的模糊测度.

如果还满足以下条件: 对于 $\forall A, B \in \mathcal{P}(X)$,$A \cap B = \varnothing$, 存在 $\lambda > -1$ 使得

$$g(A \cup B) = g(A) + g(B) + \lambda g(A) g(B) \tag{8.7}$$

则称 g 为 λ 模糊测度.

模糊测度是用比较弱的单调性代替可加性定义的一类集函数, 因此可以用来描述属性间存在的三种交互作用[7]:

(1) $\forall A, B \in \mathcal{P}(X)$, $g(A \cup B) < g(A) + g(B)$, 即消极的交互作用, 这种情况属性间存在信息冗余, 所有属性联合在一起的重要性小于所有属性单独使用时的重要性之和;

(2) $\forall A, B \in \mathcal{P}(X)$, $g(A \cup B) > g(A) + g(B)$, 即积极的交互作用, 这种情况各属性之间相互补充, 所有属性联合在一起的重要性大于所有属性单独使用时的重要性之和;

(3) $\forall A, B \in \mathcal{P}(X)$, $g(A \cup B) = g(A) + g(B)$, 即相互独立, 这种情况属性之间彼此独立, 所有属性联合在一起的重要性等于所有属性单独使用时的重要性之和, 这时模糊测度转变为传统的可加测度.

定理 8.1 设 $X = \{x_1, x_2, \cdots, x_n\}$ 为有限集, 令 $g_j = g\{x_j\}$ 表示属性 x_j 的测度密度, 对任意属性集 $A \subseteq X$ 的 λ 模糊测度有

$$g(A) = \sum_{j=1}^{n} g_j + \lambda \sum_{j_1=1}^{n-1} \sum_{j_2=j_1+1}^{n} g_{j_1} g_{j_2} + \cdots + \lambda^{n-1} g_1 g_2 \cdots g_n = \frac{1}{\lambda}\left[\prod_{j \in A}^{n} (1 + \lambda g_j) - 1\right] \tag{8.8}$$

定理 8.2 λ 值完全由下式确定:

$$\prod_{j=1}^{n} (1 + \lambda g_j) = \lambda + 1 \tag{8.9}$$

(1) 当 $\sum\limits_{j=1}^{n} g_j < 1$ 时, $\lambda > 0$, λ 模糊测度是超可加的;

(2) 当 $\sum\limits_{j=1}^{n} g_j = 1$ 时, $\lambda = 0$, λ 模糊测度是可加的, 退化为经典测度;

(3) 当 $\sum\limits_{j=1}^{n} g_j > 1$ 时, $\lambda < 0$, λ 模糊测度是次可加的.

8.1.5 属性集结

根据不同属性对决策方案进行评价后, 需要将各个属性的评价值进行集结, 以便决策者从整体上对决策方案的优劣进行把握. 常用的集结算子主要有基于可加测度的线性集结算子和基于非可加测度的非线性集结算子.

1. 线性集结算子

常用的线性集结算子主要有加权算术平均 (Weighted Average Arithmetic, WAA) 算子、有序加权平均 (Ordered Weighted Average, OWA) 算子等.

定义 8.2[8] 设有一组自变量 $\{a_1, a_2, \cdots, a_n\}$, 令 $f:\mathbb{R}^n \to \mathbb{R}$, 如果

$$f(a_1, a_2, \cdots, a_n) = \frac{1}{n}\sum_{j=1}^{n} a_j \tag{8.10}$$

那么 f 为算术平均算子.

定义 8.3[9] 设 WAA: $\mathbb{R}^n \to \mathbb{R}$, 若

$$\text{WAA}_w(a_1, a_2, \cdots, a_n) = \sum_{j=1}^{n} w_j a_j \tag{8.11}$$

其中, $\boldsymbol{w} = (w_1, w_2, \cdots, w_n)^{\mathrm{T}}$ 是一组数据 $(a_1, a_2, \cdots, a_n)$ 的加权向量, $w_j \in [0,1]$, $\sum\limits_{j=1}^{n} w_j = 1$, 则称函数 WAA 是加权算术平均算子, 也称为 WAA 算子.

定义 8.4[8] 设 OWA: $\mathbb{R}^n \to \mathbb{R}$, 若

$$\text{OWA}_w(a_1, a_2, \cdots, a_n) = \sum_{j=1}^{n} w_j b_j \tag{8.12}$$

其中, $\boldsymbol{w} = (w_1, w_2, \cdots, w_n)^{\mathrm{T}}$ 是与函数 OWA 相关联的加权向量, $w_j \in [0,1]$, $\sum\limits_{j=1}^{n} w_j = 1$, 且 b_j 是一组数据 $(a_1, a_2, \cdots, a_n)$ 中第 j 大的元素, 则称函数 OWA 是有序加权平均算子, 也称 OWA 算子.

有序加权平均算子的特点是: 对数据 $(a_1, a_2, \cdots, a_n)$ 按从大到小的顺序重新进行排序并通过加权集结, 其权重 w_j 与 a_j 没有关系, 只与集结过程中的第 j 个位置有关. 因此, 加权向量 $\boldsymbol{w}$ 也可以叫做位置向量.

2. 非线性集结算子

模糊积分作为一种非线性集结算子, 可以有效处理属性间的交互作用. 模糊积分的形式较多, 常用的有 Sugeno 模糊积分和 Choquet 模糊积分. 由于 Sugeno 模糊积分不是 Lebesgue 积分的推广, 即当模糊测度满足可加时, Sugeno 模糊积分并不能还原为 Lebesgue 积分, 这种特性使它在很多现实应用中受到限制. Choquet 模糊积分是 Lebesgue 积分的严格推广, 当模糊测度可加时, Choquet 模糊积分能够还原成 Lebesgue 积分[10].

定义 8.5[11] 设 g 是定义在 X 上的模糊测度, f 是定义在 X 上的非负实值可测函数, 则 f 关于 g 的 Choquet 模糊积分 $\int f\mathrm{d}g$ 定义为

$$\int f\mathrm{d}g = \int_0^{\infty} g(\{x|f(x) > \alpha\})\mathrm{d}l \tag{8.13}$$

其中, 等式右边的积分是一个 α 的函数关于 Lebesgue 测度的积分.

若 $X=\{x_1,x_2,\cdots,x_n\}$ 为有限集合, 函数 f 是离散值函数, 函数值为 $\{a_1, a_2,\cdots,a_n\}$, 不失一般性, 假设 $a_1\leqslant a_2\leqslant\cdots\leqslant a_n$, 则

$$\begin{aligned}\int f\mathrm{d}g &= \int_0^{\infty} g(\{x|f(x)>\alpha\})\mathrm{d}l \\ &= \int_0^{a_1} g(\{x|f(x)>a_1\})\mathrm{d}l + \int_{a_1}^{a_2} g(\{x|f(x)>a_2\})\mathrm{d}l \\ &\quad + \cdots + \int_{a_{n-1}}^{a_n} g(\{x|f(x)>a_n\})\mathrm{d}l\end{aligned}$$

其中, 每一个积分区间是左闭右开的, 则 f 关于 g 的 Choquet 模糊积分定义为

$$\int f\mathrm{d}g = \sum_{j=1}^{n}(a_j-a_{j-1})g(\{x|f(x)\geqslant a_j\}) = \sum_{j=1}^{n}(a_j-a_{j-1})g(A_j) \tag{8.14}$$

其中, $a_0=0$, $A_j=\{x_j,x_{j+1},\cdots,x_n\}$. 也可以记作

$$\int f\mathrm{d}g = \sum_{j=1}^{n} a_j\left(g(A_j)-g(A_{j+1})\right) \tag{8.15}$$

其中, $A_{n+1}=\varnothing$.

根据公式 (8.14) 和 (8.15), Choquet 模糊积分可进行如下定义[12]:

定义 8.6 设 $X=\{x_1,x_2,\cdots,x_n\}$ 为有限集, $\mathcal{P}(X)$ 为 X 的幂集, g 为定义在可测空间 $(X,\mathcal{P}(X))$ 上的模糊测度, f 是定义在 X 上的集函数, $f:X\to[0,1]$, 则 f 关于 g 的 Choquet 模糊积分为

$$\int f\mathrm{d}g = \sum_{j=1}^{n}\left(f(x_{(j)})-f(x_{(j-1)})\right)g(A_{(j)}) \tag{8.16}$$

其中, (j) 表示对有限集 X 中元素按其对应的函数 f 取值进行重新排序后的第 j 个元素, 即

$$f(x_{(1)})\leqslant f(x_{(2)})\leqslant\cdots\leqslant f(x_{(n)}),\quad A_{(j)}=\{x_{(j)},x_{(j+1)},\cdots,x_{(n)}\},\quad f(x_{(0)})=0$$

如果令 $\delta_j=g(A_{(j)})-g(A_{(j+1)})$, 公式 (8.16) 可以写成

$$\int f\mathrm{d}g = \sum_{j=1}^{n}\delta_j f(x_{(j)}) = \sum_{j=1}^{n}\left(g(A_{(j)})-g(A_{(j+1)})\right)f(x_{(j)}) \tag{8.17}$$

其中, $g(A_{(n+1)})=0$.

如果 g 为 λ 模糊测度, 则

$$g(A_{(j)})=\begin{cases} g(x_n)=g_j, & j=n \\ g_j+g(A_{(j+1)})+\lambda g_j g(A_{(j+1)}), & 1\leqslant j<n \end{cases}$$

由公式 (8.17) 可知, Choquet 模糊积分可以看成 $f(x_{(1)})$, $f(x_{(2)})$, $\cdots$, $f(x_{(n)})$ 的加权和, 权值取决于 $\{x_j\}_{j=1}^n$ 的排序, 而 $\{x_j\}_{j=1}^n$ 的排序结果取决于对应函数值 $\{f(x_j)\}_{j=1}^n$ 的相对大小, 故 Choquet 模糊积分值是函数 f 的非线性函数[13,14].

Choquet 模糊积分保持了 Choquet 积分的某些性质, 但由于 Choquet 模糊积分的被积函数是右连续的, 且包含取小运算, 从而 Choquet 模糊积分也有着不同于 Choquet 积分的性质[10,15].

定理 8.3 令 f 和 g 是定义在 X 上的实值函数, A 是 X 的子集, 则 $\int f\mathrm{d}g$ 有如下性质:

(1) $\int 1_A\mathrm{d}g=g(A)$;

(2) 若 g 是模糊测度, 并且 $f\leqslant h$, 则 $\int f\mathrm{d}g\leqslant\int h\mathrm{d}g$;

(3) 如果 a 是一个非负实数, b 是一个实数, 则 $\int(af+b)\mathrm{d}g=a\int f\mathrm{d}g+bg(X)$;

(4) $\int -f\mathrm{d}g=-\int f\mathrm{d}\bar{g}$, 其中 $\bar{g}$ 为 g 的对偶测度;

(5) 若 $g=\bar{g}$, 则 $\int -f\mathrm{d}g=-\int f\mathrm{d}g$, 其中 $\bar{g}$ 为 g 的对偶测度;

(6) $\int f\mathrm{d}g=\int f^+\mathrm{d}g-\int f^-\mathrm{d}g$, 其中,

$$f^+(x)=\max\{f(x),0\},\quad f^-(x)=\min\{-f(x),0\}$$

(7) 若 a 是一个实数, 则 $\int f\mathrm{d}(ag)=a\int f\mathrm{d}g$;

(8) 设 g 和 u 是定义在 X 上的模糊测度, 若 $g\leqslant u$, 并且 $g(X)=\mu(X)$, 则对于定义在 X 上的所有函数 f 有 $\int f\mathrm{d}g\leqslant\int f\mathrm{d}\mu$;

(9) 如果 N 是一个零集, 并且 $f(x)=h(x)(\forall x\notin N)$, 那么有 $\int f\mathrm{d}g=\int h\mathrm{d}g$.

8.2 基于马田系统的模糊积分多属性决策方法

对于很多实际决策问题, 由于影响因素复杂, 属性之间往往存在一定的交互作用. 而传统多属性决策方法无法处理这种交互作用, 因为传统多属性决策方法一般采用基于经典可加测度的线性集结算子, 如算术平均、算术加权平均、有序加权平均等, 应用这些线性集结算子的前提是属性之间彼此相互独立, 即属性之间不存在交互作用. 如果这种交互作用在实际决策过程中不予考虑, 将可能降低决策的准确性, 甚至导致决策结果失真. Grabisch[12,16] 提出把模糊积分作为一种非线性集结算子来处理属性间存在的交互作用, 取得了良好的效果. 模糊积分是定义在模糊测度基础上的一种非线性函数[17], 它不需要决策属性间保持相互独立, 可以有效处理属性间存在的交互作用. 但是, 应用模糊积分的难点是模糊测度的计算, 现有的一些模糊测度计算方法, 如神经网络法、遗传算法、模糊推理法等, 这些基于智能算法的模糊测度计算方法难以适应贫信息环境下的多属性决策问题, 还有一些方法, 如 ANP 法、菱形成对比较法、DEMATEL 法、部分偏好法、效用理论法等, 这些方法虽然可以克服贫信息问题, 但是需要人为主观确定属性间存在的交互作用或部分方案之间的优劣关系, 这可能导致决策结果受主观因素影响较大. 本节根据马田系统的特征筛选原理构建一种 Shapley 值计算方法, 然后在此基础之上结合 ϕ_s 转换函数和两两属性间的交互性指标构建一种模糊积分多属性决策方法.

8.2.1 ϕ_s 转换函数及其局限性

2000 年, Takahagi[18] 提出了一种基于 ϕ_s 转换函数[19] 的 λ 模糊测度确定方法, 该方法通过 ϕ_s 转换函数将决策者较为熟悉的属性权重转换为 λ 模糊测度. 但是, 通过分析 ϕ_s 转换函数的反函数曲线发现, 属性权重应该是属性间交互度的减函数, 而实际应用中, 属性权重是在属性相互独立的基础上确定出来的, 即属性权重和属性间交互度不存在函数关系, 因此采用属性权重并不利于转换 λ 模糊测度. 本节提出利用单个属性的 Shapley 值代替属性权重来转换 λ 模糊测度, 并给出了合理性分析. 对于单个属性 Shapley 值的计算, 现有的方法主要有: 权重法[18]、菱形成对比较法[20] 等, 这些方法都能根据决策者的知识、经验和决策偏好, 通过两两比较确定单个属性的 Shapley 值, 但是不足之处在于这些方法都是从局部考虑单个属性的 Shapley 值, 而 Shapley 值是全局重要性指标, 因此在确定 Shapley 值时不仅要从局部考虑单个属性的相对重要程度, 而且还要从全局考虑包含单个属性后子集的重要程度变化.

定义 8.7[19] 称 $\phi_s : [0,1] \times [0,1] \to [0,1]$ 为 ϕ_s 转换函数, 如果

$$\phi_s(\xi,w)=\begin{cases}1, & \xi=1,\ w>0\\ 0, & \xi=1,\ w=0\\ 1, & \xi=0,\ w=1\\ 0, & \xi=0,\ w<1\\ \dfrac{((1-\xi)^2/\xi^2)^w-1}{((1-\xi)^2/\xi^2)-1}, & \text{其他}\end{cases} \tag{8.18}$$

其中, w 为属性权重, ξ 为属性间的交互度, 图 8.1 为 ϕ_s 转换函数的曲线图.

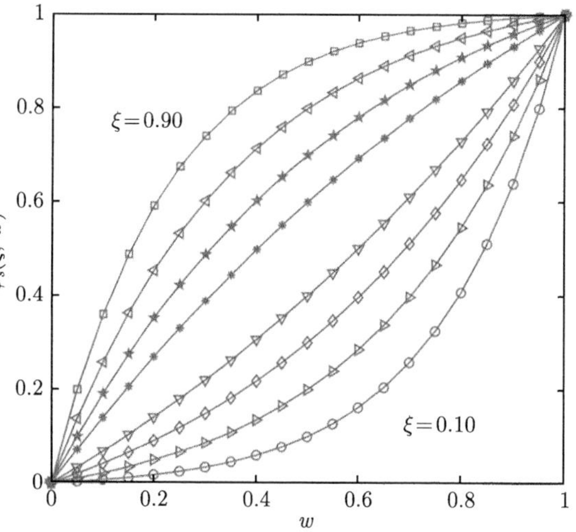

图 8.1 ϕ_s 转换函数曲线

根据公式 (8.19) 可以利用属性权重转换 λ 模糊测度

$$g(A)=\phi_s\left(\xi,\sum_{w_i\in A}w_i\right),\quad \forall A\subseteq X \tag{8.19}$$

并且, 利用公式 (8.19) 计算的模糊测度满足 λ 模糊测度约束, 即

$$g(A\cup B)=g(A)+g(B)+\lambda g(A)g(B) \tag{8.20}$$

其中, $\lambda=(1-\xi)^2/\xi^2-1$, ξ 和 λ 的取值范围参照表 8.1.

表 8.1 ξ 和 λ 取值范围参照表

	取值范围				
ξ	0	···	0.5	···	1
λ	$+\infty$	···	0	···	-1

下面对公式 (8.18) 求关于 w 的反函数得

$$\phi_s^{-1}(\xi,\phi_s)=\frac{\log_{10}\left\{\left[\dfrac{(1-\xi)^2}{\xi^2}-1\right]\phi_s+1\right\}}{\log_{10}\left[\dfrac{(1-\xi)^2}{\xi^2}\right]},\quad \xi\in(0,1) \tag{8.21}$$

从图 8.2 可以看出 $w=\phi_s^{-1}(\xi,\phi_s)$ 是交互度 ξ 的减函数.

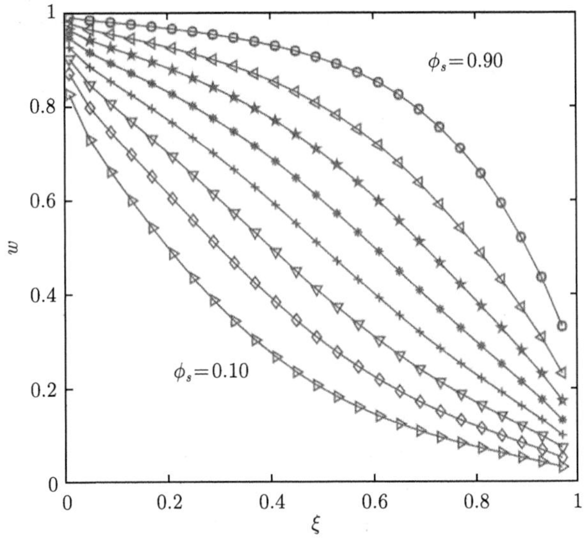

图 8.2 ϕ_s 的反函数曲线

进一步将公式 (8.19) 改写成如下形式

$$g(A)=g(x_i\cup K)=\phi_s\left(\xi,\sum_{w_i\in\{x_i\cup K\}}w_i\right) \tag{8.22}$$

其中, $\forall A\subseteq X$, $\{x_i\}\notin K$.

由于利用 ϕ_s 函数确定 λ 模糊测度, 故 ξ 为 A 中所有属性间的交互度, 同样 ξ 也为属性 $\{x_i\}$ 和属性集 K 之间的交互度. 通过以上的分析可知, 如果利用公式 (8.19) 来确定 λ 模糊测度, 那么 w_i 至少应该是属性 $\{x_i\}$ 和属性集 K 之间交互度 ξ 的减函数. 属性的权重并不利于转换模糊测度, 因为属性的权重 w 是假设属性之间彼此独立, 即不存在交互作用的基础之上确定出来的, 故 ξ 和 w 不存在函数关系.

8.2.2 利用 Shapley 值转换 λ 模糊测度的合理性分析

Shapley 值是根据博弈论提出的一种测度属性全局重要程度的指标, 该指标既考虑了单个属性的测度值, 又考虑了包含该属性后子集的测度值的变化.

定义 8.8[7] g 是定义在有限集 X 上的模糊测度, 属性 $\{x_i\}$ 关于模糊测度 g 的重要性指标或 Shapley 值定义为

$$I_i = \sum_{k=0}^{n-1} \gamma_k \sum_{\substack{K \subset X \backslash \{x_i\} \\ |K|=k}} [g(K \cup \{x_i\}) - g(K)] \tag{8.23}$$

其中, $\gamma_k = ((n-k-1)!k!)/n!$, I_i 表示属性 $\{x_i\}$ 在 X 中的全局重要性指标, $0 \leqslant I_i \leqslant 1$, $\sum\limits_{i=1}^{n} I_i = 1$.

定理 8.4 单个属性 $\{x_i\}$ 的 Shapley 值 I_i 随着 ξ 的增大而减小。

证明 首先对公式 (8.23) 进行如下展开:

$$\begin{aligned}
I_i &= \sum_{k=0}^{n-1} \gamma_k \sum_{\substack{K \subset X \backslash \{x_i\} \\ |K|=k}} [g(x_i \cup K) - g(K)] \\
&= \gamma_0 g(x_i) + \sum_{k=1}^{n-1} \gamma_k \sum_{\substack{K \subset X \backslash \{x_i\} \\ |K|=k}} [g(x_i \cup K) - g(K)] \\
&= \gamma_0 g_\lambda(x_i) + \sum_{k=1}^{n-1} \gamma_k \sum_{\substack{K \subset X \backslash \{x_i\} \\ |K|=k}} [g_\lambda(x_i) + g_\lambda(K) + \lambda g_\lambda(x_i) g_\lambda(K) - g_\lambda(K)] \\
&= \gamma_0 g_\xi(x_i) + \sum_{k=1}^{n-1} \gamma_k \sum_{\substack{K \subset X \backslash \{x_i\} \\ |K|=k}} \left\{ g_\xi(x_i) \left[1 + \left(\frac{(1-\xi)^2}{\xi^2} - 1 \right) g_\xi(K) \right] \right\}
\end{aligned}$$

然后对交互度 ξ 求导

$$\frac{\mathrm{d}I_i}{\mathrm{d}\xi} = \sum_{k=1}^{n-1} \gamma_k \sum_{\substack{K \subset X \backslash \{x_i\} \\ |K|=k}} \left[-2\frac{1}{\xi^2} \left(\frac{1}{\xi} - 1 \right) g_\xi(x_i) g_\xi(K) \right] \leqslant 0$$

由于 $0 < \xi < 1$, 故 $-\dfrac{1}{\xi^2}\left(\dfrac{1}{\xi} - 1\right) \leqslant 0$, 因此 $\mathrm{d}I_i/\mathrm{d}\xi \leqslant 0$, 故属性 $\{x_i\}$ 和属性集 K 之间的交互度 ξ 同属性 $\{x_i\}$ 的 Shapley 值存在减函数关系, 即 I_i 随着 ξ 的增大而减小.

综合以上分析, 利用单个属性 $\{x_i\}$ 的 Shapley 值 I_i 代替 w_i 更有利于确定 λ 模糊测度, 即

$$g(A)=\phi_s\left(\xi,\sum_{x_i\in A}I_i\right),\quad \forall A\subseteq X \tag{8.24}$$

8.2.3 基于马田系统的 Shapley 值计算方法

对于 Shapley 值 I_i 的计算, 首先根据公式 (8.23) 分析其主要影响因素, 将 Shapley 值 I_i 写成如下形式

$$\begin{aligned}I_i&=\sum_{k=0}^{n-1}\gamma_k\sum_{\substack{K\subset X\setminus\{x_i\}\\|K|=k}}[g(x_i\cup K)-g(K)]\\&=\gamma_0 g(x_i)+\sum_{k=1}^{n-1}\gamma_k\sum_{\substack{K\subset X\setminus\{x_i\}\\|K|=k}}[g(x_i\cup K)-g(K)]\end{aligned}$$

通过分析上式可知, 计算 Shapley 值 I_i 应主要考虑以下 3 方面因素.

(1) 单个属性 $\{x_i\}$ 的 λ 模糊测度 $g(x_i)$.

由于属性 $\{x_i\}$ 的 λ 模糊测度 $g(x_i)$ 和属性 $\{x_i\}$ 的权重 w_i 存在一定的比例关系[18], 即

$$\frac{g(x_i)}{g(x_j)}=\frac{w_i}{w_j}$$

因此, $g(x_i)$ 可以用属性的相对重要程度, 即权重来代替.

(2) 属性集 $\{x_i\cup K\}$ 和 $\{K\}$ 中各属性之间的交互关系.

属性集 $\{x_i\cup K\}$ 和 $\{K\}$ 中各属性之间的交互关系可能存在 3 种类型[7]:

①消极合作. 属性集中所有属性联合在一起的重要性不大于所有属性单独使用时的重要性之和;

②积极合作. 属性集中所有属性联合在一起的重要性不小于所有属性单独使用时的重要性之和;

③独立性. 属性集中所有属性联合在一起的重要性等于所有属性单独使用时的重要性之和.

(3) 属性集 $\{x_i\cup K\}$ 和 $\{K\}$ 的 λ 模糊测度之差 $g(x_i\cup K)-g(K)$, 即包含属性 $\{x_i\}$ 后, 子属性集 λ 模糊测度值的变化.

对于 $g(x_i\cup K)-g(K)$ 的计算, 同样可以用属性集的重要程度代替属性集的模糊测度值. 设 η 表示属性或属性集的重要程度, 因此根据 $g(x_i\cup K)-g(K)$ 可以令

$$\eta_i=\eta(x_i\cup K)-\eta(K) \tag{8.25}$$

由公式 (8.25) 可知, 计算 η_i 的大小既要考虑属性 $\{x_i\}$ 参与的所有子集的重要程度, 又要考虑属性 $\{x_i\}$ 没有参与的所有子集的重要程度.

综合以上因素, 对于一个多属性决策问题, 为了使决策效果达到最优, 应该使属性集 A 中各属性都表现出积极的合作关系, 即在决策过程中属性集 A 的重要性不小于 A 中所有属性单独使用时的重要性之和, 即

$$\eta_A \geqslant \sum_{i \in A} \eta_i \tag{8.26}$$

其中, $\forall A \in \mathcal{P}(X)$, $|A| \geqslant 2$.

当 $|X| = n$ 时, 由于 $|A| \geqslant 2$ 且 $A \neq \varnothing$, 故有 $2^n - n - 1$ 个子属性集. 如果 $\eta_i (i = 1, 2, \cdots, n)$ 使得 $\varepsilon_1 + \varepsilon_2 + \cdots + \varepsilon_{2^n - n - 1}$ 达到最大, 那么 $2^n - n - 1$ 个子属性集在决策过程中的综合作用达到了最大, 同时 η_i 的最优值既考虑到了 $\{x_i\}$ 参与的所有属性集的重要程度, 又考虑到了 $\{x_i\}$ 所有没有参与的属性集的重要程度. 因此, η_i 可以通过如下优化模型来求解

$$\begin{cases} \max\ \varepsilon_1 + \varepsilon_2 + \cdots + \varepsilon_{2^n - n - 1} \\ \text{s.t.}\ \ \eta_A - \displaystyle\sum_{i \in A} \eta_i \geqslant \varepsilon_p, \quad A \in \mathcal{P}(X),\ p = 1, 2, \cdots, (2^n - n - 1) \\ \qquad -1 \leqslant \varepsilon_p \leqslant 1, \quad p = 1, 2, \cdots, (2^n - n - 1) \\ \qquad 0 \leqslant \eta_i \leqslant 1, \quad i = 1, 2, \cdots, n \\ \qquad \displaystyle\sum_{i=1}^{n} \eta_i = 1 \end{cases} \tag{8.27}$$

上述优化模型中子属性集 A 的重要程度 η_A 本节采用马田系统计算, 其合理性主要体现在以下 3 个方面.

(1) 从分类的角度, 马田系统可以根据两类区别明显的样本集测度属性集 A 在分类过程中的重要程度. 对于多属性决策问题, 可以从决策方案中构造两类区别明显的样本集, 然后测度 A 的重要程度, 两类区别明显的样本集可以采用如下方法构造:

设有 m 个方案 $D = \{d_1, d_2, \cdots, d_m\}$, n 个属性 $X = \{x_1, x_2, \cdots, x_n\}$, 其决策矩阵为

$$\mathbf{X} = \begin{bmatrix} x_{11} & x_{12} & \cdots & x_{1n} \\ x_{21} & x_{22} & \cdots & x_{2n} \\ \vdots & \vdots & & \vdots \\ x_{m1} & x_{m2} & \cdots & x_{mn} \end{bmatrix}$$

根据决策矩阵 $\mathbf{X}$ 得到的正负理想方案分别为

$$d^+ = [\max_k x_{k1}, \max_k x_{k2}, \cdots, \max_k x_{kn}] \tag{8.28}$$

$$d^- = [\min_k x_{k1}, \min_k x_{k2}, \cdots, \min_k x_{kn}] \tag{8.29}$$

(2) 由于马氏距离是一种协方差距离, 因此用基于马氏距离的信噪比测度属性集 A 在分类过程中的重要程度 η_A, 能够很好地考虑 A 中所有属性间的交互作用;

(3) 用马田系统计算的 η_A 满足单调性. 由定义 8.1 可知 $A \subseteq B \to g_A \leqslant g_B$, 而模糊测度 g_A、g_B 和 η_A、η_B 保持一定的比例关系

$$\frac{g_A}{g_B} = \frac{\eta_A}{\eta_B} \tag{8.30}$$

因此 η_A 和 η_B 也应该满足单调性, 即 $\eta_A \leqslant \eta_B$.

综上, 属性集 A 的重要程度 η_A 可以采用如下方法计算:

设 $X = \{x_1, x_2, \cdots, x_n\}$ 为分类属性集, $\mathcal{P}(X)$ 为 X 的幂集, $A \in \mathcal{P}(X)$ 且 $|A| \geqslant 2$, 有两类样本集分别为

$$D = \{d_k | k = 1, 2, \cdots, m\}, \quad \hat{D} = \{\hat{d}_k | k = 1, 2, \cdots, l\}$$

构成的样本数据矩阵分别为

$$\mathbf{X} = \begin{bmatrix} x_{11} & x_{12} & \cdots & x_{1n} \\ x_{21} & x_{22} & \cdots & x_{2n} \\ \vdots & \vdots & & \vdots \\ x_{m1} & x_{m2} & \cdots & x_{mn} \end{bmatrix}, \quad \mathbf{Y} = \begin{bmatrix} y_{11} & y_{12} & \cdots & y_{1n} \\ y_{21} & y_{22} & \cdots & y_{2n} \\ \vdots & \vdots & & \vdots \\ y_{l1} & y_{l2} & \cdots & y_{ln} \end{bmatrix}$$

步骤 1　选取样本集 D 作为参考样本, 构建基准空间.

(1) 根据样本矩阵 $\mathbf{X}$, 计算属性 $x_j (j = 1, 2, \cdots, n)$ 的均值和标准差

$$\bar{x}_j = \frac{1}{m} \sum_{k=1}^{m} x_{kj} \tag{8.31}$$

$$s_j = \sqrt{\frac{1}{m-1} \sum_{k=1}^{m} (x_{kj} - \bar{x}_j)^2} \tag{8.32}$$

(2) 利用 $\bar{x}_j$ 和 s_j 对样本数据矩阵 $\mathbf{X}$ 进行标准化

$$z_{kj} = \frac{x_{kj} - \bar{x}_j}{s_j}, \quad k = 1, 2, \cdots, m \tag{8.33}$$

得标准化样本数据矩阵

$$\mathbf{Z}=\begin{bmatrix} z_{11} & z_{12} & \cdots & z_{1n} \\ z_{21} & z_{22} & \cdots & z_{2n} \\ \vdots & \vdots & & \vdots \\ z_{m1} & z_{m2} & \cdots & z_{mn} \end{bmatrix}$$

(3) 计算属性间的相关系数矩阵

$$\mathbf{R}=\frac{1}{m-1}\mathbf{Z}^{\mathrm{T}}\mathbf{Z} \tag{8.34}$$

步骤 2 计算样本矩阵 $\mathbf{Y}$ 中各样本的马氏距离.

(1) 对 $\mathbf{Y}$ 标准化

$$v_{kj}=\frac{y_{kj}-\bar{x}_j}{s_j} \tag{8.35}$$

得标准化的样本数据矩阵

$$\mathbf{V}=\begin{bmatrix} v_{11} & v_{12} & \cdots & v_{1n} \\ v_{21} & v_{22} & \cdots & v_{2n} \\ \vdots & \vdots & & \vdots \\ v_{l1} & v_{l2} & \cdots & v_{ln} \end{bmatrix}$$

(2) 根据属性集 A 计算 $\mathbf{V}$ 中各样本的马氏距离

$$\mathrm{MD}_{A,k}^2=\frac{1}{n}\boldsymbol{v}_A\mathbf{R}_A^{-1}\boldsymbol{v}_A^{\mathrm{T}} \tag{8.36}$$

其中, $\boldsymbol{v}_A$ 是用属性集 A 表示的样本向量; $\mathbf{R}_A$ 是根据样本矩阵 $\mathbf{X}$ 利用属性集 A 计算的相关系数矩阵.

(3) 对 $\mathbf{V}$ 中各样本的马氏距离进行规范化

$$\overline{\mathrm{MD}}_{A,k}^2=\frac{\mathrm{MD}_{A,k}^2}{\min\limits_A\min\limits_k \mathrm{MD}_{A,k}^2} \tag{8.37}$$

步骤 3 计算属性集 A 在分类过程中的重要程度

$$\bar{\eta}_A=-10\log_{10}\frac{1}{l}\sum_{k=1}^{l}\frac{1}{\overline{\mathrm{MD}}_{A,k}^2} \tag{8.38}$$

步骤 4 对属性集 A 的重要程度进行规范化

$$\eta_A=\frac{\bar{\eta}_A}{\bar{\eta}_X} \tag{8.39}$$

8.2.4 决策步骤

综上所述, 下面给出完整的决策步骤:

步骤 1 计算各决策属性的相对重要程度;

步骤 2 计算属性集 A 的重要程度;

步骤 3 计算单个决策属性的全局重要程度;

步骤 4 计算单个决策属性的 Shapley 值;

步骤 5 计算决策属性集的 λ 模糊测度;

步骤 6 规范化决策矩阵;

步骤 7 计算各决策方案的模糊积分综合属性值.

8.2.5 实例应用

在武器装备系统引进过程中, 为了从 6 种不同型号 $D=\{d_1,d_2,\cdots,d_6\}$ 的武器系统中选出综合效能最佳的武器装备系统, 选取目标容量 (x_1)、单发杀伤概率 (x_2)、反应时间 (x_3)、可靠性 (x_4) 和杀伤因子 (x_5) 为决策属性, 其中 x_3 为成本型决策属性, 其他为效益型决策属性, 决策矩阵为

$$\mathbf{D}=\begin{bmatrix} 8 & 0.75 & 32 & 42 & 30 \\ 6 & 0.81 & 35 & 60 & 46 \\ 8 & 0.70 & 51 & 58 & 49 \\ 7 & 0.78 & 38 & 66 & 28 \\ 9 & 0.66 & 46 & 45 & 36 \\ 5 & 0.80 & 37 & 62 & 42 \end{bmatrix}$$

步骤 1 利用 AHP 法确定各决策属性的权重.

$$w_1=0.0626,\quad w_2=0.1076,\quad w_3=0.2840,\quad w_4=0.1540,\quad w_5=0.3918$$

步骤 2 计算属性集 A 的重要程度 (表 8.2).

表 8.2 属性集 A 的重要程度

A	η_A	A	η_A	A	η_A	A	η_A
{1,2}	0.52	{3,4}	0.14	{1,3,5}	0.21	{1,2,3,5}	0.72
{1,3}	0.10	{3,5}	0.08	{1,4,5}	0.37	{1,2,4,5}	0.66
{1,4}	0.34	{4,5}	0.09	{2,3,4}	0.59	{1,3,4,5}	0.49
{1,5}	0.20	{1,2,3}	0.72	{2,3,5}	0.41	{2,3,4,5}	0.99
{2,3}	0.38	{1,2,4}	0.57	{2,4,5}	0.13	{1,2,3,4,5}	1.00
{2,4}	0.05	{1,2,5}	0.64	{3,4,5}	0.15		
{2,5}	0.13	{1,3,4}	0.36	{1,2,3,4}	0.81		

步骤 3 构建优化模型, 计算单个属性的全局重要程度.

$$\begin{cases}\max \varepsilon_1+\varepsilon_2+\cdots+\varepsilon_{26}\\ \text{s.t. } \eta_{12}-\eta_1-\eta_2\geqslant\varepsilon_1\\ \qquad \eta_{13}-\eta_1-\eta_3\geqslant\varepsilon_2\\ \qquad\qquad \vdots\\ \qquad \eta_{2345}-\eta_2-\eta_3-\eta_4-\eta_5\geqslant\varepsilon_{25}\\ \qquad \eta_{12345}-\eta_1-\eta_2-\eta_3-\eta_4-\eta_5\geqslant\varepsilon_{26}\\ \qquad -1\leqslant\varepsilon_p\leqslant 1,\quad p=1,2,\cdots,26\\ \qquad 0\leqslant\eta_i\leqslant 1,\quad i=1,2,3,4,5\\ \qquad \eta_1+\eta_2+\eta_3+\eta_4+\eta_5=1\end{cases}$$

对该模型求解得, 各属性的全局重要程度为

$$\eta_1=0.2575,\quad \eta_2=0.3298,\quad \eta_3=0.1901,\quad \eta_4=0.1315,\quad \eta_5=0.0911$$

步骤 4 计算各属性的 Shapley 值.

由于 w 反映的是单个属性的相对重要程度, η 反映的是单个属性的全局重要程度. 因此, 单个属性的 Shapley 值应将两者的信息融合在一起, 其融合公式为

$$I_i=\theta w_i+(1-\theta)\eta_i,\quad i=1,2,\cdots,5 \tag{8.40}$$

其中, $0\leqslant\theta\leqslant 1$ 为主观偏好系数, 这里取 $\theta=0.5$, 5 个属性的 Shapley 值分别为

$$I_1=0.1600,\quad I_2=0.2186,\quad I_3=0.2371,\quad I_4=0.1428,\quad I_5=0.2415$$

步骤 5 计算属性集 A 的 λ 模糊测度.

交互度 λ 分别选取 -0.99、-0.50、1 和 10, 计算属性集 A 的模糊测度, 见表 8.3～表 8.6.

表 8.3 $\lambda=-0.99$ 时 A 的模糊测度值

A	g_A	A	g_A	A	g_A	A	g_A
{ϕ}	0	{1,4}	0.7596	{1,2,3}	0.9508	{2,4,5}	0.9472
{1}	0.5266	{1,5}	0.8511	{1,2,4}	0.9186	{3,4,5}	0.9523
{2}	0.6410	{2,3}	0.8862	{1,2,5}	0.9520	{1,2,3,4}	0.9794
{3}	0.6711	{2,4}	0.8189	{1,3,4}	0.9260	{1,2,3,5}	0.9906
{4}	0.4868	{2,5}	0.8887	{1,3,5}	0.9567	{1,2,4,5}	0.9800
{5}	0.6779	{3,4}	0.8345	{1,4,5}	0.9277	{1,3,4,5}	0.9825
{1,2}	0.8334	{3,5}	0.8986	{2,3,4}	0.9459	{2,3,4,5}	0.9890
{1,3}	0.8479	{4,5}	0.8380	{2,3,5}	0.9694	{1,2,3,4,5}	1.0000

表 8.4　$\lambda=-0.50$ 时 A 的模糊测度值

A	g_A	A	g_A	A	g_A	A	g_A
{ϕ}	0	{1,4}	0.3786	{1,2,3}	0.6948	{2,4,5}	0.6831
{1}	0.2099	{1,5}	0.4859	{1,2,4}	0.6066	{3,4,5}	0.6999
{2}	0.2812	{2,3}	0.5417	{1,2,5}	0.6987	{1,2,3,4}	0.8178
{3}	0.3031	{2,4}	0.4432	{1,3,4}	0.6244	{1,2,3,5}	0.8960
{4}	0.1885	{2,5}	0.5461	{1,3,5}	0.7153	{1,2,4,5}	0.8214
{5}	0.3083	{3,4}	0.4630	{1,4,5}	0.6286	{1,3,4,5}	0.8364
{1,2}	0.4616	{3,5}	0.5647	{2,3,4}	0.6791	{2,3,4,5}	0.8827
{1,3}	0.4812	{4,5}	0.4677	{2,3,5}	0.7665	{1,2,3,4,5}	1.0000

表 8.5　$\lambda=1$ 时 A 的模糊测度值

A	g_A	A	g_A	A	g_A	A	g_A
{ϕ}	0	{1,4}	0.2335	{1,2,3}	0.5323	{2,4,5}	0.5188
{1}	0.1173	{1,5}	0.3209	{1,2,4}	0.4353	{3,4,5}	0.5384
{2}	0.1636	{2,3}	0.3714	{1,2,5}	0.5370	{1,2,3,4}	0.6917
{3}	0.1786	{2,4}	0.2847	{1,3,4}	0.4539	{1,2,3,5}	0.8115
{4}	0.1040	{2,5}	0.3756	{1,3,5}	0.5568	{1,2,4,5}	0.6969
{5}	0.1822	{3,4}	0.3013	{1,4,5}	0.4583	{1,3,4,5}	0.7188
{1,2}	0.3001	{3,5}	0.3934	{2,3,4}	0.5141	{2,3,4,5}	0.7901
{1,3}	0.3169	{4,5}	0.3052	{2,3,5}	0.6214	{1,2,3,4,5}	1.0000

表 8.6　$\lambda=10$ 时 A 的模糊测度值

A	g_A	A	g_A	A	g_A	A	g_A
{ϕ}	0	{1,4}	0.1067	{1,2,3}	0.3377	{2,4,5}	0.3245
{1}	0.0468	{1,5}	0.1619	{1,2,4}	0.2491	{3,4,5}	0.3437
{2}	0.0689	{2,3}	0.1982	{1,2,5}	0.3424	{1,2,3,4}	0.5164
{3}	0.0766	{2,4}	0.1379	{1,3,4}	0.2650	{1,2,3,5}	0.6811
{4}	0.0408	{2,5}	0.2014	{1,3,5}	0.3624	{1,2,4,5}	0.5230
{5}	0.0784	{3,4}	0.1487	{1,4,5}	0.2688	{1,3,4,5}	0.5512
{1,2}	0.1479	{3,5}	0.2151	{2,3,4}	0.3200	{2,3,4,5}	0.6495
{1,3}	0.1591	{4,5}	0.1513	{2,3,5}	0.4322	{1,2,3,4,5}	1.0000

步骤 6　对决策矩阵 **D** 规范化.

$$
\mathbf{Z}=\begin{bmatrix}
0.75 & 0.60 & 1.00 & 0 & 0.10\\
0.25 & 1.00 & 0.84 & 0.75 & 0.86\\
0.75 & 0.27 & 0 & 0.67 & 1.00\\
0.50 & 0.80 & 0.68 & 1.00 & 0\\
1.00 & 0 & 0.26 & 0.13 & 0.38\\
0 & 0.93 & 0.74 & 0.83 & 0.67
\end{bmatrix}
$$

步骤 7　计算决策方案在不同交互度下的 Choquet 模糊积分综合评价值及排序.

根据表 8.7 可知, 方案 d_2 为最优决策方案, 因为当决策属性间分别表现为消极合作、相互独立、积极合作时, 方案 d_2 的 Choquet 模糊积分综合评价值都可以达到最大, 表明方案 d_2 的适应性强且稳定.

表 8.7 综合评价值及排序

λ	d_1	d_2	d_3	d_4	d_5	d_6	各决策方案排序
−0.99	0.2652	0.9387	0.8728	0.8561	0.6813	0.5225	$d_2 \succ d_3 \succ d_4 \succ d_5 \succ d_6 \succ d_1$
−0.50	0.3112	0.8103	0.5881	0.6230	0.3906	0.5498	$d_2 \succ d_4 \succ d_3 \succ d_6 \succ d_5 \succ d_1$
0	0.5113	0.7724	0.5150	0.5599	0.3323	0.6616	$d_2 \succ d_6 \succ d_4 \succ d_3 \succ d_1 \succ d_5$
1	0.2774	0.7313	0.4415	0.4943	0.2772	0.5562	$d_2 \succ d_6 \succ d_4 \succ d_3 \succ d_1 \succ d_5$
10	0.2094	0.6274	0.2801	0.3413	0.1670	0.5554	$d_2 \succ d_6 \succ d_4 \succ d_3 \succ d_1 \succ d_5$

8.3 基于马田系统的 2 可加 Choquet 模糊积分多属性决策方法

λ 模糊测度虽然将参数减少到 n 个, 但是不能充分描述属性间的交互作用, 只能表示一种交互作用, 即或者属性间全部表现为积极的合作关系, 或者属性间全部表现为消极的合作关系, 或者属性间全部彼此独立[7]. 1996 年, Grabisch[21] 提出了 k 可加模糊测度的概念, 并在此基础之上定义了 2 可加模糊测度. 由于在确定 2 可加模糊测度时, 只需要确定单个属性的 Shapley 值和两两属性间的交互指标, 因此不但降低了计算的复杂性, 而且在一定程度上提高了属性间的表示能力.

但是, 在处理多属性决策问题时, 为避免计算 2 可加模糊测度, Mayag[22] 根据 2 可加模糊测度和 Choquet 模糊积分算子推导出 2 可加 Choquet 模糊积分算子. 2 可加 Choquet 模糊积分算子可以直接利用单个属性的 Shapley 值和两两属性间的交互指标对决策方案的属性值进行集成. 两两属性间的交互指标计算, 常用的方法主要有菱形成对比较法[14,20]、决策偏好法[23] 等, 这些方法在实际应用中都取得了良好的效果, 但是这些方法都是主观计算方法, 如菱形成对比较法需要决策者来判断两两属性间存在何种交互关系和交互度的大小; 决策偏好法需要决策者来确定部分方案的排序或其他偏好参数. 本节根据无偏好决策方案集在相同约束条件下应平等竞争的原理, 构建了基于多目标的交互指标优化方法, 该方法是一种客观计算方法.

8.3.1 2 可加模糊测度和 2 可加 Choquet 模糊积分

λ 模糊测度虽然参数减少到 n 个, 但大大削弱了模糊测度的表示能力. λ 模糊测度只能表示属性间的一种交互作用, 或者全部积极合作, 或者全部消极合作, 或者彼此独立, 这同复杂的实际情况是不相符的. 基于此, Grabisch[21] 在 1996 年提

出了 k 可加模糊测度. k 可加模糊测度在复杂性和表示能力方面做了折中, k 值越大, 表示能力越强, 但同时也越复杂. 假设 $|X| = n$, 随着 k 值增大, k 可加模糊测度需要确定参数从 n 增加到 2^n 个, 覆盖了可加测度 $(k = 1)$ 到一般测度 $(k = n)$ 之间的任意复杂度的模糊测度. 下面简单介绍一下 k 可加模糊测度的基本知识:

为便于同 λ 模糊测度区分, 本节用 μ 表示 k 可加模糊测度. 为简化符号, 考虑一个特殊的有限集合 $X = \{1, 2, \cdots, n\}$, 用 μ_i, μ_{ij}, μ_K, μ_{Ki} 分别表示 $\mu(\{i\})$, $\mu(\{i,j\})$, $\mu(K)$, $\mu(K \cup \{i\})$. k 可加模糊测度是基于伪布尔函数[24] 定义的, 首先简单介绍一下该函数:

定义 8.9 若一个 n 维向量的各分量的取值均为 0 或 1, 则称其为 n 维布尔向量. 用 $\{0,1\}^n$ 表示所有 n 维布尔向量的全体, 实值函数 $f: \{0,1\}^n \to \mathbb{R}$ 称为伪布尔函数.

Hammer 和 Rudeanm[25] 证明任何伪布尔函数都能唯一表示为如下的多项式:

$$f(x) = \sum_{T \subset X} \left[a_T \prod_{i \in T} x_i \right] \tag{8.41}$$

其中, $X = (x_1, x_2, \cdots, x_n)$, $a_T \in \mathbb{R}$.

模糊测度是一种特殊的伪布尔函数[21]. 因此, 利用公式 (8.41) 可以表示有限集 X 任意子集的模糊测度, 即可以将含 n 个元素的集合 X 的任意子集 A 用一个 n 维布尔向量表示为

$$\boldsymbol{x}_A = (x_1, x_2, \cdots, x_n) \tag{8.42}$$

其中, 当 $i \in A$ 时, $x_i = 1$; 否则, $x_i = 0$.

根据模糊测度可以定义相应的伪布尔函数 $f(\boldsymbol{x}_A) = \mu(A)$, 由于伪布尔函数能表示成多项式形式, 所以模糊测度也可以表示为多项式形式, 并根据多项式的最高次数 k 把模糊测度称为 k 可加的. 因此一般的模糊测度可以表示为

$$f(x) = \sum_{i=1}^{n} a_i x_i \tag{8.43}$$

当模糊测度表示为多项式时, 系数 a_T 可以看成一个集函数, 实际上是模糊测度的默比乌斯变换[25]. X 上的任意函数 $\mu: \mathcal{P}(X) \to \mathbb{R}$ 的默比乌斯变换为

$$a_T = \sum_{K \subset T} (-1)^{|T-K|} \mu(K) \tag{8.44}$$

这种变换是可逆的, 当 a 给定时可以通过下面的变换来得到原始的 μ,

$$\mu(T) = \sum_{S \subset T} a(S), \quad \forall T \subset X \tag{8.45}$$

定义 8.10[21] 定义在 X 上的模糊测度 μ 称为 k 可加的, 如果其对应的伪布尔函数是一个 k 次线性多项式, 即对任意的 T, $|T|>k$, $a_T=0$, 并且至少存在一个 k 个元素的子集 T, 使得 $a_T\neq 0$.

因此, 2 可加模糊测度可以表示为

$$\mu_K=\sum_{i\in K}a_i+\sum_{\{i,j\}\subset X}a_{ij}=\sum_{\{i,j\}\subset K}\mu_{ij}-(|K|-2)\sum_{i\in K}\mu_i \tag{8.46}$$

其中, 当 $|K|=1$ 时, $\mu_i=a_i$; 当 $|K|=2$ 时, $\mu_{ij}=\mu_i+\mu_j+a_{ij}$; 当 $|K|>2$ 时, $\mu_K=\sum\limits_{\{i,j\}\subset K}\mu_{ij}-(|A|-2)\sum\limits_{i\in K}\mu_i$.

定理 8.5[21] 系数 a_T 是模糊测度的默比乌斯表示当且仅当

(1) $a(\phi)=0$, $\sum\limits_{T\subset X}a(T)=1$;

(2) $\sum\limits_{i\in B\subset X}a(B)\geqslant 0$, $\forall T\subset X$, $\forall i\in T$.

由定理 8.5 可以得到 2 可加模糊测度作为一种模糊测度其系数需要满足下面条件:

(1) $a(\phi)=0$;

(2) $a_i\geqslant 0$, $\forall i\in X$;

(3) $\sum\limits_{i\in X}a_i+\sum\limits_{\{i,j\}\subset X}a_{ij}=1$;

(4) $a_i+\sum\limits_{j\in T}a_{ij}\geqslant 0$, $\forall i\in X$, $\forall T\subset X\backslash\{i\}$.

对于 2 可加模糊测度, 如果 $a_i>a_j$, 说明属性 i 比属性 j 重要; 如果 $a_{ij}<0$, 说明属性 i 和 j 是消极合作的, 两个属性综合起来考虑它们对最终决策的贡献会减弱; 如果 $a_{ij}>0$, 说明属性 i 和 j 是互补的, 是积极合作的, 两个属性综合起来考虑它们对最终决策的贡献会加强; 如果 $a_{ij}=0$, 说明属性 i 和 j 是彼此独立的.

当利用 2 可加模糊测度处理多属性决策问题时, 为避免决策结果不一致, 2 可加模糊测度应满足如下单调性和正则性.

定理 8.6[21] 2 可加模糊测度的单调性和正则性要求等价于

(1) $\sum\limits_{j\in K}\mu_{ij}-\sum\limits_{j\in K}\mu_j\geqslant(n-2)\mu_i$, $\forall i\in X$, $K\subset X\backslash\{i\}$;

(2) $\sum\limits_{\{i,j\}\subset X}\mu_{ij}-(n-2)\sum\limits_{i\in X}\mu_i=1$.

当利用模糊测度进行决策时, 仅仅依靠单个点集的模糊测度来描述全局重要程度是不全面的, 还需要考虑包含该属性后子集的测度值的变化. Grabisch[7] 提出采用 Shapley 值测度单个属性的全局重要性.

定义 8.11　μ 是定义在 X 上的模糊测度, 属性 $\{i\}$ 关于模糊测度 μ 的重要性指标或者 Shapley 值定义为

$$I_i=\sum_{k=0}^{n-1}\gamma_k\sum_{\substack{K\subset X\setminus i\\|K|=k}}(\mu_{K\cup i}-\mu_K) \tag{8.47}$$

其中, $\gamma_k=\dfrac{(n-k-1)!k!}{n!}$, $|K|$ 表示集合的势, 并规定 $0!=1$.

定理 8.7[7]　X 内全体属性关于模糊测度 μ 的 Shapley 值用向量 $I=(I_1, I_2,\cdots,I_n)$ 来表示, 则 $\sum\limits_{i=1}^{n}I_i=1$.

对于属性 $\{i\}$ 和 $\{j\}$ 间的交互作用, 仅由 $\mu_{ij}-\mu_i-\mu_j$ 来描述是不完善的, 还要考虑包含 $\{i,j\}$ 的所有子集的模糊测度. Grabisch 给出了两两属性间交互指标的定义.

定义 8.12[7]　属性 $\{i\}$ 和 $\{j\}$ 关于模糊测度 μ 的交互指标定义为

$$I_{ij}=\sum_{k=0}^{n-2}\frac{(n-k-2)!k!}{(n-1)!}\sum_{\substack{K\subset X\setminus\{i,j\}\\|K|=k}}(\mu_{ijK}-\mu_{iK}-\mu_{jK}+\mu_K) \tag{8.48}$$

推论 8.1　当 $n=2$ 时, $I_{ij}=\mu_{ij}-\mu_i-\mu_j$.

证明　当 $n=2$ 时, 由 $|K|=0$ 可知 $K=\phi$, 则

$$I_{ij}=\mu_{ij}-\mu_i-\mu_j$$

因此, 当 $I_{ij}>0$ 时, $\mu_{ij}>\mu_i+\mu_j$, 表示属性 $\{i\}$ 和 $\{j\}$ 是积极合作的; 当 $I_{ij}<0$ 时, $\mu_{ij}<\mu_i+\mu_j$, 表示属性 $\{i\}$ 和 $\{j\}$ 是消极合作的; 当 $I_{ij}=0$ 时, $\mu_{ij}=\mu_i+\mu_j$, 表示属性 $\{i\}$ 和 $\{j\}$ 是彼此独立的. □

定理 8.8[10]　对于交互作用指标 $I_{ij}\in[-1,1]$,

(1) 当模糊测度值为 $\mu(K)=\begin{cases}1, & \{i,j\}\subset K,\\ 0, & \{i,j\}\not\subset K\end{cases}$ 时, I_{ij} 取最大值 $+1$;

(2) 当模糊测度值为 $\mu(K)=\begin{cases}1, & \{i\}\subset K \text{ 或 } \{j\}\subset K,\\ 0, & \{i\}\not\subset K \text{ 且 } \{j\}\not\subset K\end{cases}$ 时, I_{ij} 取最小值 -1.

Choquet 模糊积分作为一种非线性集成算子, 可以有效处理属性间具有交互作用的多属性决策问题. Grabisch 等[26] 利用描述 2 可加模糊测度的单个属性的 Shapley 值 I_i 和两两属性间的交互指标 I_{ij}, 定义了 2 可加 Choquet 模糊积分.

定义 8.13 设 $X=\{x_1,x_2,\cdots,x_n\}$ 为属性集, I_i 和 I_{ij} 是定义在 X 上的 Shapley 值和交互指标, 则函数 $f: X\to\mathbb{R}^+$ 关于 I_i 和 I_{ij} 的 2 可加 Choquet 模糊积分为

$$C_\mu(f)=\sum_{i=1}^{n}I_i f(x_i)-\frac{1}{2}\sum_{\{x_i,x_j\}\subset X}I_{ij}|f(x_i)-f(x_j)| \tag{8.49}$$

由于 2 可加 Choquet 模糊积分算子只涉及单个属性的 Shapley 值 I_i 和两两属性的交互指标 I_{ij}, 特别是 Shapley 值 I_i 满足 $\sum\limits_{i=1}^{n}I_i=1$ 约束条件, 可以在一定程度上降低确定 I_i 的难度. 但是, 要保证利用公式 (8.49) 中的 I_i 和 I_{ij} 所确定的 2 可加模糊测度具有单调性和正则性. 因此当 I_i 给定的情况下, I_{ij} 要满足如下约束条件[21],

$$-2I_i\leqslant\sum_{j\in T^c\backslash\{i\}}I_{ij}-\sum_{j\in T}I_{ij}\leqslant 2I_i \tag{8.50}$$

其中, $\forall T\subseteq X\backslash\{i\}$, T^c 为 T 的补集, 如果 n 为偶数 $|T|<n/2$, 如果 n 为奇数 $|T|<(n+1)/2$.

8.3.2 交互性指标的计算

对于 m 个决策方案的排序, 实质上是这些决策方案的 2 可加 Choquet 模糊积分综合属性值的比较, 即决策方案的 2 可加 Choquet 模糊积分综合属性值越大, 该决策方案越优. 在决策者对各决策方案不存在任何偏好的情况下, 最优的交互指标 I_{ij} 应使各决策方案平等竞争, 且各决策方案的 2 可加 Choquet 模糊积分综合属性值都尽可能地大, 因此可以构建如下多目标优化模型来求解交互指标 I_{ij}.

$$\begin{cases}\max\left(C_\mu(f_1),C_\mu(f_2),\cdots,C_\mu(f_m)\right)\\ \text{s.t.}\ \ -2I_i\leqslant\displaystyle\sum_{j\in T^c\backslash\{x_i\}}I_{ij}-\sum_{j\in T}I_{ij}\leqslant 2I_i,\quad i=1,2,\cdots,n\\ \qquad -1\leqslant I_{ij}\leqslant 1,\quad \{x_i,x_j\}\subset X\end{cases} \tag{8.51}$$

对公式 (8.51) 的求解, 应使每个决策方案的 2 可加 Choquet 模糊积分综合属性值达到最大, 但是在相同的约束条件下, 不可能使每个决策方案的 2 可加 Choquet 模糊积分综合属性值达到最大, 需要各方做出适当的妥协, 得出唯一的最佳妥协解. 最佳妥协解的求解步骤如下.

步骤 1 单独求解第 k $(k=1,2,\cdots,m)$ 个决策方案的最优解.

$$\begin{cases} \max\ C_\mu(f_k) \\ \text{s.t.}\ \ -2I_i \leqslant \displaystyle\sum_{j\in T^c\setminus\{x_i\}} I_{ij} - \sum_{j\in T} I_{ij} \leqslant 2I_i,\ \ i=1,2,\cdots,n \\ \qquad -1 \leqslant I_{ij} \leqslant 1, \quad \{x_i,x_j\}\subset X \end{cases} \tag{8.52}$$

通过其求解, 得单方案的最大目标值, 记为 $C^*_\mu(f_k)$.

步骤 2 构造单目标优化函数

$$J = -\frac{1}{C^*_\mu(f_1)}C_\mu(f_1) - \frac{1}{C^*_\mu(f_2)}C_\mu(f_2) - \cdots - \frac{1}{C^*_\mu(f_m)}C_\mu(f_m) \tag{8.53}$$

步骤 3 通过如下单目标线性规划模型求解最佳妥协解 I_{ij} , $\{x_i,x_j\}\subset X$.

$$\begin{cases} \min\ J \\ \text{s.t.}\ \ -2I_i \leqslant \displaystyle\sum_{j\in T^c\setminus\{x_i\}} I_{ij} - \sum_{j\in T} I_{ij} \leqslant 2I_i,\ \ i=1,2,\cdots,n \\ \qquad -1 \leqslant I_{ij} \leqslant 1, \quad \{x_i,x_j\}\subset X \end{cases} \tag{8.54}$$

8.3.3 决策步骤

设有 m 个决策方案 $D=\{d_1,d_2,\cdots,d_m\}$, n 个决策属性 $X=\{x_1,x_1,\cdots,x_n\}$, 由此得到 m 个决策方案在 n 个决策属性下的决策矩阵

$$\boldsymbol{Y} = \begin{bmatrix} y_1(x_1) & y_1(x_2) & \cdots & y_1(x_n) \\ y_2(x_1) & y_2(x_2) & \cdots & y_2(x_n) \\ \vdots & \vdots & & \vdots \\ y_m(x_1) & y_m(x_2) & \cdots & y_m(x_n) \end{bmatrix}$$

步骤 1 计算各决策属性的相对重要程度;

步骤 2 计算属性集 A 的重要程度;

步骤 3 计算单个决策属性的全局重要程度;

步骤 4 计算单个决策属性的 Shapley 值;

步骤 5 计算两两属性的交互指标;

步骤 6 规范化决策矩阵;

步骤 7 计算决策方案的 2 可加 Choquet 模糊积分综合属性值.

8.3.4 实例应用

有 6 个城市, 分别是北京、上海、合肥、南昌、武汉、重庆, 为了在其中选出最具经济活力的城市, 选取固定资产投资、就业人口、科学技术支出、工业用电和地区生产总值为决策指标, 具体数据如表 8.8.

表 8.8 各城市的经济活力指标数据

	固定资产投资/万元	就业人口/万人	科学技术支出/万元	工业用电/万千瓦时	地区生产总值/万元
北京 (d_1)	39665657	867.45	900816	2754756	93533200
上海 (d_2)	44586098	633.82	1055966	7059000	121888500
合肥 (d_3)	13104272	123.63	20494	311927	13346102
南昌 (d_4)	8198948	118.7	17121	463725	13898920
武汉 (d_5)	17327895	258.75	68080	1385179	31419048
重庆 (d_6)	31615147	563.75	61574	2066928	41225100

步骤 1 确定各决策属性的相对权重.

$$w_1 = 0.1953, \quad w_2 = 0.1983, \quad w_3 = 0.2063, \quad w_4 = 0.1999, \quad w_5 = 0.2001$$

步骤 2 利用马田系统计算决策属性集的重要程度 (表 8.9).

表 8.9 属性集 A 的重要程度

A	η_A	A	η_A	A	η_A	A	η_A
{1,2}	0.4417	{3,4}	0.2466	{1,3,5}	0.5924	{1,2,3,5}	0.7411
{1,3}	0.4995	{3,5}	0.4301	{1,4,5}	0.6262	{1,2,4,5}	0.9223
{1,4}	0.5594	{4,5}	0.3052	{2,3,4}	0.5194	{1,3,4,5}	0.6296
{1,5}	0.5542	{1,2,3}	0.5621	{2,3,5}	0.4672	{2,3,4,5}	0.6765
{2,3}	0.3627	{1,2,4}	0.8804	{2,4,5}	0.5323	{1,2,3,4,5}	1.0000
{2,4}	0.4234	{1,2,5}	0.6480	{3,4,5}	0.5549		
{2,5}	0.3602	{1,3,4}	0.6207	{1,2,3,4}	0.9025		

步骤 3 构建优化模型, 计算单个决策属性的全局重要程度.

$$\eta_1 = 0.3012, \quad \eta_2 = 0.2079, \quad \eta_3 = 0.1293, \quad \eta_4 = 0.2266, \quad \eta_5 = 0.1350$$

步骤 4 计算单个属性的 Shapley 值.

$$I_1 = 0.2955, \quad I_2 = 0.2072, \quad I_3 = 0.1340, \quad I_4 = 0.2276, \quad I_5 = 0.1357$$

步骤 5 计算两两属性的交互指标.

$$
\begin{cases}
\max\ (C_\mu(f_1), C_\mu(f_2), C_\mu(f_3), C_\mu(f_4), C_\mu(f_5), C_\mu(f_6)) \\
\text{s.t.}\ \ 2I_1 \leqslant I_{12} + I_{13} + I_{14} + I_{15} \leqslant 2I_1 \\
\qquad 2I_1 \leqslant I_{12} + I_{14} + I_{15} - I_{12} \leqslant 2I_1 \\
\qquad 2I_1 \leqslant I_{12} + I_{14} + I_{15} + I_{13} \leqslant 2I_1 \\
\qquad\qquad \vdots \\
\qquad 2I_5 \leqslant I_{15} + I_{35} - I_{25} - I_{45} \leqslant 2I_5 \\
\qquad 2I_5 \leqslant I_{15} + I_{25} - I_{35} - I_{45} \leqslant 2I_5 \\
\qquad 1 \leqslant I_{ij} \leqslant -1, \quad \{i, j\} \subset X
\end{cases}
$$

经过优化得到交互指标值, 如表 8.10.

表 8.10　交互指标值

I_{12}	I_{13}	I_{14}	I_{15}	I_{23}	I_{24}	I_{25}	I_{34}	I_{35}	I_{45}
0.0054	0.1576	0.2666	0.1614	0.1104	0.1886	0.1100	0	0	0

步骤 6　规范化决策矩阵得

$$
\mathbf{Z} = \begin{bmatrix}
0.8648 & 1 & 0.8507 & 0.3621 & 0.7388 \\
1 & 0.6880 & 1 & 1 & 1 \\
0.1348 & 0.0066 & 0.0032 & 0 & 0 \\
0 & 0 & 0 & 0.0225 & 0.0051 \\
0.2509 & 0.1870 & 0.0491 & 0.1591 & 0.1665 \\
0.6435 & 0.5944 & 0.0428 & 0.2601 & 0.2568
\end{bmatrix}
$$

步骤 7　计算各决策方案的 2 可加 Choquet 模糊积分综合评价值如下:

$$C_\mu(f_1) = 0.9207, \quad C_\mu(f_2) = 0.9999, \quad C_\mu(f_3) = 0.0824$$

$$C_\mu(f_4) = 0.0116, \quad C_\mu(f_5) = 0.2248, \quad C_\mu(f_6) = 0.6233$$

故 $d_2 \succ d_1 \succ d_6 \succ d_5 \succ d_3 \succ d_4$, 上海为最具经济活力城市.

8.4　基于施密特正交马田系统的模糊积分多属性决策方法

前面提出利用 ϕ_s 转换函数将属性的 Shapley 值转换为 λ 模糊测度, 虽然该方法在一定程度上提高了决策的准确性, 但相应地也提高了计算的复杂性. 利用属性权重值转换 λ 模糊测度[18] 虽然计算简单, 但属性权重应该在属性之间彼此独立的前提下确定, 也就是需要将属性间实际存在的交互性或关联性消除. 目前常用的属性权重确定方法, 如 AHP 法[3]、序关系法[2] 等这类主观确定方法只能假设属性之间是彼此独立的, 而属性间实际存在的交互性或关联性并没有消除. 熵权法[4]、离差最大化法[27] 等这类客观确定方法并不能消除属性间存在的交互性或关联性.

8.4.1 基于施密特正交马田系统的属性权重确定方法

逆矩阵马田系统无法克服属性之间存在的强相关性问题, 为了克服这一缺陷, 田口玄一提出了施密特正交马田系统[28,29]. 该方法通过施密特正交消除属性间的相关性, 无需计算相关矩阵的逆矩阵, 因此可以有效地解决属性间存在的强相关性问题. 另外, 施密特正交马田系统无需使用二水平正交表测度每个属性的重要程度, 可以大大简化计算过程. 本节根据施密特正交马田系统的特征筛选原理, 提出一种计算属性权重的方法, 具体步骤如下:

设 $D=\{d_1,d_2,\cdots,d_m\}$ 为决策方案集, $X=\{x_1,x_2,\cdots,x_n\}$ 为决策属性集, 决策矩阵为

$$\mathbf{X}=\begin{bmatrix} x_{11} & x_{12} & \cdots & x_{1n} \\ x_{21} & x_{22} & \cdots & x_{2n} \\ \vdots & \vdots & & \vdots \\ x_{m1} & x_{m2} & \cdots & x_{mn} \end{bmatrix}$$

步骤 1 根据重要性, 由决策者对属性进行重新排序.

为不失一般性, 设重新排序后的属性为 $x_{(1)} \succ x_{(2)} \succ \cdots \succ x_{(n)}$, 并将决策矩阵 $\mathbf{X}$ 中的列向量重新排序, 得决策矩阵

$$\mathbf{X}'=\begin{bmatrix} x_{(11)} & x_{(12)} & \cdots & x_{(1n)} \\ x_{(21)} & x_{(22)} & \cdots & x_{(2n)} \\ \vdots & \vdots & & \vdots \\ x_{(m1)} & x_{(m2)} & \cdots & x_{(mn)} \end{bmatrix}$$

步骤 2 采用公式 (8.28) 和 (8.29) 构建异常样本

$$\boldsymbol{x}^+=\left(x_{(1)}^+,x_{(2)}^+,\cdots,x_{(n)}^+\right) \tag{8.55}$$

$$\boldsymbol{x}^-=\left(x_{(1)}^-,x_{(2)}^-,\cdots,x_{(n)}^-\right) \tag{8.56}$$

步骤 3 根据异常样本计算属性的均值和标准差

$$\bar{x}_{(j)}=\frac{1}{2}\left(x_{(j)}^+ + x_{(j)}^-\right),\quad s_{(j)}=\sqrt{\left(x_{(j)}^+-\bar{x}_j\right)^2+\left(x_{(j)}^- -\bar{x}_j\right)^2} \tag{8.57}$$

步骤 4 对决策矩阵 $\mathbf{X}'$ 标准化

$$z_{(kj)} = \frac{x_{(kj)} - \bar{x}_{(j)}}{s_{(j)}} \tag{8.58}$$

得标准化样本数据矩阵

$$\mathbf{Z} = \begin{bmatrix} z_{(11)} & z_{(12)} & \cdots & z_{(1n)} \\ z_{(21)} & z_{(22)} & \cdots & z_{(2n)} \\ \vdots & \vdots & & \vdots \\ z_{(m1)} & z_{(m2)} & \cdots & z_{(mn)} \end{bmatrix}$$

步骤 5 对矩阵 $\mathbf{Z}$ 中各列向量进行施密特正交化.

首先, 将 $\mathbf{Z}$ 中的列向量重新记为

$$Z_1 = \begin{bmatrix} z_{(11)} \\ z_{(21)} \\ \vdots \\ z_{(m1)} \end{bmatrix}, \quad Z_j = \begin{bmatrix} z_{(12)} \\ z_{(22)} \\ \vdots \\ z_{(m2)} \end{bmatrix}, \cdots, \quad Z_n = \begin{bmatrix} z_{(1n)} \\ z_{(2n)} \\ \vdots \\ z_{(mn)} \end{bmatrix}$$

然后, 将其施密特正交化, 具体过程如下:

$$\begin{cases} V_1 = Z_1 \\ V_2 = Z_2 - \dfrac{Z_2^{\mathrm{T}} V_1}{V_1^{\mathrm{T}} V_1} V_1 \\ \qquad \vdots \\ V_n = Z_n - \dfrac{Z_n^{\mathrm{T}} V_1}{V_1^{\mathrm{T}} V_1} V_1 - \cdots - \dfrac{Z_n^{\mathrm{T}} V_{n-1}}{V_{n-1}^{\mathrm{T}} V_{n-1}} V_{n-1} \end{cases}$$

最后, 得施密特正交化决策矩阵

$$\mathbf{V} = \begin{bmatrix} v_{(11)} & v_{(12)} & \cdots & v_{(1n)} \\ v_{(21)} & v_{(22)} & \cdots & v_{(2n)} \\ \vdots & \vdots & & \vdots \\ v_{(m1)} & v_{(m2)} & \cdots & v_{(mn)} \end{bmatrix}$$

步骤 6 对决策矩阵 $\mathbf{V}$ 进行如下转化

$$a_{(kj)} = \frac{v_{(kj)}}{\hat{s}_{(j)}^2}, \quad k = 1, 2, \cdots, m, \quad j = 1, 2, \cdots, n \tag{8.59}$$

其中, $\hat{s}^2_{(j)}$ 为决策矩阵 **V** 中第 j 个属性的方差, 得决策矩阵

$$\mathbf{A}=\begin{bmatrix} a_{(11)} & a_{(12)} & \cdots & a_{(1n)} \\ a_{(21)} & a_{(22)} & \cdots & a_{(2n)} \\ \vdots & \vdots & & \vdots \\ a_{(m1)} & a_{(m2)} & \cdots & a_{(mn)} \end{bmatrix}$$

步骤 7 利用公式 (8.60) 对矩阵 **A** 进行规范化得

$$b_{(kj)}=\frac{a_{(kj)}}{\max\limits_{k}\max\limits_{j} a_{(kj)}} \tag{8.60}$$

得决策矩阵

$$\mathbf{B}=\begin{bmatrix} b_{(11)} & b_{(12)} & \cdots & b_{(1n)} \\ b_{(21)} & b_{(22)} & \cdots & b_{(2n)} \\ \vdots & \vdots & & \vdots \\ b_{(m1)} & b_{(m2)} & \cdots & b_{(mn)} \end{bmatrix}$$

步骤 8 计算决策属性的信噪比

$$\eta_{(j)}=-10\log_{10}\left[\frac{1}{m}\sum_{k=1}^{m} b_{(kj)}\right],\quad j=1,2,\cdots,n \tag{8.61}$$

步骤 9 计算决策属性的权重

$$w_{(j)}=\frac{\eta_{(j)}}{\sum\limits_{j=1}^{n}\eta_{(j)}},\quad j=1,2,\cdots,n \tag{8.62}$$

步骤 10 根据属性 $x_{(j)}$ 和 x_j 的对应关系, 得到决策属性 x_j 的权重 w_j.

8.4.2 基于属性权重的 2 可加模糊测度确定方法

关于 2 可加模糊测度的确定方法, 国内外一些学者进行了深入研究, 如 Marichal 等[30] 根据决策者对方案的部分偏好, 通过优化默比乌斯变换系数提出了一种 2 可加模糊测度确定方法; Grabisch[31] 根据决策者对方案的部分偏好, 通过优化单个属性的 Shapley 值和两两属性的交互指标提出了一种 2 可加模糊测度确定方法; Takahagi[20] 根据菱形成对比较法和 ϕ_s 转换函数提出了一种 2 可加模糊测度计算方法. 上述方法虽然在实际应用中取得了良好的效果, 但是原理复杂,

求解较困难. 本节尝试采用施密特正交马田系统计算属性权重, 然后根据属性权重和两两属性间的交互度来确定 2 可加模糊测度.

常用的模糊测度主要有 λ 模糊测度[5] 和 2 可加模糊测度[21], λ 模糊测度虽然计算简单, 但只能表示一种交互作用, 即或者属性间全部表现为积极的交互作用, 或者属性间全部表现为消极的交互作用, 或者属性间彼此独立, 这与复杂的实际决策环境是不相符的. 由于模糊测度具有非可加性, 因此当 $|X| = n$ 时, 需要确定 $2^n - 2$ 个参数, 当 n 较大时, 模糊测度确定起来十分困难. 为了减少参数的个数, Grabisch 从伪布尔函数[32] 和默比乌斯变换[33] 出发, 定义了 2 可加模糊测度, 该模糊测度只需要确定 $n(n+1)/2$ 个参数.

定义 8.14[33] 设 X 为属性集, $\mathcal{P}(X)$ 是 X 的幂集, 集函数 $g : \mathcal{P}(X) \to \mathbb{R}$ 的默比乌斯变换为

$$m_F = \sum_{T \subset F} (-1)^{|F-T|} g_T$$

默比乌斯变换是一种可逆变换, 当 m 给定时可以通过如下变换得到原始的

$$g_F = \sum_{T \subset F} m_T, \quad \forall F \subset X \tag{8.63}$$

如果对于 $\forall F \subset X$, 当 $|F| > 2$ 时, $m_F = 0$, 并且至少存在一个集合 $K \subset X$, 当 $|K| = 2$ 时, $m_K \neq 0$, 则根据公式 (8.63) 可知 2 可加模糊测度 g 可以表示为[21]

$$g_F = \sum_{i \in X} m_i + \sum_{\{i,j\} \subset X} m_{ij}, \quad \forall F \subset X \tag{8.64}$$

定理 8.9[21] 2 可加模糊测度中的默比乌斯变换系数 m_i 和 m_{ij} 要满足如下条件:

(1) $m_\phi = 0$;

(2) $m_i \geqslant 0, \forall i \in X$;

(3) $\sum\limits_{i \in X} m_i + \sum\limits_{\{i,j\} \in X} m_{ij} = 1$;

(4) $m_i + \sum\limits_{j \in F} m_{ij} \geqslant 0, \forall i \in X, \forall F \subset X \backslash \{i\}$.

本节从定义默比乌斯变换系数入手, 利用决策者较为熟悉的权重和相关系数提出一种 2 可加模糊测度确定方法, 具体原理如下:

由式 (8.46) 可知, 默比乌斯变换系数 m_i 和 m_{ij} 满足 $m_i = g_i$, $m_{ij} = g_{ij} - g_i - g_j$. 当 $m_{ij} > 0$ 时, $g_{ij} > g_i + g_j$, 属性 $\{i\}$ 和 $\{j\}$ 表现为积极的交互作用; 当 $m_{ij} = 0$ 时, $g_{ij} = g_i + g_j$, 属性 $\{i\}$ 和 $\{j\}$ 之间相互独立; 当 $m_{ij} < 0$ 时, $g_{ij} < g_i + g_j$, 属性 $\{i\}$ 和 $\{j\}$ 表现为消极的交互作用. 因此, 在确定 m_i 时要考虑

单个属性 $\{i\}$ 的重要程度, 在确定 m_{ij} 时既要考虑单个属性 $\{i\}$ 和 $\{j\}$ 的重要程度, 还要考虑属性 $\{i\}$ 和 $\{j\}$ 之间交互程度. 通过以上分析, 本节对默比乌斯变换系数 m_i 和 m_{ij} 进行如下定义:

定义 8.15 设 $X=\{1,2,\cdots,n\}$ 为属性集, 单个属性 $\{i\}$ 和两两属性 $\{i,j\}$ 的默比乌斯变换系数分别为

$$m_i=\frac{w_i}{P},\quad m_{ij}=\frac{r_{ij}w_iw_j}{P}$$

其中, w_i 为属性 $\{i\}$ 的权重, $0\leqslant w_i\leqslant 1$, $\sum\limits_{i=1}^{n}w_i=1$; r_{ij} 为属性 $\{i\}$ 和 $\{j\}$ 的相关系数, $-1\leqslant r_{ij}\leqslant 1$; $P=\sum\limits_{i\in X}w_i+\sum\limits_{\{i,j\}\subset X}r_{ij}w_iw_j$ 为所有单个属性和两两属性的重要程度之和.

定理 8.10 所有单个属性和两两属性的重要程度之和为

$$\frac{1}{2}+\frac{1}{2}\sum_{i=1}^{n}w_i^2\leqslant P\leqslant\frac{3}{2}-\frac{1}{2}\sum_{i=1}^{n}w_i^2 \tag{8.65}$$

证明 由于 $r_{ij}=r_{ji}$, $\sum\limits_{i=1}^{n}w_i=1$, 故 P 可以进一步写成

$$P=1+\frac{1}{2}\sum_{i=1}^{n}\sum_{j=1,i\neq j}^{n}r_{ij}w_iw_j=1+\frac{1}{2}\sum_{i=1}^{n}\left[w_i\sum_{j=1,i\neq j}^{n}r_{ij}w_j\right]$$

又因为 $-1\leqslant r_{ij}\leqslant 1$, $0\leqslant w_j\leqslant 1$, 故

$$-w_j\leqslant r_{ij}w_j\leqslant w_j,\quad i\neq j \tag{8.66}$$

再将公式 (8.66) 两边对 j 求和得

$$-(1-w_i)\leqslant\sum_{j=1,i\neq j}^{n}r_{ij}w_j\leqslant 1-w_i \tag{8.67}$$

对公式 (8.67) 两边同乘 w_i 得

$$-w_i+w_i^2\leqslant w_i\sum_{j=1,i\neq j}^{n}r_{ij}w_j\leqslant w_i-w_i^2 \tag{8.68}$$

再将公式 (8.68) 两边对 i 求和得

$$-1+\sum_{i=1}^{n}w_i^2\leqslant\sum_{i=1}^{n}\left[w_i\sum_{j=1,i\neq j}^{n}r_{ij}w_j\right]\leqslant 1-\sum_{i=1}^{n}w_i^2$$

故

$$\frac{1}{2}+\frac{1}{2}\sum_{i=1}^{n}w_i^2\leqslant 1+\frac{1}{2}\sum_{i=1}^{n}\left[w_i\sum_{j=1,i\neq j}^{n}r_{ij}w_j\right]\leqslant\frac{3}{2}-\frac{1}{2}\sum_{i=1}^{n}w_i^2$$

即

$$\frac{1}{2}+\frac{1}{2}\sum_{i=1}^{n}w_i^2\leqslant P\leqslant\frac{3}{2}-\frac{1}{2}\sum_{i=1}^{n}w_i^2$$

□

定理 8.11 定义的默比乌斯变换系数 m_i 和 m_{ij} 具有如下性质:

(1) $0\leqslant m_i\leqslant 1,\ i=1,2,\cdots,n$;

(2) $-1\leqslant m_{ij}\leqslant 1,\ i,j=1,2,\cdots,n$.

证明 (1) 由公式 (8.65) 可知

$$\frac{1}{2}+\frac{1}{2}\sum_{i=1}^{n}w_i^2>0,\quad \frac{1}{2}+\frac{1}{2}\sum_{i=1}^{n}w_i^2\leqslant\frac{3}{2}-\frac{1}{2}\sum_{i=1}^{n}w_i^2$$

因此, 证明 $0\leqslant m_i\leqslant 1$, 即 $0\leqslant\dfrac{w_i}{P}\leqslant 1$, 只需要证明 $w_i\leqslant\dfrac{1}{2}+\dfrac{1}{2}\sum\limits_{i=1}^{n}w_i^2$ 即可.

由于

$$\begin{aligned}\left[\frac{1}{2}+\frac{1}{2}\sum_{i=1}^{n}w_i^2\right]-w_i&=\frac{1}{2}\left[1+w_1^2+w_2^2+\cdots+w_{i-1}^2+w_i^2+w_{i+1}^2+\cdots+w_n^2-2w_i\right]\\&=\frac{1}{2}\left[(1-2w_i+w_i^2)+w_1^2+w_2^2+\cdots+w_{i-1}^2+w_{i+1}^2+\cdots+w_n^2\right]\\&=\frac{1}{2}\left[(1-w_i)^2+w_1^2+w_2^2+\cdots+w_{i-1}^2+w_{i+1}^2+\cdots+w_n^2\right]\\&\geqslant 0\end{aligned}$$

故

$$w_i\leqslant\frac{1}{2}+\frac{1}{2}\sum_{i=1}^{n}w_i^2$$

从而可得 $0\leqslant\dfrac{w_i}{P}\leqslant 1$, 即 $0\leqslant m_i\leqslant 1,\ i=1,2,\cdots,n$.

(2) 同性质 (1) 证明原理相似

由于

$$\left[\frac{1}{2}+\frac{1}{2}\sum_{i=1}^{n}w_i^2\right]-w_iw_j=\frac{1}{2}\left[1+w_1^2+w_2^2+\cdots+w_i^2+\cdots+w_j^2+\cdots+w_n^2-2w_iw_j\right]$$

$$\begin{aligned}&=\frac{1}{2}\left[1+w_1^2+w_2^2+\cdots+w_{i-1}^2+w_{i+1}^2+\cdots+w_{j-1}^2\right.\\&\quad\left.+w_{j+1}^2+\cdots+w_n^2+(w_i^2-2w_iw_j+w_j^2)\right]\\&=\frac{1}{2}\left[1+w_1^2+w_2^2+\cdots+w_{i-1}^2+w_{i+1}^2+\cdots+w_{j-1}^2\right.\\&\quad\left.+w_{j+1}^2+\cdots+w_n^2+(w_i-w_j)^2\right]\\&\geqslant 0\end{aligned}$$

故

$$w_iw_j \leqslant \frac{1}{2}+\frac{1}{2}\sum_{i=1}^{n} w_i^2$$

从而可得

$$0 \leqslant \frac{w_iw_j}{P} \leqslant 1$$

又 $-1 \leqslant r_{ij} \leqslant 1$, 因此有

$$-1 \leqslant \frac{r_{ij}w_iw_j}{P} \leqslant 1, \quad 即 -1 \leqslant m_{ij} \leqslant 1$$ □

定理 8.12 定义的 m_i 和 m_{ij} 满足作为 2 可加模糊测度的系数条件:

(1) $m(\varnothing)=0$;

(2) $m_i \geqslant 0, \forall i \in X$;

(3) $\sum\limits_{i\in X} m_i + \sum\limits_{\{i,j\}\subset X} m_{ij} = 1$;

(4) $m_i + \sum\limits_{j\in T} m_{ij} \geqslant 0, \forall i \in X, \forall T \subset X\backslash\{i\}$.

证明 (1) $m(\varnothing)=0$ 显然成立;

(2) 对于 $\forall i \in X$, $m_i \geqslant 0$ 显然成立;

(3) 由于

$$\begin{aligned}\sum_{i\in X} m_i + \sum_{\{i,j\}\subset X} m_{ij} &= \sum_{i\in X}\frac{w_i}{P} + \sum_{\{i,j\}\subset X}\frac{r_{ij}w_iw_j}{P}\\&=\frac{1}{P}\left[\sum_{i\in X} w_i + \sum_{\{i,j\}\subset X} r_{ij}w_iw_j\right]\\&=1\end{aligned}$$

故条件 (3) 显然成立;

(4) 由于

$$m_i + \sum_{j\in F\setminus\{i\}} m_{ij} = \frac{w_i}{P} + \sum_{j\in F\setminus\{i\}} \frac{r_{ij}w_iw_j}{P} = \frac{1}{P}\left[w_i + w_i \sum_{j\in F\setminus\{i\}} r_{ij}w_j\right] = \frac{w_i}{P}\left[1 + \sum_{j\in F\setminus\{i\}} r_{ij}w_j\right]$$

又因为 $-1 \leqslant r_{ij} \leqslant 1$, 故

$$-(1-w_i) \leqslant \sum_{j\in F\setminus\{i\}} r_{ij}w_j \leqslant 1 - w_i$$

从而有

$$\frac{w_i}{P}\left[1 + \sum_{j\in F\setminus\{i\}} r_{ij}w_j\right] \geqslant \frac{w_i}{P}\left[1-(1-w_i)\right] \geqslant \frac{w_i^2}{P} \geqslant 0$$

故

$$m_i + \sum_{j\in F} m_{ij} \geqslant 0, \quad \forall i \in X, \quad \forall F \subset X\setminus\{i\}$$ □

8.4.3 基于 2 可加模糊测度的灰模糊积分关联度决策方法

灰关联度是灰关联分析的基础, 由于它对样本的数量和分布规律不做要求, 并且计算简便, 故广泛应用于多属性决策领域. 自从国内学者邓聚龙教授首次提出邓氏关联度[34] 以来, 大量文献从不同角度提出了很多关联度模型, 但是这些关联度模型的研究重点主要集中在关联系数的构建上, 而如何将这些关联系数进行有效集成, 相关研究则较少. 目前常用的关联系数集成算子, 如算术平均算子和加权平均算子都是基于可加测度的线性算子, 应用它们的前提是属性间相互独立、互不关联, 然而在实际应用中属性间不可避免地存在一定的交互作用或关联作用, 如果不予考虑将导致决策失真, 为此本节提出了灰模糊积分关联度.

定义 8.16[35] 设系统的行为序列为

$$X_0 = (x_0(1), x_0(2), \cdots, x_0(n))$$

$$X_1 = (x_1(1), x_1(2), \cdots, x_1(n))$$

$$\cdots$$

$$X_i = (x_i(1), x_i(2), \cdots, x_i(n))$$

$$\cdots$$

$$X_m = (x_m(1), x_m(2), \cdots, x_m(n))$$

对于 $\rho \in (0,1)$, 称

$$\gamma(x_0(k), x_i(k)) = \frac{\Delta_{\min} + \rho\Delta_{\max}}{\Delta_i(k) + \rho\Delta_{\max}}$$

为序列 X_0 与 X_i 关于第 k 个元素的灰关联系数, 其中,

$$\Delta_{\min} = \min_i \min_k |x_0(k) - x_i(k)|$$

$$\Delta_{\max} = \max_i \max_k |x_0(k) - x_i(k)|$$

$$\Delta_i(k) = |x_0(k) - x_i(k)|$$

称

$$\gamma(X_0, X_i) = \frac{1}{n}\sum_{k=1}^{n} \gamma(x_0(k), x_i(k)) \tag{8.69}$$

为序列 X_0 与 X_i 的灰关联度.

灰关联度满足如下四公理[35]:

(1) 规范性

$$0 < \gamma(X_0, X_i) \leqslant 1, \quad \gamma(X_0, X_i) \Leftarrow X_0 = X_i$$

(2) 整体性

$$\gamma(X_i, X_j) \neq \gamma(X_j, X_i), \quad i \neq j$$

(3) 偶对称性

$$\gamma(X_i, X_j) = \gamma(X_j, X_i) \Leftrightarrow X = \{X_i, X_j\}$$

(4) 接近性

$$|x_0(k) - x_i(k)| \text{越小}, \quad \gamma(x_0(k), x_i(k))\text{越大}$$

从定义 8.16 可知, 传统的灰关联度是定义在算术平均算子基础上的, 应用其决策的前提是属性间相互独立、互不关联, 然而在实际应用中属性间不可避免地

存在一定的交互作用或关联作用. 为此, 本节利用 Choquet 模糊积分算子, 定义灰模糊积分关联度来处理属性间存在的交互性, 如图 8.3.

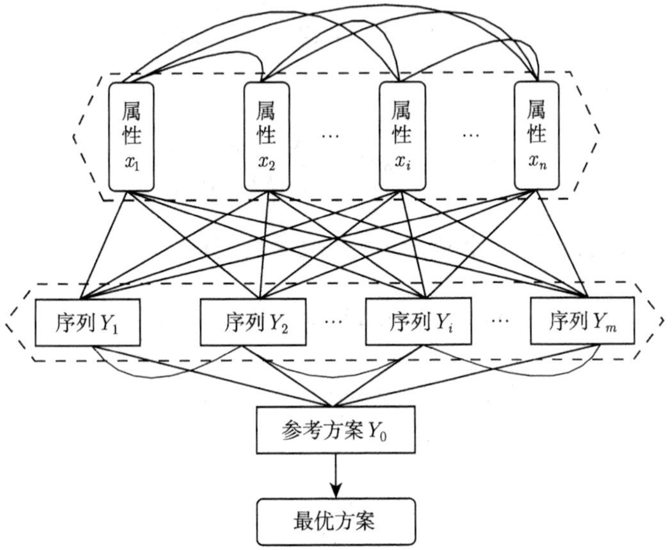

图 8.3 灰模糊积分关联度决策模型

定义 8.17 设 $X = \{x_1, x_2, \cdots, x_n\}$ 为多元系统的 n 个属性, g 是定义在 $(X, \mathcal{P}(X))$ 上的模糊测度, 若多元系统的行为序列为

$$Y_0 = (y_0(x_1), y_0(x_2), \cdots, y_0(x_n))$$

$$Y_1 = (y_1(x_1), y_1(x_2), \cdots, y_1(x_n))$$

$$\cdots$$

$$Y_i = (y_i(x_1), y_i(x_2), \cdots, y_i(x_n))$$

$$\cdots$$

$$Y_m = (y_m(x_1), y_m(x_2), \cdots, y_m(x_n))$$

则对于 $\rho \in (0,1)$, 称

$$\gamma_{0i}(x_k) = \frac{\Delta_{\min} + \rho\Delta_{\max}}{\Delta_i(x_k) + \rho\Delta_{\max}} \tag{8.70}$$

为序列 Y_0 与 Y_i 关于属性 x_k 的灰关联系数, 其中,

$$\Delta_{\min} = \min_i \min_k |y_0(x_k) - y_i(x_k)|, \quad \Delta_{\max} = \max_i \max_k |y_0(x_k) - y_i(x_k)|$$

$$\Delta_i(x_k) = |y_0(x_k) - y_i(x_k)|$$

称

$$\int \gamma(Y_0, Y_i)\mathrm{d}g = \sum_{k=1}^{n} \left[\gamma_{0i}(x_{(k)}) - \gamma_{0i}(x_{(k-1)})\right] g(X_{(k)}) \tag{8.71}$$

为序列 Y_0 与 Y_i 的灰模糊积分关联度, 其中 (k) 为按照 $\gamma_{0i}(x_{(1)}) \leqslant \gamma_{0i}(x_{(2)}) \leqslant \cdots \leqslant \gamma_{0i}(x_{(n)})$ 排序后的下标, $X_{(k)} = \{x_{(k)}, x_{(k+1)}, \cdots, x_{(n)}\}$, $\gamma_{0i}(x_{(0)}) = 0$.

定理 8.13 灰模糊积分关联度满足如下四公理:

(1) 规范性

$$0 < \int \gamma(Y_0, Y_i)\mathrm{d}g \leqslant 1, \quad \int \gamma(Y_0, Y_i)\mathrm{d}g = 1 \Leftarrow Y_0 = Y_i$$

(2) 整体性

$$\int \gamma(Y_i, Y_j)\mathrm{d}g \neq \int \gamma(Y_j, Y_i)\mathrm{d}g, \quad i \neq j$$

(3) 偶对称性

$$\int \gamma(Y_i, Y_j)\mathrm{d}g = \int \gamma(Y_j, Y_i)\mathrm{d}g \Leftrightarrow Y = \{Y_i, Y_j\}$$

(4) 接近性 $|y_0(x_k) - y_i(x_k)|$ 越小, $\gamma_{0i}(x_k)$ 越大.

证明 (1) 规范性 根据公式 (8.70) 知, 若

$$|y_0(x_k) - y_i(x_k)| = \min_i \min_k |y_0(x_k) - y_i(x_k)|$$

可知 $\gamma_{0i}(x_k) = 1$. 若

$$|y_0(x_k) - y_i(x_k)| \neq \min_i \min_k |y_0(x_k) - y_i(x_k)|$$

可知

$$|y_0(x_k) - y_i(x_k)| > \min_i \min_k |y_0(x_k) - y_i(x_k)|$$

进而可知

$$(\Delta_{\min} + \rho\Delta_{\max}) < (\Delta_i(k) + \rho\Delta_{\max})$$

故 $0 < \gamma_{0i}(x_k) \leqslant 1$.

由于

$$0 = \gamma_{0i}(x_{(0)}) < \gamma_{0i}(x_{(1)}) \leqslant \gamma_{0i}(x_{(2)}) \leqslant \cdots \leqslant \gamma_{0i}(x_{(n)}) \leqslant 1$$

故根据模糊测度的有界性和单调性以及 $\phi \subset X_{(n)} \subset X_{(n-1)} \subset \cdots \subset X_{(2)} \subset X_{(1)}$ 可得到

$$0 = g(\phi) < g(X_{(n)}) < g(X_{(n-1)}) < \cdots < g(X_{(2)}) < g(X_{(1)}) = 1$$

因此, 图 8.4 的面积小于 1, 故

$$0 < \int \gamma(Y_0, Y_i)\mathrm{d}g = \sum_{k=1}^{n} \big(\gamma_{0i}(x_{(k)}) - \gamma_{0i}(x_{(k-1)})\big) g(X_{(k)}) < 1$$

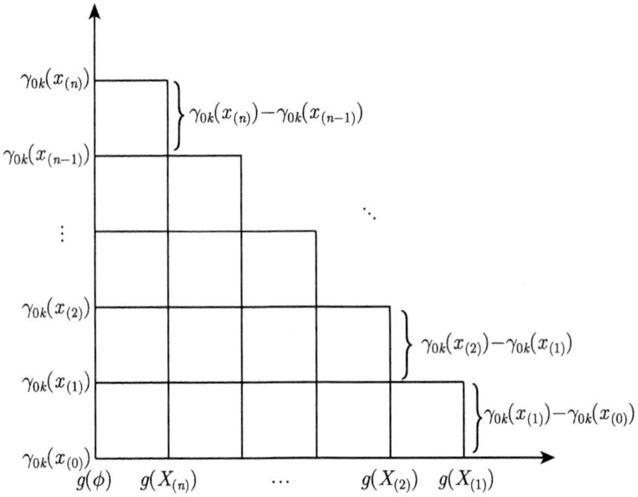

图 8.4　灰模糊积分关联度面积表示

若 $Y_0 = Y_i$, 可知 $\gamma_{0i}(x_1) = \gamma_{0i}(x_2) = \cdots = \gamma_{0i}(x_n)$, 即

$$\gamma_{0i}(x_{(0)}) = \gamma_{0i}(x_{(1)}) = \gamma_{0i}(x_{(2)}) = \cdots = \gamma_{0i}(x_{(n)})$$

由图 8.4 可知, 只有当 $\gamma_{0i}(x_{(0)}) = \gamma_{0i}(x_{(1)}) = \gamma_{0i}(x_{(2)}) = \cdots = \gamma_{0i}(x_{(n)}) = 1$ 时

$$\begin{aligned}\int \gamma(Y_0, Y_i)\mathrm{d}g &= \sum_{k=1}^{n} \big(\gamma_{0i}(x_{(k)}) - \gamma_{0i}(x_{(k-1)})\big) g(X_{(k)}) \\ &= (1-0)g(X_{(1)}) + (1-1)g(X_{(2)}) + \cdots + (1-1)g(X_{(n)}) \\ &= g(X_{(1)})\end{aligned}$$

又因为 $g(X_{(1)}) = g(X) = 1$, 故

$$\int \gamma(Y_0, Y_i)\mathrm{d}g = \sum_{k=1}^{n} \big(\gamma_{0i}(x_{(k)}) - \gamma_{0i}(x_{(k-1)})\big) g(X_{(k)}) = 1$$

综上, 等式成立.

(2) 整体性　一般地

$$\max_i \max_k |y_i(x_k) - y_j(x_k)| \neq \max_j \max_k |y_j(x_k) - y_i(x_k)|$$

同时

$$\min_i \min_k |y_i(x_k) - y_j(x_k)| = \min_j \min_k |y_j(x_k) - y_i(x_k)| = 0$$

又

$$|y_i(x_k) - y_j(x_k)| = |y_j(x_k) - y_i(x_k)|$$

故

$$\{\gamma_{ij}(x_1), \gamma_{ij}(x_2), \cdots, \gamma_{ij}(x_n)\}\text{和}\{\gamma_{ji}(x_1), \gamma_{ji}(x_2), \cdots, \gamma_{ji}(x_n)\}$$

有相同的排序, 即

$$\gamma_{ij}(x_{(1)}) \leqslant \gamma_{ij}(x_{(2)}) \leqslant \cdots \leqslant \gamma_{ij}(x_{(n)}), \quad \gamma_{ji}(x_{(1)}) \leqslant \gamma_{ji}(x_{(2)}) \leqslant \cdots \leqslant \gamma_{ji}(x_{(n)})$$

但是, $\gamma_{ij}(x_{(k)}) \neq \gamma_{ji}(x_{(k)})$, 进而相对应的模糊测度相等

$$g_{ij}(X_{(k)}) = g_{ji}(X_{(k)}), \quad k = 1, 2, \cdots, n$$

由于, $\gamma_{ij}(x_{(0)}) = \gamma_{ji}(x_{(0)}) = 0$ 且 $\gamma_{ij}(x_{(1)}) \neq \gamma_{ji}(x_{(1)})$, 故

$$\sum_{k=1}^{n} [\gamma_{ij}(x_{(k)}) - \gamma_{ij}(x_{(k-1)})] g(X_{(k)}) \neq \sum_{k=1}^{n} [\gamma_{ji}(x_{(k)}) - \gamma_{ji}(x_{(k-1)})] g(X_{(k)})$$

因此

$$\int \gamma(Y_i, Y_j)\mathrm{d}g \neq \int \gamma(Y_j, Y_i)\mathrm{d}g, \quad i \neq j$$

(3) 偶对称性　若 $Y = \{Y_i, Y_j\}$, 可知

$$|y_i(x_k) - y_j(x_k)| = |y_j(x_k) - y_i(x_k)|$$

进而有

$$\gamma_{ij}(x_1) = \gamma_{ij}(x_2) = \cdots = \gamma_{ij}(x_n) = \gamma_{ji}(x_1) = \gamma_{ji}(x_2) = \cdots = \gamma_{ji}(x_n)$$

且 $\{\gamma_{ij}(x_k)\}_{k=1}^n$ 和 $\{\gamma_{ji}(x_k)\}_{k=1}^n$ 有相同的排序, 故相对应的模糊测度相等, 因此

$$\int \gamma(Y_i, Y_j)\mathrm{d}g = \int \gamma(Y_j, Y_i)\mathrm{d}g$$

若 $\int \gamma(Y_i, Y_j)\mathrm{d}g = \int \gamma(Y_j, Y_i)\mathrm{d}g$, 显然 $Y = \{Y_i, Y_j\}$.

(4) 接近性 显然成立.

综上所述, 下面给出决策方法的计算步骤:

步骤 1 利用施密特正交马田系统计算决策属性的权重;

步骤 2 确定两两属性间的交互度;

步骤 3 计算决策属性集的 2 可加模糊测度;

步骤 4 对决策矩阵进行规范化处理;

步骤 5 计算各决策方案同理想方案的灰模糊积分关联度, 并排序.

8.4.4 实例应用

实例 1 有 5 种不同型号的飞机 $D = \{d_1, d_2, \cdots, d_5\}$, 现要从中选出综合效能最佳的飞机型号, 选取购买费用 (x_1)、最大负荷 (x_2)、最大速度 (x_3)、飞行范围 (x_4) 和可靠性 (x_5) 为决策属性, 其决策矩阵为

$$\mathbf{X} = \begin{bmatrix} 5.5 & 20000 & 2.0 & 1500 & 5 \\ 6.5 & 18000 & 2.5 & 2700 & 3 \\ 4.5 & 21000 & 1.8 & 2000 & 7 \\ 5.0 & 20000 & 2.2 & 1800 & 5 \\ 5.3 & 19750 & 2.1 & 2100 & 6 \end{bmatrix}$$

步骤 1 利用施密特正交马田系统计算属性权重.

对决策属性进行重新排序

$$x_5 \succ x_3 \succ x_4 \succ x_2 \succ x_1 \Rightarrow x_{(1)} \succ x_{(2)} \succ x_{(3)} \succ x_{(4)} \succ x_{(5)}$$

并将决策矩阵 **X** 中的列向量重新排序得

$$\mathbf{X}' = \begin{bmatrix} 5 & 2.0 & 1500 & 20000 & 5.5 \\ 3 & 2.5 & 2700 & 18000 & 6.5 \\ 7 & 1.8 & 2000 & 21000 & 4.5 \\ 5 & 2.2 & 1800 & 20000 & 5.0 \\ 6 & 2.1 & 2100 & 19750 & 5.3 \end{bmatrix}$$

确定正负理想方案

$$d^+ = (7, 2.5, 2700, 21000, 6.5)$$

$$d^- = (3, 1.8, 1500, 18000, 4.5)$$

计算属性的均值和标准差, 见表 8.11.

表 8.11 均值和标准差

	x_1	x_2	x_3	x_4	x_5
$\bar{x}$	5.00	2.15	2100	19500	5.50
s	2.83	0.50	848.53	2121.32	1.41

对矩阵 $\mathbf{X}'$ 进行标准化得

$$\mathbf{Z} = \begin{bmatrix} 0 & -0.3030 & -0.7071 & 0.2357 & 0 \\ -0.7071 & 0.7071 & 0.7071 & -0.7071 & 0.7071 \\ 0.7071 & -0.7071 & -0.1179 & 0.7071 & -0.7071 \\ 0 & 0.1010 & -0.3536 & 0.2357 & -0.3536 \\ 0.3536 & -0.1010 & 0 & 0.1179 & -0.1414 \end{bmatrix}$$

对矩阵 $\mathbf{Z}$ 进行施密特正交化得

$$\mathbf{V} = \begin{bmatrix} 0 & -0.3030 & -0.2779 & -0.0371 & 0.0473 \\ -0.7071 & 0.0561 & 0.2609 & 0.0592 & 0.0554 \\ 0.7071 & -0.0561 & 0.3283 & 0.1124 & -0.0284 \\ 0 & 0.1010 & -0.4967 & 0.1550 & 0.0067 \\ 0.3536 & 0.2245 & -0.1347 & -0.1065 & 0.0541 \end{bmatrix}$$

根据矩阵 $\mathbf{V}$ 计算各决策属性的标准差

$$s_1' = 0.5244, \quad s_2' = 0.1991, \quad s_3' = 0.3526, \quad s_4' = 0.1075, \quad s_5' = 0.0369$$

利用公式 (8.59) 对矩阵 $\mathbf{V}$ 进行转化

$$\mathbf{A} = \begin{bmatrix} 0 & 2.3126 & 0.6208 & 0.1197 & 1.5981 \\ 1.8181 & 0.0793 & 0.5472 & 0.3048 & 2.1923 \\ 1.8181 & 0.0793 & 0.8664 & 1.0986 & 0.5761 \\ 0 & 0.2570 & 1.9832 & 2.0891 & 0.0321 \\ 0.4547 & 1.2695 & 0.1459 & 0.9863 & 2.0906 \end{bmatrix}$$

利用公式 (8.60) 对矩阵 **A** 进行规范化处理

$$\mathbf{B}=\begin{bmatrix} 0 & 1 & 0.2684 & 0.0518 & 0.6910 \\ 0.7862 & 0.0343 & 0.2366 & 0.1318 & 0.9480 \\ 0.7862 & 0.0343 & 0.3746 & 0.4750 & 0.2491 \\ 0 & 0.1111 & 0.8576 & 0.9034 & 0.0139 \\ 0.1966 & 0.5489 & 0.0631 & 0.4265 & 0.9040 \end{bmatrix}$$

计算各决策属性的信噪比

$$\eta_1 = 4.5124,\quad \eta_2 = 4.6128,\quad \eta_3 = 4.4363,\quad \eta_4 = 4.0044,\quad \eta_5 = 2.5088$$

计算各决策属性的权重

$$w_{(1)} = 0.2248,\quad w_{(2)} = 0.2298,\quad w_{(3)} = 0.2210,\quad w_{(4)} = 0.1994,\quad w_{(5)} = 0.1250$$

根据排序前后的属性对应关系, 决策属性的权重为

$$w_1 = 0.1250,\quad w_2 = 0.1994,\quad w_3 = 0.2298,\quad w_4 = 0.2210,\quad w_5 = 0.2248$$

步骤 2　计算 $\lambda = -0.99, -0.50, 1, 10, 100$ 时决策属性集的模糊测度, 分别如表 8.12 ～ 表 8.16.

表 8.12　$\lambda = -0.99$ 时 A 的模糊测度值

A	g_A	A	g_A	A	g_A	A	g_A
{ϕ}	0	{1,4}	0.8048	{1,2,3}	0.9314	{2,4,5}	0.9583
{1}	0.4421	{1,5}	0.8084	{1,2,4}	0.9282	{3,4,5}	0.9651
{2}	0.6069	{2,3}	0.8702	{1,2,5}	0.9296	{1,2,3,4}	0.9817
{3}	0.6595	{2,4}	0.8644	{1,3,4}	0.9388	{1,2,3,5}	0.9822
{4}	0.6450	{2,5}	0.8669	{1,3,5}	0.9401	{1,2,4,5}	0.9810
{5}	0.6514	{3,4}	0.8834	{1,4,5}	0.9372	{1,3,4,5}	0.9848
{1,2}	0.7834	{3,5}	0.8856	{2,3,4}	0.9595	{2,3,4,5}	0.9921
{1,3}	0.8130	{4,5}	0.8804	{2,3,5}	0.9604	{1,2,3,4,5}	1.0000

表 8.13　$\lambda = -0.50$ 时 A 的模糊测度值

A	g_A	A	g_A	A	g_A	A	g_A
{ϕ}	0	{1,4}	0.4265	{1,2,3}	0.6380	{2,4,5}	0.7213
{1}	0.1660	{1,5}	0.4306	{1,2,4}	0.6297	{3,4,5}	0.7479
{2}	0.2582	{2,3}	0.5147	{1,2,5}	0.6332	{1,2,3,4}	0.8314
{3}	0.2945	{2,4}	0.5056	{1,3,4}	0.6582	{1,2,3,5}	0.8345
{4}	0.2841	{2,5}	0.5095	{1,3,5}	0.6617	{1,2,4,5}	0.8274
{5}	0.2886	{3,4}	0.5368	{1,4,5}	0.6536	{1,3,4,5}	0.8518
{1,2}	0.4028	{3,5}	0.5406	{2,3,4}	0.7257	{2,3,4,5}	0.9096
{1,3}	0.4361	{4,5}	0.5317	{2,3,5}	0.7290	{1,2,3,4,5}	1.0000

表 8.14 $\lambda=1$ 时 A 的模糊测度值

A	g_A	A	g_A	A	g_A	A	g_A
{ϕ}	0	{1,4}	0.271	{1,2,3}	0.4684	{2,4,5}	0.5639
{1}	0.0905	{1,5}	0.2744	{1,2,4}	0.4593	{3,4,5}	0.5972
{2}	0.1482	{2,3}	0.3465	{1,2,5}	0.4632	{1,2,3,4}	0.7114
{3}	0.1727	{2,4}	0.3382	{1,3,4}	0.4905	{1,2,3,5}	0.7159
{4}	0.1655	{2,5}	0.3418	{1,3,5}	0.4944	{1,2,4,5}	0.7054
{5}	0.1686	{3,4}	0.3668	{1,4,5}	0.4853	{1,3,4,5}	0.7418
{1,2}	0.2521	{3,5}	0.3704	{2,3,4}	0.5693	{2,3,4,5}	0.8339
{1,3}	0.2788	{4,5}	0.3620	{2,3,5}	0.5735	{1,2,3,4,5}	1.0000

表 8.15 $\lambda=10$ 时 A 的模糊测度值

A	g_A	A	g_A	A	g_A	A	g_A
{ϕ}	0	{1,4}	0.1294	{1,2,3}	0.2778	{2,4,5}	0.3697
{1}	0.0350	{1,5}	0.1314	{1,2,4}	0.2700	{3,4,5}	0.4052
{2}	0.0613	{2,3}	0.1799	{1,2,5}	0.2732	{1,2,3,4}	0.5419
{3}	0.0735	{2,4}	0.1740	{1,3,4}	0.2979	{1,2,3,5}	0.5476
{4}	0.0699	{2,5}	0.1765	{1,3,5}	0.3015	{1,2,4,5}	0.5341
{5}	0.0714	{3,4}	0.1948	{1,4,5}	0.2931	{1,3,4,5}	0.5821
{1,2}	0.1178	{3,5}	0.1974	{2,3,4}	0.3755	{2,3,4,5}	0.7150
{1,3}	0.1342	{4,5}	0.1912	{2,3,5}	0.3797	{1,2,3,4,5}	1.0000

表 8.16 $\lambda=100$ 时 A 的模糊测度值

A	g_A	A	g_A	A	g_A	A	g_A
{ϕ}	0	{1,4}	0.0393	{1,2,3}	0.1191	{2,4,5}	0.1861
{1}	0.0078	{1,5}	0.0402	{1,2,4}	0.1138	{3,4,5}	0.2157
{2}	0.0151	{2,3}	0.0625	{1,2,5}	0.1160	{1,2,3,4}	0.3477
{3}	0.0189	{2,4}	0.0595	{1,3,4}	0.1325	{1,2,3,5}	0.3541
{4}	0.0177	{2,5}	0.0608	{1,3,5}	0.1351	{1,2,4,5}	0.3390
{5}	0.0182	{3,4}	0.0701	{1,4,5}	0.1290	{1,3,4,5}	0.3918
{1,2}	0.0347	{3,5}	0.0715	{2,3,4}	0.1909	{2,3,4,5}	0.5566
{1,3}	0.0414	{4,5}	0.0681	{2,3,5}	0.1946	{1,2,3,4,5}	1.0000

步骤 3 对决策矩阵 $\mathbf{X}$ 进行规范化:

$$\mathbf{Z}=\begin{bmatrix} 0.2857 & 0 & 0.6667 & 0.5000 & 0.5000 \\ 1 & 1 & 0 & 0 & 0 \\ 0 & 0.4167 & 1 & 1 & 1 \\ 0.5714 & 0.2500 & 0.6667 & 0.7500 & 0.5000 \\ 0.4286 & 0.5000 & 0.5833 & 0.6000 & 0.7500 \end{bmatrix}$$

得到理想方案为 $d^+=(1,1,1,1,1)$.

步骤 4　计算各决策方案同理想方案的灰关联系数矩阵

$$\gamma = \begin{bmatrix} 0.4118 & 0.3333 & 0.6000 & 0.5000 & 0.5000 \\ 1 & 1 & 0.3333 & 0.3333 & 0.3333 \\ 0.3333 & 0.4616 & 1 & 1 & 1 \\ 0.5384 & 0.4000 & 0.6000 & 0.6667 & 0.5000 \\ 0.4667 & 0.5000 & 0.5454 & 0.5556 & 0.6667 \end{bmatrix}$$

步骤 5　计算理想方案同各决策方案在不同交互度下的灰模糊积分关联度，见表 8.17.

表 8.17　灰模糊积分关联度及排序

λ	d_1	d_2	d_3	d_4	d_5	排序
−0.99	0.5617	0.8556	0.9802	0.6320	0.6249	$d_3 \succ d_2 \succ d_4 \succ d_5 \succ d_1$
−0.50	0.4956	0.6018	0.8527	0.5625	0.5684	$d_3 \succ d_2 \succ d_4 \succ d_5 \succ d_1$
0	0.4787	0.5496	0.8093	0.5447	0.5560	$d_3 \succ d_2 \succ d_4 \succ d_5 \succ d_1$
1	0.4615	0.5014	0.7618	0.5266	0.5440	$d_3 \succ d_2 \succ d_4 \succ d_5 \succ d_1$
10	0.4221	0.4118	0.6432	0.4863	0.5188	$d_3 \succ d_5 \succ d_4 \succ d_1 \succ d_2$
100	0.3850	0.3564	0.5208	0.4498	0.4977	$d_3 \succ d_5 \succ d_4 \succ d_1 \succ d_2$

从表 8.17 可以看出，最佳型号的飞机为 d_3，因为当决策属性间分别表现为消极合作、相互独立、积极合作时，该型号飞机的灰模糊积分关联度值都可以达到最大.

实例 2　以公租房保障家庭退出评估为例，我国实施公租房制度以来，越来越多的低收入人群解决了住房问题，但是随之而来的“拒退”和“骗租”现象导致公租房退出机制失灵，公共资源被占用. 为全面评估公租房保障家庭的经济状况，做到应退尽退，某市从消费水平 (x_1)、家庭年均收入 (x_2)、家庭成员工作状况 (x_3)、家庭总资产 (x_4) 等 4 个维度对 5 个保障家庭 d_1, d_2, d_3, d_4 和 d_5 的经济状况进行全面评估，其中 x_1 的数据通过社区评估获得，x_2, x_3 和 x_4 的数据通过保障家庭申报获得. 具体评估数据如下:

$$\mathbf{X} = \begin{bmatrix} 14000 & 350000 & 0.60 & 0.84 \\ 32000 & 110000 & 0.72 & 0.70 \\ 25000 & 270000 & 0.45 & 0.85 \\ 9000 & 180000 & 0.80 & 0.52 \\ 18500 & 160000 & 0.91 & 0.48 \end{bmatrix}$$

步骤 1　确定两两属性间的交互关系和交互度.

对属性 x_1, x_2, x_3 和 x_4 之间存在的交互关系进行分析, 经过专家反复讨论, 得到两两属性 $\{x_i, x_j\}$ 之间的交互关系和交互度, 具体见表 8.18.

表 8.18 交互关系及交互度

$\{x_i, x_j\}$	交互关系	ξ_{ij}
$\{x_1, x_2\}$	互补性	0.25
$\{x_1, x_3\}$	互补性	0.40
$\{x_1, x_4\}$	互补性	0.45
$\{x_2, x_3\}$	重复性	−0.65
$\{x_2, x_4\}$	重复性	−0.85
$\{x_3, x_4\}$	重复性	−0.70

步骤 2 计算单个属性的主观权重.

首选, 按照重要性对属性进行排序

$$x_2 \succ x_4 \succ x_1 \succ x_3 \Rightarrow x_{(1)} \succ x_{(2)} \succ x_{(3)} \succ x_{(4)}$$

然后, 参照表 8.19 对属性 $x_{(i-1)}$ 与 $x_{(i)}$ 之间的相对重要程度进行打分.

表 8.19 赋值参考表

$\omega_{(i-1)}/\omega_{(i)}$	说明
1.0	指标 $x_{(i-1)}$ 与指标 $x_{(i)}$ 同样重要
1.2	指标 $x_{(i-1)}$ 比指标 $x_{(i)}$ 稍微重要
1.4	指标 $x_{(i-1)}$ 比指标 $x_{(i)}$ 明显重要
1.6	指标 $x_{(i-1)}$ 比指标 $x_{(i)}$ 强烈重要
1.8	指标 $x_{(i-1)}$ 比指标 $x_{(i)}$ 极端重要

得到各属性之间的比重关系如下:

$$\frac{\omega_{(1)}}{\omega_{(2)}} = 1.2, \quad \frac{\omega_{(2)}}{\omega_{(3)}} = 1.6, \quad \frac{\omega_{(3)}}{\omega_{(4)}} = 1.4$$

最后, 计算属性的主观权重分别为

$$\omega_1 = 0.1910, \quad \omega_2 = 0.3668, \quad \omega_1 = 0.1365, \quad \omega_4 = 0.3057$$

步骤 3 计算单个属性的客观权重.

首先, 对矩阵 **X** 进行规范化得

$$\mathbf{Z} = \begin{bmatrix} 0.2920 & 0.0134 & 0.1892 & 0.3801 \\ 0.2920 & 0.3576 & 0.0288 & 0.1127 \\ 0.0325 & 0.2200 & 0.0347 & 0.1729 \\ 0.0507 & 0.0860 & 1.0000 & 0.0358 \\ 0.0994 & 0.1220 & 0.0236 & 0.1440 \end{bmatrix}$$

然后, 计算单个属性的重要程度

$$\eta_1 = 8.1439, \quad \eta_2 = 7.9643, \quad \eta_3 = 5.9298, \quad \eta_4 = 7.7190$$

最后, 计算单个属性的客观权重

$$\varpi_1 = 0.1993, \quad \varpi_2 = 0.2737, \quad \varpi_3 = 0.2594, \quad \varpi_4 = 0.2676$$

步骤 4 计算单个属性的综合权重.

$$w_1 = 0.1489, \quad w_2 = 0.3927, \quad w_3 = 0.1385, \quad w_4 = 0.3200$$

步骤 5 计算属性的默比乌斯变换系数, 见表 8.20.

表 8.20 默比乌斯变换系数

m_1	m_2	m_3	m_4	m_{12}	m_{13}	m_{14}	m_{23}	m_{24}	m_{34}
0.1709	0.4508	0.1590	0.3673	0.0168	0.0095	0.0246	−0.0406	−0.1226	−0.0356

步骤 6 计算 2 可加模糊测度.

表 8.21 2 可加模糊测度

K	μ_K	K	μ_K	K	μ_K	K	μ_K
{ϕ}	0	{4}	0.3673	{2,3}	0.5692	{1,2,4}	0.9079
{1}	0.1709	{1,2}	0.6385	{2,4}	0.6955	{1,3,4}	0.6957
{2}	0.4508	{1,3}	0.3394	{3,4}	0.4907	{2,3,4}	0.7783
{3}	0.1590	{1,4}	0.5629	{1,2,3}	0.7664	{1,2,3,4}	1.0000

步骤 7 计算灰关联系数矩阵.

$$\gamma = \begin{bmatrix} 0.3898 & 1.0000 & 0.4259 & 0.9488 \\ 1.0000 & 0.3333 & 0.5476 & 0.5522 \\ 0.6217 & 0.6000 & 0.3333 & 1.0000 \\ 0.3333 & 0.4138 & 0.6765 & 0.3592 \\ 0.4600 & 0.3871 & 1.0000 & 0.3333 \end{bmatrix}$$

步骤 8 计算各决策方案的灰模糊积分关联度分别为

$$\int \gamma(d_0, d_1)\mathrm{d}g = 0.6088, \quad \int \gamma(d_0, d_2)\mathrm{d}g = 0.6436, \quad \int \gamma(d_0, d_3)\mathrm{d}g = 0.7266$$

$$\int \gamma(d_0, d_4)\mathrm{d}g = 0.4263, \quad \int \gamma(d_0, d_5)\mathrm{d}g = 0.4807$$

故 $d_2 \succ d_3 \succ d_1 \succ d_5 \succ d_4$, 保障家庭 d_2 经济状况最好, 需要退出公租房.

8.5 基于区间马田系统的模糊积分多属性决策方法

传统马田系统只能测度实数型样本数据的属性重要程度, 而在实际应用中由于观测误差、信息不完备等原因, 经常需要用区间数据来表示样本的观测值. 本节在区间马田系统的基础上构建一种区间属性模糊测度确定方法.

8.5.1 决策方法

设 $X=\{x_1,x_2,\cdots,x_p\}$ 为区间属性集, n 个正常样本和 m 个异常样本构成的区间样本矩阵分别为

$$[\mathbf{X}]=\begin{bmatrix} [x_{11}^L,x_{11}^U] & [x_{12}^L,x_{12}^U] & \cdots & [x_{1p}^L,x_{1p}^U] \\ [x_{21}^L,x_{21}^U] & [x_{22}^L,x_{22}^U] & \cdots & [x_{2p}^L,x_{2p}^U] \\ \vdots & \vdots & & \vdots \\ [x_{n1}^L,x_{n1}^U] & [x_{n2}^L,x_{n2}^U] & \cdots & [x_{np}^L,x_{np}^U] \end{bmatrix}$$

$$[\mathbf{Y}]=\begin{bmatrix} [y_{11}^L,y_{11}^U] & [y_{12}^L,y_{12}^U] & \cdots & [y_{1p}^L,y_{1p}^U] \\ [y_{21}^L,b_{21}^U] & [y_{22}^L,y_{22}^U] & \cdots & [y_{2p}^L,y_{2p}^U] \\ \vdots & \vdots & & \vdots \\ [y_{m1}^L,y_{m1}^U] & [y_{m2}^L,y_{m2}^U] & \cdots & [y_{mp}^L,y_{mp}^U] \end{bmatrix}$$

步骤 1 根据区间样本矩阵 [**X**] 分别计算区间属性的均值、标准差和协方差

$$\bar{x}_j=\frac{1}{2n}\sum_{k=1}^{n}\left(x_{kj}^U+x_{kj}^L\right) \tag{8.72}$$

$$s_j=\sqrt{\frac{1}{3n}\sum_{k=1}^{n}\left((x_{kj}^U)^2x_{kj}^Ux_{kj}^L+(x_{kj}^L)^2\right)-\frac{1}{4n^2}\sum_{k=1}^{n}\left(x_{kj}^L+x_{kj}^U\right)} \tag{8.73}$$

$$s_{ij}=\frac{1}{4n}\sum_{k=1}^{n}(x_{ki}^L+x_{ki}^U)(x_{kj}^L+x_{kj}^U)-\frac{1}{4n^2}\left[\sum_{k=1}^{n}(x_{ki}^L+x_{ki}^U)\right]\left[\sum_{k=1}^{n}(x_{kj}^L+x_{kj}^U)\right] \tag{8.74}$$

然后计算相关系数矩阵

$$\mathbf{R}=\begin{bmatrix}1 & \dfrac{s_{12}}{s_1s_2} & \cdots & \dfrac{s_{1p}}{s_1s_p}\\ \dfrac{s_{21}}{s_2s_1} & 1 & \cdots & \dfrac{s_{2p}}{s_2s_p}\\ \vdots & \vdots & & \vdots\\ \dfrac{s_{p1}}{s_ps_1} & \dfrac{s_{p2}}{s_ps_2} & \cdots & 1\end{bmatrix}$$

步骤 2 对区间样本矩阵 $[\mathbf{Y}]$ 标准化.

$$[z_{kj}^L, z_{kj}^U]=\left[\frac{y_{kj}^L-\bar{x}_j}{s_j}, \frac{y_{kj}^U-\bar{x}_j}{s_j}\right] \tag{8.75}$$

得标准化区间样本矩阵

$$[\mathbf{Z}]=\begin{bmatrix}[z_{11}^L, z_{11}^U] & [z_{12}^L, z_{12}^U] & \cdots & [z_{1p}^L, z_{1p}^U]\\ [z_{21}^L, z_{21}^U] & [z_{22}^L, z_{22}^U] & \cdots & [z_{2p}^L, z_{2p}^U]\\ \vdots & \vdots & & \vdots\\ [z_{m1}^L, z_{m1}^U] & [z_{m2}^L, z_{m2}^U] & \cdots & [z_{mp}^L, z_{mp}^U]\end{bmatrix}$$

步骤 3 利用属性集 $A\in\mathcal{P}(X)$ 计算 $[\mathbf{Z}]$ 中各样本的区间马氏距离

$$\mathrm{IMD}_{A,k}=\left[\mathrm{MD}_{A,k}^L, \mathrm{MD}_{A,k}^U\right], \quad k=1,2,\cdots,m \tag{8.76}$$

其中

$$\mathrm{MD}_{A,k}^L=\sqrt{\frac{1}{p}\boldsymbol{z}_{A,k}^L\mathbf{R}_A^{-1}(\boldsymbol{z}_{A,k}^L)^{\mathrm{T}}}, \quad \mathrm{MD}_{A,k}^U=\sqrt{\frac{1}{p}\boldsymbol{z}_{A,k}^U\mathbf{R}_A^{-1}(\boldsymbol{z}_{A,k}^U)^{\mathrm{T}}}$$

其中, $z_{A,k}^L$ 和 $z_{A,k}^U$ 分别是由属性集 A 确定的第 k 个区间样本向量的下限和上限向量, $\mathbf{R}_A$ 是由属性集 A 确定的相关系数矩阵.

步骤 4 规范化区间马氏距离.

$$\overline{\mathrm{IMD}}_{A,k}^L=\frac{\mathrm{MD}_{A,k}^L}{\min\left(\min\limits_k\min\limits_A\mathrm{MD}_{A,k}^L, \min\limits_k\min\limits_A\mathrm{MD}_{A,k}^U\right)} \tag{8.77}$$

$$\overline{\mathrm{IMD}}_{A,k}^U=\frac{\mathrm{MD}_{A,k}^U}{\min\left(\min\limits_k\min\limits_A\mathrm{MD}_{A,k}^L, \min\limits_k\min\limits_A\mathrm{MD}_{A,k}^U\right)} \tag{8.78}$$

步骤 5 计算区间属性集 A 的重要程度.

$$\eta_A = -10\log_{10}\left[\frac{1}{m}\sum_{k=1}^{m}\frac{1}{\overline{\mathrm{IMD}}_{A,k}^{U}\overline{\mathrm{IMD}}_{A,k}^{L}}\right]$$

步骤 6 计算区间属性集 A 的模糊测度.

$$g_A = \frac{\eta_A}{\eta_X}, \quad A \in \mathcal{P}(X) \tag{8.79}$$

8.5.2 实例应用

某市交通科研所提出 d_1, d_2, d_3 和 d_4 四种城市公交线网的优化调整方案, 然后要求交通部门在这四种方案中选出一种最佳方案. 其中考察的指标有“公交企业经济效益 (x_1)”、“线网覆盖率 (x_2)”、“线路网络日均满载率 (x_3)”、“乘客直达率 (x_4)” 和 “乘客总出行时间 (x_5)”, 四种方案的区间数决策矩阵为

$$[\mathbf{X}] = \begin{bmatrix} [1762.3, 1886.1] & [51.3, 59.5] & [55, 60] & [57.8, 60.5] & [31, 35] \\ [998.3, 1007.5] & [71.3, 75.5] & [35, 40] & [53.2, 55.5] & [17, 20] \\ [1235.3, 1356.8] & [42.2, 50.2] & [85, 90] & [43.3, 45.5] & [27, 30] \\ [498.3, 566.6] & [61.7, 65.8] & [45, 50] & [48.7, 50.6] & [23, 25] \end{bmatrix}$$

步骤 1 构造异常样本区间矩阵 $[\mathbf{Y}]$.

$$[\mathbf{Y}] = \begin{bmatrix} [1762.3, 1886.1] & [71.3, 75.5] & [85, 90] & [57.8, 60.5] & [17, 20] \\ [498.3, 566.6] & [42.2, 50.2] & [35, 40] & [43.3, 45.5] & [31, 35] \end{bmatrix}$$

步骤 2 计算区间矩阵 $[\mathbf{X}]$ 的相关系数矩阵.

$$\mathbf{R} = \begin{bmatrix} 1 & -0.0309 & 0.0445 & 0.0184 & 0.0558 \\ -0.0309 & 1 & -0.0492 & 0.0075 & -0.0273 \\ 0.0445 & -0.0492 & 1 & -0.0200 & 0.0383 \\ 0.0184 & 0.0075 & -0.0200 & 1 & 0.0033 \\ 0.0558 & -0.0273 & 0.0383 & 0.0033 & 1 \end{bmatrix}$$

步骤 3 对区间矩阵 $[\mathbf{Y}]$ 进行中心化.

$$[\mathbf{Z}] = \begin{bmatrix} [0.48, 0.58] & [0.19, 0.26] & [0.45, 0.54] & [0.11, 0.17] & [-0.34, -0.23] \\ [-0.53, -0.48] & [-0.29, -0.16] & [-0.37, -0.29] & [-0.17, -0.12] & [0.19, 0.34] \end{bmatrix}$$

步骤 4　根据属性集 $A \in \mathcal{P}(X)$ 计算异常样本的区间马氏距离, 如表 8.22.

表 8.22　异常样本的区间马氏距离

A	$\mathrm{IMD}_{A,1}$	$\mathrm{IMD}_{A,2}$	A	$\mathrm{IMD}_{A,1}$	$\mathrm{IMD}_{A,2}$
{ϕ}	[0.0000, 0.0000]	[0.0000, 0.0000]	{1,2,3}	[0.3059, 0.3707]	[0.3186, 0.2581]
{1}	[0.2133, 0.2573]	[0.2373, 0.2128]	{1,2,4}	[0.2369, 0.2941]	[0.2821, 0.2319]
{2}	[0.0854, 0.1166]	[0.1292, 0.0700]	{1,2,5}	[0.2832, 0.3074]	[0.2897, 0.2784]
{3}	[0.2037, 0.2406]	[0.1667, 0.1296]	{1,3,4}	[0.2929, 0.3526]	[0.2933, 0.2502]
{4}	[0.0510, 0.0742]	[0.0742, 0.0548]	{1,3,5}	[0.3354, 0.3665]	[0.3023, 0.2968]
{5}	[0.1520, 0.1015]	[0.0843, 0.1520]	{1,4,5}	[0.2731, 0.2907]	[0.2659, 0.2737]
{1,2}	[0.2324, 0.2860]	[0.2739, 0.2263]	{2,3,4}	[0.2315, 0.2839]	[0.2291, 0.1609]
{1,3}	[0.2884, 0.3448]	[0.2841, 0.2443]	{2,3,5}	[0.2746, 0.2933]	[0.2332, 0.2161]
{1,4}	[0.2184, 0.2665]	[0.2472, 0.2189]	{2,4,5}	[0.1797, 0.1691]	[0.1691, 0.1744]
{1,5}	[0.2691, 0.2821]	[0.2565, 0.2687]	{3,4,5}	[0.2648, 0.2764]	[0.2049, 0.2117]
{2,3}	[0.2249, 0.2729]	[0.2161, 0.1507]	{1,2,3,4}	[0.3100, 0.3778]	[0.3266, 0.2634]
{2,4}	[0.0990, 0.1378]	[0.1483, 0.0889]	{1,2,3,5}	[0.3494, 0.3899]	[0.3339, 0.3071]
{2,5}	[0.1723, 0.1526]	[0.1526, 0.1655]	{1,2,4,5}	[0.2969, 0.3150]	[0.2977, 0.2830]
{3,4}	[0.2110, 0.2532]	[0.1836, 0.1418]	{1,3,4,5}	[0.3394, 0.3739]	[0.3110, 0.3018]
{3,5}	[0.2588, 0.2648]	[0.1879, 0.2035]	{2,3,4,5}	[0.2800, 0.3035]	[0.2454, 0.2236]
{4,5}	[0.1603, 0.1257]	[0.1122, 0.1616]	{1,2,3,4,5}	[0.3555, 0.3967]	[0.3416, 0.3118]

步骤 5　对区间马氏距离进行规范化, 如表 8.23.

表 8.23　异常样本的规范化区间马氏距离

A	$\overline{\mathrm{IMD}}_{A,1}$	$\overline{\mathrm{IMD}}_{A,2}$	A	$\overline{\mathrm{IMD}}_{A,1}$	$\overline{\mathrm{IMD}}_{A,2}$
{ϕ}	[0.0000, 0.0000]	[0.0000, 0.0000]	{1,2,3}	[6.0000, 7.2695]	[6.2481, 5.0612]
{1}	[4.1833, 5.0459]	[4.6534, 4.1741]	{1,2,4}	[4.6451, 5.7679]	[5.5331, 4.5489]
{2}	[1.6756, 2.2871]	[2.5344, 1.3728]	{1,2,5}	[5.5539, 6.0288]	[5.6806, 5.4596]
{3}	[3.9952, 4.7190]	[3.2699, 2.5420]	{1,3,4}	[5.7446, 6.9143]	[5.7513, 4.9068]
{4}	[1.0000, 1.4544]	[1.4544, 1.0742]	{1,3,5}	[6.5779, 7.1871]	[5.9291, 5.8210]
{5}	[2.9807, 1.9904]	[1.6525, 2.9807]	{1,4,5}	[5.3565, 5.7009]	[5.2146, 5.3673]
{1,2}	[4.5573, 5.6091]	[5.3709, 4.4376]	{2,3,4}	[4.5404, 5.5678]	[4.4936, 3.1562]
{1,3}	[5.6569, 6.7625]	[5.5712, 4.7918]	{2,3,5}	[5.3852, 5.7513]	[4.5742, 4.2381]
{1,4}	[4.2832, 5.2257]	[4.8477, 4.2922]	{2,4,5}	[3.5246, 3.3166]	[3.3166, 3.4194]
{1,5}	[5.2769, 5.5331]	[5.0307, 5.2697]	{3,4,5}	[5.1925, 5.4208]	[4.0192, 4.1510]
{2,3}	[4.4115, 5.3529]	[4.2381, 2.9548]	{1,2,3,4}	[6.0796, 7.4084]	[6.4061, 5.1665]
{2,4}	[1.9415, 2.7033]	[2.9089, 1.7431]	{1,2,3,5}	[6.8528, 7.6460]	[6.5486, 6.0224]
{2,5}	[3.3798, 2.9936]	[2.9936, 3.2463]	{1,2,4,5}	[5.6262, 6.1769]	[5.8375, 5.5505]
{3,4}	[4.1371, 4.9653]	[3.6002, 2.7804]	{1,3,4,5}	[6.6564, 7.3328]	[6.0985, 5.9193]
{3,5}	[5.0763, 5.1925]	[3.7210, 3.9904]	{2,3,4,5}	[5.4913, 5.9517]	[4.8118, 4.3853]
{4,5}	[3.1440, 2.4651]	[2.2014, 3.1684]	{1,2,3,4,5}	[6.9725, 7.7806]	[6.6996, 6.1143]

步骤 6 计算区间属性集 A 的重要程度.

表 8.24 区间属性集 A 的重要程度

A	η_A	A	η_A	A	η_A	A	η_A
$\{\phi\}$	0	{1,4}	13.3378	{1,2,3}	15.6424	{2,4,5}	10.6118
{1}	13.0602	{1,5}	14.4387	{1,2,4}	14.1423	{3,4,5}	13.2118
{2}	5.6196	{2,3}	12.1395	{1,2,5}	15.0788	{1,2,3,4}	15.8156
{3}	10.6211	{2,4}	7.1247	{1,3,4}	15.1847	{1,2,3,5}	16.5325
{4}	1.7795	{2,5}	9.9624	{1,3,5}	16.0096	{1,2,4,5}	15.2550
{5}	7.3098	{3,4}	11.2907	{1,4,5}	14.6549	{1,3,4,5}	16.1808
{1,2}	13.9213	{3,5}	12.7866	{2,3,4}	12.5938	{2,3,4,5}	14.0900
{1,3}	14.9758	{4,5}	8.6582	{2,3,5}	13.7741	{1,2,3,4,5}	16.6913

步骤 7 计算区间属性集 A 的模糊测度.

表 8.25 区间属性集 A 的模糊测度

A	g_A	A	g_A	A	g_A	A	g_A
$\{\phi\}$	0	{1,4}	0.7991	{1,2,3}	0.9372	{2,4,5}	0.6358
{1}	0.7825	{1,5}	0.8650	{1,2,4}	0.8473	{3,4,5}	0.7915
{2}	0.3367	{2,3}	0.7273	{1,2,5}	0.9034	{1,2,3,4}	0.9475
{3}	0.6363	{2,4}	0.4269	{1,3,4}	0.9097	{1,2,3,5}	0.9905
{4}	0.1066	{2,5}	0.5969	{1,3,5}	0.9592	{1,2,4,5}	0.9140
{5}	0.4379	{3,4}	0.6764	{1,4,5}	0.8780	{1,3,4,5}	0.9694
{1,2}	0.8340	{3,5}	0.7661	{2,3,4}	0.7545	{2,3,4,5}	0.8442
{1,3}	0.8972	{4,5}	0.5187	{2,3,5}	0.8252	{1,2,3,4,5}	1.0000

为验证表 8.25 中模糊测度的有效性, 下面给出各区间属性的客观权重如下:

$$w_1 = 0.3254, \quad w_2 = 0.1456, \quad w_3 = 0.2595, \quad w_4 = 0.0920, \quad w_5 = 0.1774$$

选取 $\lambda = -0.99$, $\lambda = -0.5$, $\lambda = 1$ 和 $\lambda = 10$, 利用 ϕ_s 转换函数计算模糊测度 (表 8.26 ~ 表 8.29).

表 8.26 区间属性集 A 的模糊测度 ($\lambda = -0.99$)

A	g_A	A	g_A	A	g_A	A	g_A
$\{\phi\}$	0	{1,4}	0.8623	{1,2,3}	0.9752	{2,4,5}	0.8607
{1}	0.7844	{1,5}	0.9104	{1,2,4}	0.9345	{3,4,5}	0.9217
{2}	0.4935	{2,3}	0.8537	{1,2,5}	0.9591	{1,2,3,4}	0.9872
{3}	0.7044	{2,4}	0.6719	{1,3,4}	0.9654	{1,2,3,5}	0.9947
{4}	0.3489	{2,5}	0.7819	{1,3,5}	0.9799	{1,2,4,5}	0.9767
{5}	0.5639	{3,4}	0.8099	{1,4,5}	0.9448	{1,3,4,5}	0.9903
{1,2}	0.8947	{3,5}	0.8750	{2,3,4}	0.9077	{2,3,4,5}	0.9649
{1,3}	0.9418	{4,5}	0.7180	{2,3,5}	0.9410	{1,2,3,4,5}	1.0000

表 8.27　区间属性集 A 的模糊测度 ($\lambda = -0.5$)

A	g_A	A	g_A	A	g_A	A	g_A
{ϕ}	0	{1,4}	0.5025	{1,2,3}	0.7946	{2,4,5}	0.5000
{1}	0.4039	{1,5}	0.5885	{1,2,4}	0.6462	{3,4,5}	0.6138
{2}	0.1920	{2,3}	0.4896	{1,2,5}	0.7240	{1,2,3,4}	0.8691
{3}	0.3293	{2,4}	0.3037	{1,3,4}	0.7490	{1,2,3,5}	0.9341
{4}	0.1236	{2,5}	0.4012	{1,3,5}	0.8209	{1,2,4,5}	0.8029
{5}	0.2314	{3,4}	0.4325	{1,4,5}	0.6757	{1,3,4,5}	0.8937
{1,2}	0.5571	{3,5}	0.5226	{2,3,4}	0.5829	{2,3,4,5}	0.7469
{1,3}	0.6666	{4,5}	0.3407	{2,3,5}	0.6644	{1,2,3,4,5}	1.0000

表 8.28　区间属性集 A 的模糊测度 ($\lambda = 1$)

A	g_A	A	g_A	A	g_A	A	g_A
{ϕ}	0	{1,4}	0.3355	{1,2,3}	0.6592	{2,4,5}	0.3333
{1}	0.2530	{1,5}	0.4170	{1,2,4}	0.4773	{3,4,5}	0.4428
{2}	0.1062	{2,3}	0.3242	{1,2,5}	0.5674	{1,2,3,4}	0.7685
{3}	0.1971	{2,4}	0.1790	{1,3,4}	0.5987	{1,2,3,5}	0.8763
{4}	0.0658	{2,5}	0.2509	{1,3,5}	0.6962	{1,2,4,5}	0.6706
{5}	0.1308	{3,4}	0.2759	{1,4,5}	0.5103	{1,3,4,5}	0.8079
{1,2}	0.3861	{3,5}	0.3537	{2,3,4}	0.4114	{2,3,4,5}	0.5960
{1,3}	0.4999	{4,5}	0.2053	{2,3,5}	0.4974	{1,2,3,4,5}	1.0000

表 8.29　区间属性集 A 的模糊测度 ($\lambda = 10$)

A	g_A	A	g_A	A	g_A	A	g_A
{ϕ}	0	{1,4}	0.1721	{1,2,3}	0.4764	{2,4,5}	0.1705
{1}	0.1182	{1,5}	0.2339	{1,2,4}	0.2858	{3,4,5}	0.2555
{2}	0.0418	{2,3}	0.1642	{1,2,5}	0.3734	{1,2,3,4}	0.6187
{3}	0.0863	{2,4}	0.0768	{1,3,4}	0.4069	{1,2,3,5}	0.7820
{4}	0.0247	{2,5}	0.1170	{1,3,5}	0.5221	{1,2,4,5}	0.4903
{5}	0.0530	{3,4}	0.1323	{1,4,5}	0.3163	{1,3,4,5}	0.6757
{1,2}	0.2094	{3,5}	0.1851	{2,3,4}	0.2294	{2,3,4,5}	0.4040
{1,3}	0.3066	{4,5}	0.0908	{2,3,5}	0.3042	{1,2,3,4,5}	1.0000

决策方案 [**X**] 同正理想方案的偏离度矩阵为

$$\Delta\mathbf{X} = \begin{bmatrix} 0 & 0.1488 & 0.2484 & 0 & 0.2736 \\ 0.3273 & 0 & 0.4139 & 0.0461 & 0 \\ 0.2105 & 0.2248 & 0 & 0.1416 & 0.1887 \\ 0.5147 & 0.0798 & 0.3312 & 0.0912 & 0.1038 \end{bmatrix}$$

根据表 8.26 ~ 表 8.29 的模糊测度, 计算各方案的 Choquet 模糊积分值, 如表 8.30.

表 8.30　各决策方案的 Choquet 模糊积分值及排序

模糊测度	d_1	d_2	d_3	d_4	排序
本节测度	0.2101	0.3493	0.1950	0.3260	$d_2 \succ d_4 \succ d_1 \succ d_3$
$\lambda = -0.99$	0.2414	0.3703	0.2100	0.3366	$d_2 \succ d_4 \succ d_1 \succ d_3$
$\lambda = -0.5$	0.1567	0.2505	0.1627	0.2709	$d_4 \succ d_2 \succ d_3 \succ d_1$
$\lambda = 1$	0.1125	0.1852	0.1330	0.2305	$d_4 \succ d_2 \succ d_3 \succ d_1$
$\lambda = 10$	0.0650	0.1124	0.0922	0.1828	$d_4 \succ d_2 \succ d_3 \succ d_1$

根据表 8.30 可知, 利用本节模糊测度和 $\lambda = -0.99$ 时的模糊测度计算得到的 Choquet 模糊积分值排序完全一致, 进一步可以验证本节模糊测度的有效性.

8.6 基于加权马田系统的模糊积分多属性决策方法

在马田系统中, 马氏距离对样本中的各属性是同等看待的, 即每个属性在决定马氏距离大小时, 起着同等的重要性, 因此马氏距离夸大了一些微小变化对属性的作用. 在多属性决策问题中, 不同属性的重要程度决定着各候选方案的优劣, 因此在利用马田系统处理多属性决策问题时, 有必要对马氏距离函数中的各属性赋权, 即采用加权马氏距离 (Weighted Mahalanobis Distance)[36]. 通过对马氏距离进行赋权, 可以构建加权马田系统. 加权马田系统的核心是构建加权马氏距离.

定义 8.18 设总体 G 是 n 维总体, 均值向量和协方差矩阵分别为 $\boldsymbol{\mu}$ 和 $\boldsymbol{\Sigma}$, 则样本 $\boldsymbol{x}$ 到总体 G 的加权马氏距离为

$$\mathrm{WMD}^2 = (\boldsymbol{x} - \boldsymbol{\mu})^{\mathrm{T}}\mathbf{W}\boldsymbol{\Sigma}^{-1}\mathbf{W}(\boldsymbol{x} - \boldsymbol{\mu}) \tag{8.80}$$

其中, $\boldsymbol{x}$ 为总体中任意一样本, $\boldsymbol{\Sigma}$ 为总体协方差矩阵. $\mathbf{W} = \mathrm{diag}(w_1, w_2, \cdots, w_n)$ 为决策属性的权重向量.

8.6.1 决策方法

本节借鉴马田系统的特征筛选原理, 构建一种基于加权马田系统的测度密度确定方法, 并在此基础上提出一种模糊积分多属性决策方法, 具体步骤如下:

设有一个多属性决策问题, $D = \{d_1, d_2, \cdots, d_m\}$ 为决策方案集, $X = \{x_1, x_2, \cdots, x_n\}$ 为决策属性集, 决策方案 d_j 在决策属性 x_i 下的规范化属性值为 $f_j(x_i)$, 规范化决策矩阵为

$$\mathbf{F}=\begin{bmatrix} f_1(x_1) & f_1(x_2) & \cdots & f_1(x_n) \\ f_2(x_1) & f_2(x_2) & \cdots & f_2(x_n) \\ \vdots & \vdots & & \vdots \\ f_m(x_1) & f_m(x_2) & \cdots & f_m(x_n) \end{bmatrix}$$

步骤 1 根据规范化决策矩阵构建正常样本和异常样本.

将决策方案集 $D=\{d_1,d_2,\cdots,d_m\}$ 视为 m 个异常样本, 将正理想方案

$$d^+=\left[\max_j f_j(x_1),\max_j f_j(x_2),\cdots,\max_j f_j(x_n)\right]^{\mathrm{T}} \tag{8.81}$$

视为正常样本.

步骤 2 根据决策属性的个数, 选取合适的 2 水平正交表.

步骤 3 确定决策属性集的权重向量 $\boldsymbol{w}=(w_1,w_2,\cdots,w_n)^{\mathrm{T}}$.

步骤 4 根据属性集计算各异常样本到正常样本 d^+ 的加权马氏距离.

步骤 5 计算第 k 次试验的望小特性信噪比 η.

对于每个异常样本自然希望同正常样本差异越小越好, 即每个异常样本同正常样本的加权马氏距离越近越好, 故选择望小特性信噪比作为衡量每次试验的输出响应.

$$\eta=-10\log_{10}\left[\frac{1}{m}\sum_{j=1}^{m}\mathrm{WMD}^2\right] \tag{8.82}$$

步骤 6 计算属性 $x_i(i=1,2,\cdots,n)$ 的信息增益 Δt_i.

步骤 7 计算单个属性的测度密度 $g_i(i=1,2,\cdots,n)$.

由于信息增益 $\Delta t_i\in(-\infty,+\infty)$, 而单个属性的测度密度 $g_i\in(0,1)$, 因此可以用 Sigmoid 函数进行转换, 转换函数如下:

$$g_i=\frac{1}{1+\exp(-\alpha\Delta t_i)} \tag{8.83}$$

其中, $\alpha\in(0,+\infty)$ 为函数的权值, 当 $\alpha\to+\infty$ 时, Sigmoid 函数接近跳跃式函数, α 越小 Sigmoid 函数曲线越平坦.

步骤 8 计算 λ 值, 并计算可测空间 $(X,\mathcal{P}(X))$ 的 λ 模糊测度.

8.6.2 实例应用

在海军潜艇论证中[37], 考虑从 4 个反潜能力方案 $D=\{d_1,d_2,d_3,d_4\}$ 中评价出最佳方案, 假定水声系统、指控系统、雷达系统、观通导航系统、自持力、续航能力等已经确定, 选定航速 (x_1)、潜深 (x_2)、噪声水平 (x_3)、声呐作用距离 (x_4)、

载弹量 (x_5) 为决策属性, 其中属性 x_1, x_2, x_4, x_5 为效益型, 属性 x_3 为成本型. 规范化后的决策矩阵为

$$\mathbf{X} = \begin{bmatrix} 0.30 & 0.30 & 0.50 & 0.40 & 0.90 \\ 0.75 & 0.30 & 0.20 & 0.10 & 0.75 \\ 0.85 & 0.70 & 0.50 & 0.60 & 0.30 \\ 0.25 & 1.00 & 0.50 & 0.80 & 1.00 \end{bmatrix}$$

步骤 1 由于有 5 个决策属性, 故本节选取 $L_8(2^7)$ 正交表;

步骤 2 为便于比较, 本节选取文献 [37] 的属性权重向量

$$\boldsymbol{w} = (0.195, 0.096, 0.384, 0.229, 0.096)^{\mathrm{T}}$$

步骤 3 根据决策矩阵 **X** 构建 4 个异常样本分别为

$$d_1 = [0.30, 0.30, 0.50, 0.40, 0.90]^{\mathrm{T}}, \quad d_2 = [0.75, 0.30, 0.20, 0.10, 0.75]^{\mathrm{T}},$$

$$d_3 = [0.85, 0.70, 0.50, 0.60, 0.30]^{\mathrm{T}}, \quad d_4 = [0.25, 1.00, 0.50, 0.80, 1.00]^{\mathrm{T}}.$$

构建正常样本 $d^+ = [0.85, 1.00, 0.20, 0.80, 1.00]^{\mathrm{T}}$.

步骤 4 根据 $L_8(2^7)$ 正交表计算每次试验异常样本到正常样本的加权马氏距离, 见表 8.31.

表 8.31 每次正交试验异常样本到正常样本的加权马氏距离

试验	d_1	d_2	d_3	d_4	η
1	0.6132	0.1044	0.3813	0.4869	−2.0024
2	1.1161	0.0598	1.1033	0.8316	−4.9287
3	2.6869	1.4823	0.7017	1.5524	−8.0776
4	0.1224	0.0040	0.000	0.1457	5.6527
5	0.1331	0.7822	0.0411	0.000	0.1936
6	0.0396	0.0442	0.0534	0.000	8.6265
7	3.6059	1.7048	3.1188	2.6317	−10.4380
8	0.5899	0.0060	0.6285	0.5903	−2.5881

步骤 5 计算每次试验的望小特性信噪比, 见表 8.31.

步骤 6 根据望小特性信噪比, 计算每个属性的信息增益:

$$\Delta t_1 = -1.29, \quad \Delta t_2 = 4.34, \quad \Delta t_3 = -6.59, \quad \Delta t_4 = -6.77, \quad \Delta t_5 = 1.37$$

步骤 7 将单个属性的信息增益转换为单个属性的测度密度.

根据 Sigmoid 函数, 计算不同权值 α 下的测度密度, 如表 8.32.

表 8.32 不同权值下的测度密度

α	0.05	0.10	0.15	0.20	0.25	0.30	0.35	0.40
g_1	0.4839	0.4679	0.4519	0.4360	0.4202	0.4046	0.3892	0.3740
g_2	0.5540	0.6067	0.6571	0.7041	0.7472	0.7859	0.8201	0.8499
g_3	0.4184	0.3410	0.2713	0.2112	0.1615	0.1217	0.0906	0.0669
g_4	0.4162	0.3369	0.2659	0.2052	0.1554	0.1159	0.0855	0.0625
g_5	0.5171	0.5342	0.5512	0.5681	0.5848	0.6013	0.6176	0.6336

α 的值可以根据决策者的风险偏好选取, 本节选取当 $\alpha = 0.25$ 时的测度密度, 即

$$g_1 = 0.4202, \quad g_2 = 0.7472, \quad g_3 = 0.1615, \quad g_4 = 0.1554, \quad g_5 = 0.5848$$

步骤 8 计算当 $\lambda = -0.9418$ 时的属性集模糊测度 (表 8.33).

表 8.33 决策属性集的模糊测度

A	g_A	A	g_A	A	g_A	A	g_A
{ϕ}	0.0000	{1,4}	0.5141	{1,2,3}	0.9006	{2,4,5}	0.9412
{1}	0.4202	{1,5}	0.7736	{1,2,4}	0.8995	{3,4,5}	0.7165
{2}	0.7472	{2,3}	0.7951	{1,2,5}	0.9764	{1,2,3,4}	0.9242
{3}	0.1615	{2,4}	0.7932	{1,3,4}	0.5974	{1,2,3,5}	0.9894
{4}	0.1554	{2,5}	0.9205	{1,3,5}	0.8174	{1,2,4,5}	0.9889
{5}	0.5848	{3,4}	0.2933	{1,4,5}	0.8158	{1,3,4,5}	0.8532
{1,2}	0.8717	{3,5}	0.6574	{2,3,4}	0.8341	{2,3,4,5}	0.9595
{1,3}	0.5178	{4,5}	0.6546	{2,3,5}	0.9420	{1,2,3,4,5}	1.0000

步骤 9 计算各决策方案的 Choquet 模糊积分综合评价值

$$d_1 = 0.6713, \quad d_2 = 0.6447, \quad d_3 = 0.7250, \quad d_4 = 0.9563$$

故 $d_4 \succ d_3 \succ d_1 \succ d_2$, 方案 d_4 为最佳选择.

为便于同文献 [37] 方法进行比较, 利用 ϕ_s 函数转换法[18,20] 和专家打分法分别确定模糊测度, 然后取两种方法确定的模糊测度平均值进行决策.

(1) 利用 ϕ_s 函数转换法确定模糊测度　本节将利用 ϕ_s 函数转换法分别计算当 $\lambda = 114.55$ 和 $\lambda = -0.9418$ 时的模糊测度.

决策属性的权重仍然采用文献 [37] 的权重, $\lambda = 114.55$ 为文献 [37] 方法确定的交互度, $\lambda = -0.9418$ 为本节方法确定的交互度. 将两种交互度确定的模糊测度分别记为 $g_A^{(1)}$ 和 $g_A^{(2)}$, 具体模糊测度分别见表 8.34 和表 8.35.

表 8.34 模糊测度 ($\lambda = 114.55$)

A	$g_A^{(1)}$	A	$g_A^{(1)}$	A	$g_A^{(1)}$	A	$g_A^{(1)}$
{ϕ}	0.0000	{1,4}	0.0567	{1,2,3}	0.2061	{2,4,5}	0.0554
{1}	0.0133	{1,5}	0.0259	{1,2,4}	0.0942	{3,4,5}	0.2441
{2}	0.0050	{2,3}	0.0764	{1,2,5}	0.0458	{1,2,3,4}	0.6294
{3}	0.0454	{2,4}	0.0321	{1,3,4}	0.3970	{1,2,3,5}	0.3292
{4}	0.0172	{2,5}	0.0129	{1,3,5}	0.2061	{1,2,4,5}	0.1531
{5}	0.0050	{3,4}	0.1521	{1,4,5}	0.0942	{1,3,4,5}	0.6294
{1,2}	0.0259	{3,5}	0.0764	{2,3,4}	0.2441	{2,3,4,5}	0.3890
{1,3}	0.1279	{4,5}	0.0321	{2,3,5}	0.1252	{1,2,3,4,5}	1.0000

表 8.35 模糊测度 ($\lambda = -0.9418$)

A	$g_A^{(2)}$	A	$g_A^{(2)}$	A	$g_A^{(2)}$	A	$g_A^{(2)}$
{ϕ}	0.0000	{1,4}	0.7439	{1,2,3}	0.9061	{2,4,5}	0.7411
{1}	0.4520	{1,5}	0.5977	{1,2,4}	0.8198	{3,4,5}	0.9204
{2}	0.2537	{2,3}	0.7906	{1,2,5}	0.7086	{1,2,3,4}	0.9806
{3}	0.7055	{2,4}	0.6405	{1,3,4}	0.9551	{1,2,3,5}	0.9433
{4}	0.5082	{2,5}	0.4468	{1,3,5}	0.9061	{1,2,4,5}	0.8776
{5}	0.2537	{3,4}	0.8760	{1,4,5}	0.8198	{1,3,4,5}	0.9806
{1,2}	0.5977	{3,5}	0.7906	{2,3,4}	0.9204	{2,3,4,5}	0.9542
{1,3}	0.8572	{4,5}	0.6405	{2,3,5}	0.8554	{1,2,3,4,5}	1.0000

(2) 利用专家打分法确定模糊测度　采用专家打分法确定决策属性集的模糊测度, 可以更好地反映属性间的交互作用, 增强 Choquet 模糊积分综合属性值的正确性和可接受性. 根据模糊测度的单调性和有界定性, 本节通过专家逐级打分的方法确定模糊测度, 具体步骤如下:

步骤 1　确定各属性的相对重要程度.

步骤 2　确定属性 $x_j(j=1,2,\cdots,n)$ 同其他属性的交互程度.

专家 e_k 对两两属性间的交互度进行理性赋值, 得交互度矩阵

$$\boldsymbol{\xi}^{(k)} = \begin{bmatrix} \xi_{11}^{(k)} & \xi_{12}^{(k)} & \cdots & \xi_{1n}^{(k)} \\ \xi_{21}^{(k)} & \xi_{22}^{(k)} & \cdots & \xi_{2n}^{(k)} \\ \vdots & \vdots & & \vdots \\ \xi_{n1}^{(k)} & \xi_{n2}^{(k)} & \cdots & \xi_{nn}^{(k)} \end{bmatrix}, \quad k=1,2,\cdots,L$$

其中, $\xi_{ij}^{(k)}$ 表示专家 e_k 给出的属性 x_i 和 x_j 之间的交互度; 当 $0<\xi_{ij}^{(k)}\leqslant 1$ 时, 表示属性 x_i 和 x_j 之间是积极交互的; 当 $-1\leqslant \xi_{ij}^{(k)}<0$ 时, 表示属性 x_i 和 x_j 之间

是消极交互的; 当 $\xi_{ij}^{(k)}=0$ 时, 表示属性 x_i 和 x_j 之间是彼此相互独立的. 显然, $\xi_{ij}^{(k)}$ 满足如下性质:

(a) $-1\leqslant \xi_{ij}^{(k)}\leqslant 1$;

(b) 当且仅当 $x_i=x_j$ 时, $\xi_{ij}^{(k)}=1$;

(c) $\xi_{ij}^{(k)}=\xi_{ji}^{(k)}$.

根据交互度矩阵, 属性 x_j 同其他属性间的交互程度可以定义为

$$\xi_j=\frac{1}{n\times L}\sum_{k=1}^{L}\sum_{i=1}^{n}\xi_{ij}^{(k)},\quad j=1,2,\cdots,n \tag{8.84}$$

其中, $\xi_j\in[-1,1]$, ξ_j 越大属性 x_j 同其他属性间的交互度越高.

步骤 3 确定属性 x_j 的全局重要程度.

确定单个属性的全局重要程度, 不仅要考虑该属性同其他属性间的相对重要程度, 还要考虑该属性同其他属性间的交互程度. 根据模糊测度的三种交互作用, 一般地, 如果一个属性同其他属性间的积极交互程度越大, 该属性在决策全局中的重要程度应该越强; 如果一个属性同其他属性的消极交互程度越大, 该属性在决策全局中的重要程度应该越弱. 因此本节定义属性 x_j 的全局重要程度如下:

$$\omega_j=\begin{cases} w_j^{1/(1+\xi_j)}, & -1<\xi_j\leqslant 0,\\ w_j^{(1-\xi_j)}, & 0<\xi_j\leqslant 1,\end{cases}\quad j=1,2,\cdots,n$$

显然, 当 $\xi_j\to -1$ 时, $\omega_j\to 0$; 当 $\xi_j\to 0$ 时, $\omega_j\to w_j$; 当 $\xi_j\to 1$ 时, $\omega_j\to 1$.

步骤 4 利用下式确定属性集 A 的重要程度 ω_A 的取值范围:

$$\max_{B\subset A}\omega_B\leqslant\omega_A\leqslant 1$$

其中, $A\subseteq X$, $2\leqslant|A|\leqslant n$, ω_A 取值范围可以根据 $|B|=|A|-1$ 逐级确定.

步骤 5 根据 ω_A 的取值范围, 由 L 位专家对其打分确定属性集 A 的重要程度 ω_A.

设 ω_A^k 为专家 e_k 根据 ω_A 的取值范围对属性集 A 的重要程度打分值, 则属性集 A 的重要程度为

$$\omega_A=\frac{1}{L}\sum_{k=1}^{L}\omega_A^k,\quad |A|\geqslant 2 \tag{8.85}$$

最后, 对 ω_A 进行归一化得任意子属性集 A 的模糊测度为

$$g_A=\frac{\omega_A}{\omega_X},\quad A\in\mathcal{P}(X) \tag{8.86}$$

由 $\max\limits_{B\subset A}\omega_B \leqslant \omega_A \leqslant 1$ 可知, 本方法确定模糊测度满足单调性; 另外, 由公式 (8.86) 可知本方法确定的模糊测度满足有界性. 按照上述步骤, 确定的模糊测度如表 8.36.

表 8.36 专家打分法确定的模糊测度

A	$g_A^{(3)}$	A	$g_A^{(3)}$	A	$g_A^{(3)}$	A	$g_A^{(3)}$
{ϕ}	0.0000	{1,4}	0.7588	{1,2,3}	0.9015	{2,4,5}	0.6430
{1}	0.5132	{1,5}	0.5786	{1,2,4}	0.8275	{3,4,5}	0.8578
{2}	0.2181	{2,3}	0.7236	{1,2,5}	0.6827	{1,2,3,4}	0.9867
{3}	0.6294	{2,4}	0.5856	{1,3,4}	0.9570	{1,2,3,5}	0.9242
{4}	0.4576	{2,5}	0.3159	{1,3,5}	0.8792	{1,2,4,5}	0.8583
{5}	0.1218	{3,4}	0.8270	{1,4,5}	0.7971	{1,3,4,5}	0.9736
{1,2}	0.6303	{3,5}	0.6820	{2,3,4}	0.8822	{2,3,4,5}	0.9070
{1,3}	0.8510	{4,5}	0.5291	{2,3,5}	0.7658	{1,2,3,4,5}	1.0000

(3) 计算平均模糊测度 利用下式计算平均模糊测度

$$\bar{g}_A = \frac{1}{3}[g_A^{(1)} + g_A^{(2)} + g_A^{(3)}], \quad A \in \mathcal{P}(X) \tag{8.87}$$

具体模糊测度见表 8.37.

表 8.37 平均模糊测度

A	$\bar{g}_A$	A	$\bar{g}_A$	A	$\bar{g}_A$	A	$\bar{g}_A$
{ϕ}	0.0000	{1,4}	0.5198	{1,2,3}	0.6712	{2,4,5}	0.4798
{1}	0.3262	{1,5}	0.4007	{1,2,4}	0.5805	{3,4,5}	0.6741
{2}	0.1589	{2,3}	0.5302	{1,2,5}	0.4790	{1,2,3,4}	0.8656
{3}	0.4601	{2,4}	0.4194	{1,3,4}	0.7697	{1,2,3,5}	0.7322
{4}	0.3277	{2,5}	0.2585	{1,3,5}	0.6638	{1,2,4,5}	0.6297
{5}	0.1268	{3,4}	0.6184	{1,4,5}	0.5704	{1,3,4,5}	0.8612
{1,2}	0.4180	{3,5}	0.5163	{2,3,4}	0.6822	{2,3,4,5}	0.7501
{1,3}	0.6120	{4,5}	0.4006	{2,3,5}	0.5821	{1,2,3,4,5}	1.0000

(4) 本方法同文献 [37] 方法的比较分析 根据表 8.37 中的平均模糊测度, 计算各决策方案的 Choquet 模糊积分综合属性值如下:

$$\bar{C}_g(f_1) = 0.4698, \quad \bar{C}_g(f_2) = 0.4014, \quad \bar{C}_g(f_3) = 0.6219, \quad \bar{C}_g(f_4) = 0.6332$$

故, 方案排序为 $d_4 \succ d_3 \succ d_1 \succ d_2$.

表 8.38 为利用 3 种模糊测度计算得到的决策方案 Choquet 模糊积分综合属性值和排序. 从表 8.38 可以看到, 本方法同文献 [37] 方法相比, 方案排序不完全一致, 最优方案和次优方案发生了变动, 但是本方法确定模糊测度同平均模糊测度所确定方案排序完全一致, 并且最优方案均为 d_4, 这表明 d_4 为最优方案的可能性要比 d_3 高.

表 8.38　Choquet 模糊积分综合属性值和排序

模糊测度	y_1	y_2	y_3	y_4	排序
文献 [37] 方法	0.3160	0.1505	0.4210	0.3627	$d_3 \succ d_4 \succ d_1 \succ d_2$
本方法	0.6713	0.6447	0.7250	0.9563	$d_4 \succ d_3 \succ d_1 \succ d_2$
平均模糊测度	0.4698	0.4014	0.6219	0.6332	$d_4 \succ d_3 \succ d_1 \succ d_2$

为进一步证明上述结论, 采用均方根误差 (Root Mean Square Error, RMSE) 对本方法和文献 [37] 方法确定的模糊测度进行对比分析, 均方根误差公式定义如下:

$$\mathrm{RMSE} = \sqrt{\frac{\sum\limits_{A\in\mathcal{P}(X)} (g_A - \bar{g}_A)^2}{2^n}} \tag{8.88}$$

其中, g_A 为文献 [37] 方法或本方法确定的模糊测度; $\bar{g}_A$ 为平均模糊测度; n 为决策属性的个数, 本算例 $n = 5$. 根据公式 (8.88) 计算得到本方法和文献 [37] 方法的 RMSE 值, 见表 8.39.

表 8.39　RMSE 值

	本方法	文献 [37] 方法
RMSE	0.3063	0.4091

从表 8.39 可以看出, 本方法比文献 [37] 方法的均方根误差小, 有助于提高本方法的决策准确性, 因此 d_4 为最优方案的可能性要比 d_3 高. 另外, 本方法同文献 [37] 方法相比, 优势还体现在以下 3 个方面.

(1) 文献 [37] 方法构建了一个具有 31 个变量 (30 个决策属性集和 1 个交互度) 的优化模型来求解决策属性集的 λ 模糊测度, 计算量大且复杂; 本节利用正交试验计算单个决策属性的测度密度, 只需要进行 8 次试验, 不但具有计算过程简单、计算量小的特点, 而且也能达到优化的目的.

(2) 文献 [37] 方法采用两两比较方法确定属性间的相互依赖关系, 而在实际应用过程中属性间的相互依赖关系决策者很难主观判断; 本节提出利用基于加权马氏距离的望小特性信噪比来测度每次试验的输出响应, 由于马氏距离是一种协方差距离, 因此一方面可以客观地考虑属性间的相互依赖关系, 另一方面还可以考虑决策者的主观偏好.

(3) 马田系统是广泛应用在质量工程学领域中的一种实践性较强的分类、降维技术, 本方法具有一定的可靠性和有效性.

8.7 基于广义马田系统的区间数多属性决策方法

本节从立体视角提出了一种基于广义马田系统的区间数多属性决策方法. 该方法将决策方案的区间数决策向量看作是多维属性空间中的超长方体, 利用 2 水平正交表在超长方体上均匀、分散地选取多个顶点, 并组成顶点集来代表决策方案; 利用马氏距离测度决策方案顶点集到正负理想方案顶点集的距离; 利用信噪比定义决策方案与正理想方案的贴近度.

8.7.1 立体视角下区间数决策向量

设有 n 个决策方案 $D=\{d_1,d_2,\cdots,d_n\}$, m 个决策属性 $X=\{x_1,x_2,\cdots,x_m\}$, $[a_{ij}^L,a_{ij}^U]$ 表示决策方案 i 在决策属性 j 上的区间属性值, 则 n 个决策方案 m 个决策属性构成的区间决策矩阵为

$$[\mathbf{A}]=\begin{bmatrix} [a_{11}^L,a_{11}^U] & [a_{12}^L,a_{12}^U] & \cdots & [a_{1m}^L,a_{1m}^U] \\ [a_{21}^L,a_{21}^U] & [a_{22}^L,a_{22}^U] & \cdots & [a_{2m}^L,a_{2m}^U] \\ \vdots & \vdots & & \vdots \\ [a_{n1}^L,a_{n1}^U] & [a_{n2}^L,a_{n2}^U] & \cdots & [a_{nm}^L,a_{nm}^U] \end{bmatrix}$$

若令 $[\boldsymbol{a}_i]=([a_{i1}^L,a_{i1}^U],[a_{i2}^L,a_{i2}^U],\cdots,[a_{im}^L,a_{im}^U])$ 表示决策方案 i 的区间属性值向量, 则可以把该向量看成是 m 维向量空间 $\mathbb{R}^m$ 中的一个超长方体, 该超长方体具有 2^m 个顶点, 可以表示为一个 $2^m\times m$ 维的实数矩阵

$$\mathbf{A}_i=\begin{bmatrix} a_{i1}^L & a_{i2}^L & \cdots & a_{im}^L \\ \vdots & \vdots & \ddots & \vdots \\ a_{i1}^U & a_{i2}^U & \cdots & a_{im}^U \end{bmatrix}_{2^m\times m}$$

例如: 有一个 3 维区间数决策向量 $[\boldsymbol{a}]=\left([a_1^L,a_1^U],[a_2^L,a_2^U],[a_3^L,a_3^U]\right)$, $[\boldsymbol{a}]$ 可以看成是 3 维向量空间 $\mathbb{R}^3$ 中的一个立方体, 如图 8.5.

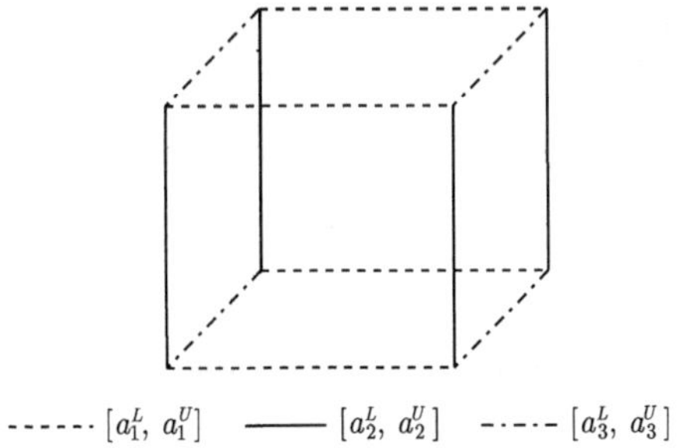

图 8.5 3 维空间中的立方体

图 8.5 中的 8 个点构成 $2^3 \times 3$ 维的实数矩阵

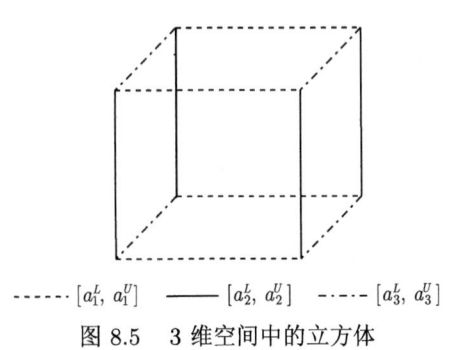

$$\mathbf{A} = \begin{bmatrix} a_1^L & a_2^L & a_3^L \\ a_1^L & a_2^L & a_3^U \\ a_1^L & a_2^U & a_3^L \\ a_1^L & a_2^U & a_3^U \\ a_1^U & a_2^L & a_3^L \\ a_1^U & a_2^L & a_3^U \\ a_1^U & a_2^U & a_3^L \\ a_1^U & a_2^U & a_3^U \end{bmatrix}$$

因此, 区间决策矩阵 [$\mathbf{A}$] 可以转换成一个 $(n \times 2^m) \times m$ 维的实数矩阵

$$\mathbf{A} = \begin{bmatrix} \mathbf{A}_1 \\ \mathbf{A}_2 \\ \vdots \\ \mathbf{A}_n \end{bmatrix} = \begin{bmatrix} \begin{bmatrix} a_{11}^L & a_{12}^L & \cdots & a_{1m}^L \\ \vdots & \vdots & \ddots & \vdots \\ a_{11}^U & a_{12}^U & \cdots & a_{1m}^U \end{bmatrix} \\ \begin{bmatrix} a_{21}^L & a_{22}^L & \cdots & a_{2m}^L \\ \vdots & \vdots & \ddots & \vdots \\ a_{21}^U & a_{22}^U & \cdots & a_{2m}^U \end{bmatrix} \\ \vdots \\ \begin{bmatrix} a_{n1}^L & a_{n2}^L & \cdots & a_{nm}^L \\ \vdots & \vdots & \ddots & \vdots \\ a_{n1}^U & a_{n2}^U & \cdots & a_{nm}^U \end{bmatrix} \end{bmatrix}$$

8.7.2 基于广义马田系统的区间数立体决策原理

基于以上思想可以将一个 m 维区间数决策向量看成是 m 维向量空间 $\mathbb{R}^m$ 中的一个超长方体, 在决策时可以用 2^m 个顶点来代表超长方体, 即用 2^m 个点来代表区间数决策向量. 但是随着 m 的增大, 超长方体的顶点数量会呈指数速度增长, 从而使计算量加大. 针对这一问题, 本节提出根据马田系统的正交试验设计原理, 采用 2 水平正交表 $L_q(2^m)$ 在 2^m 个顶点中均匀、分散地选取 q 个顶点来代表区间数决策向量, 这样不仅计算量大大减少, 而且保留了区间数决策向量的主要信息. 下面以 3 个因素为例说明正交试验原理. 根据因素的个数可以选择 $L_4(2^3)$ 正交表 (表 8.40) 进行试验. 图 8.6 形象地说明了正交试验原理, A, B, C 和 D 四个顶点为 $L_4(2^3)$ 正交表在立方体上均匀、分散选取的点.

表 8.40 $L_4(2^3)$ 正交表

试验 \ 因素	x_1	x_2	x_3
A	1	1	1
B	1	2	2
C	2	1	2
D	2	2	1

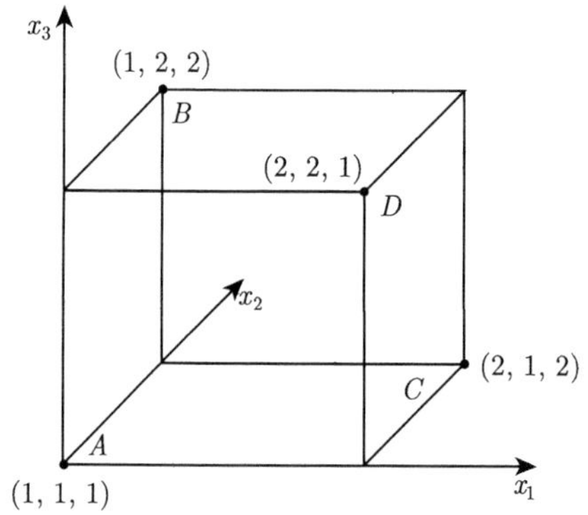

图 8.6 $L_4(2^3)$ 正交试验的立体表示

为了便于说明本方法的基本原理, 相关定义如下:

定义 8.19 称由 $L_q(t^m)$ 正交表设计的正交试验为 $L_q(t^m)$ 正交试验.

定义 8.20 设 $L_q(2^m)$ 正交试验考虑 m 个试验因素 $X=\{x_1,x_2,\cdots,x_m\}$, 因素 x_j 在其取值范围 $[a_j,b_j]$ 上服从均匀分布, 则 $[a_j,b_j]$ 在 m 维空间中构成的 m 维超长方体记为

$$C(m)=\prod_{j=1}^{m}[a_j,b_j],\quad j=1,2,\cdots,m \tag{8.89}$$

定义 8.21 设 G 是 m 维样本总体, 均值向量和协方差矩阵分别为 $\bar{\boldsymbol{x}}$ 和 $\mathbf{S}$, 则样本 $\boldsymbol{x}$ 到样本总体 G 的马氏距离为

$$\mathrm{MD}^2=(\boldsymbol{x}-\bar{\boldsymbol{x}})^{\mathrm{T}}\mathbf{S}^{-1}(\boldsymbol{x}-\bar{\boldsymbol{x}}) \tag{8.90}$$

在马田系统中, 信噪比主要用于测度每次试验的输出响应, 其类型主要分为望目特性信噪比、望小特性信噪比、望大特性信噪比. 本节主要讨论望小特性信噪比

$$\eta=-10\log_{10}\left[\frac{1}{p}\sum_{k=1}^{p}\mathrm{MD}_k^2\right] \tag{8.91}$$

其中, p 为异常样本的个数, MD_k^2 表示第 k 个异常样本到总体的马氏距离.

8.7.3 基于广义马田系统的区间数立体决策方法

设有 n 个决策方案 $D=\{d_1,d_2,\cdots,d_n\}$, m 个决策属性 $X=\{x_1,x_2,\cdots,x_m\}$, 方案 d_i 在属性 x_j 上的属性值为区间数 $x_{ij}=[x_{ij}^L,x_{ij}^U]$, 并构成区间数决策矩阵

$$[\mathbf{X}]=\begin{bmatrix}[x_{11}^L,x_{11}^U] & [x_{12}^L,x_{12}^U] & \cdots & [x_{1m}^L,x_{1m}^U]\\ [x_{21}^L,x_{21}^U] & [x_{22}^L,x_{22}^U] & \cdots & [x_{2m}^L,x_{2m}^U]\\ \vdots & \vdots & & \vdots\\ [x_{n1}^L,x_{n1}^U] & [x_{n2}^L,x_{n2}^U] & \cdots & [x_{nm}^L,x_{nm}^U]\end{bmatrix}$$

为了消除 $[\mathbf{X}]$ 中不同物理量纲对决策结果的影响, 分别对效益型决策属性值和成本型决策属性值进行规范化.

(1) 决策属性 x_j 为效益型

$$z_{ij}^L=x_{ij}^L\Big/\sum_{i=1}^{n}x_{ij}^U,\quad z_{ij}^U=x_{ij}^U\Big/\sum_{i=1}^{n}x_{ij}^L \tag{8.92}$$

(2) 决策属性 x_j 为成本型

$$z_{ij}^L=\frac{1}{x_{ij}^U}\Big/\sum_{i=1}^{n}\frac{1}{x_{ij}^L},\quad z_{ij}^U=\frac{1}{x_{ij}^L}\Big/\sum_{i=1}^{n}\frac{1}{x_{ij}^U} \tag{8.93}$$

得规范化决策矩阵

$$[\mathbf{Z}]=\begin{bmatrix}[z_{11}^L,z_{11}^U] & [z_{12}^L,z_{12}^U] & \cdots & [z_{1m}^L,z_{1m}^U]\\ [z_{21}^L,z_{21}^U] & [z_{22}^L,z_{22}^U] & \cdots & [z_{2m}^L,z_{2m}^U]\\ \vdots & \vdots & & \vdots\\ [z_{n1}^L,z_{n1}^U] & [z_{n2}^L,z_{n2}^U] & \cdots & [z_{nm}^L,z_{nm}^U]\end{bmatrix}$$

同时, 还要考虑不同决策属性对决策结果的贡献, 要对规范化决策矩阵 $[\mathbf{Z}]$ 进行加权处理, 得加权规范化区间数决策矩阵

$$[\mathbf{A}]=\begin{bmatrix}[a_{11}^L,a_{11}^U] & [a_{12}^L,a_{12}^U] & \cdots & [a_{1m}^L,a_{1m}^U]\\ [a_{21}^L,a_{21}^U] & [a_{22}^L,a_{22}^U] & \cdots & [a_{2m}^L,a_{2m}^U]\\ \vdots & \vdots & & \vdots\\ [a_{n1}^L,a_{n1}^U] & [a_{n2}^L,a_{n2}^U] & \cdots & [a_{nm}^L,a_{nm}^U]\end{bmatrix}$$

其中, $a_{ij}^L=w_jz_{ij}^L$, $a_{ij}^U=w_jz_{ij}^U$, $i=1,2,\cdots,n$, $j=1,2,\cdots,m$.

定义 8.22 记 d^+ 和 d^- 分别为正理想方案和负理想方案, $[\mathbf{A}]=(a_{ij})_{n\times m}$ 为加权规范化后的区间数决策矩阵, 则 d^+ 和 d^- 的区间数决策向量分别为

$$\begin{cases} d^+=\left(\left[\max\limits_i a_{i1}^L,\max\limits_i a_{i1}^U\right],\left[\max\limits_i a_{i2}^L,\max\limits_i a_{i2}^U\right],\cdots,\left[\max\limits_i a_{im}^L,\max\limits_i a_{im}^U\right]\right)\\ d^-=\left(\left[\min\limits_i a_{i1}^L,\min\limits_i a_{i1}^U\right],\left[\min\limits_i a_{i2}^L,\min\limits_i a_{i2}^U\right],\cdots,\left[\min\limits_i a_{im}^L,\min\limits_i a_{im}^U\right]\right)\end{cases} \tag{8.94}$$

利用 TOPSIS 法处理实数多属性决策问题时, 方案集 D 中的决策方案可以看作是 m 维属性空间中的 n 个点, 而本问题属于区间数多属性决策问题, 方案集 D 中的决策方案可看作是 m 维属性空间中的 n 个超长方体, 图 8.7 为二维决策属性平面中实数和区间数决策方案集的对比图.

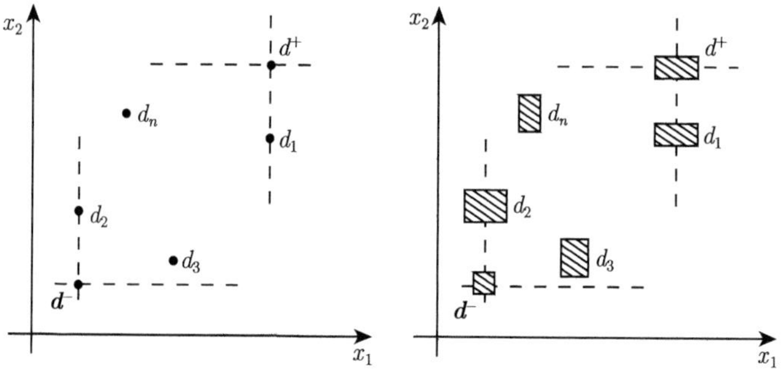

(a) 实数TOPSIS示意图 (b) 区间数TOPSIS示意图

图 8.7 二维决策属性平面中实数和区间数决策方案集的对比图

定义 8.23 设 $[\boldsymbol{a}_i] = (a_{i1}, a_{i2}, \cdots, a_{im})$ 为决策方案 d_i 的区间数决策向量，其中 $a_{ij} = [a_{ij}^L, a_{ij}^U]$，则在 m 维决策属性空间中代表该决策方案的超长方体记为

$$\hat{C}_i(m) = \prod_{j=1}^{m} [a_{ij}^L, a_{ij}^U],\ i = 1, 2, \cdots, n.$$

为了全面获取决策方案 $d_i (i = 1, 2, \cdots, n)$ 的区间数决策向量信息，可以借鉴正交试验设计的思想，利用 2 水平正交表 $L_q(2^m)$ 在超长方体 $\hat{C}_i(m)$ 上抽取 q 个布点来代表该决策方案. 如还以 3 维区间数决策向量 $[\boldsymbol{a}] = ([a_1^L, a_1^U], [a_2^L, a_2^U], [a_3^L, a_3^U])$ 为例，可以首先根据 $[\boldsymbol{a}]$ 的维数，选择 $L_4(2^3)$ 正交表 (见表 8.40) 对 $\hat{C}(3)$ 进行布点. 将表 8.40 中的水平 “1” 和 “2” 分别用每个决策属性区间值的下限 a^L 和上限 a^U 来代替，就可以得到如表 8.41 所示的 4 个布点，每个布点的位置见图 8.8.

表 8.41　$L_4(2^3)$ 正交试验

试验	x_1	x_2	x_3	布点
	$[a_1^L, a_1^U]$	$[a_2^L, a_2^U]$	$[a_3^L, a_3^U]$	
1	a_1^L	a_2^L	a_3^L	$t_1 = (a_1^L, a_2^L, a_3^L)$
2	a_1^L	a_2^U	a_3^U	$t_2 = (a_1^L, a_2^U, a_3^U)$
3	a_1^U	a_2^L	a_3^U	$t_3 = (a_1^U, a_2^L, a_3^U)$
4	a_1^U	a_2^U	a_3^L	$t_4 = (a_1^U, a_2^U, a_3^L)$

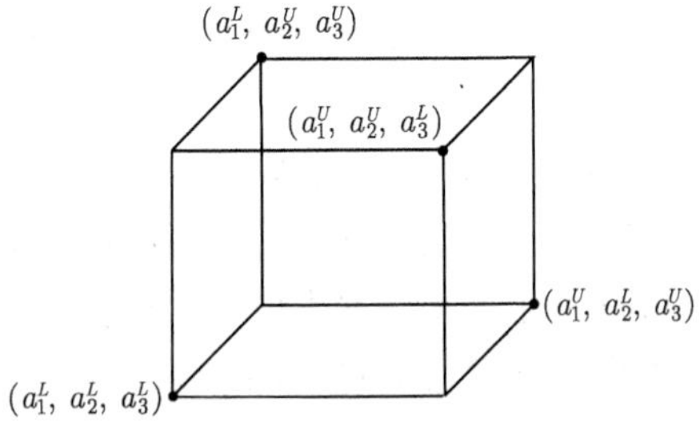

图 8.8　四个布点在立方体上的位置

定义 8.24 设 $[\boldsymbol{a}_i] = (a_{i1}, a_{i2}, \cdots, a_{im})$ 为决策方案 d_i 的区间数决策向量，其中 $a_{ij} = [a_{ij}^L, a_{ij}^U]$，则在 $L_q(2^m)$ 正交试验设计下得到的布点集为 $T_i = \{t_1^{(i)}, t_2^{(i)}, \cdots, t_q^{(i)}\}$，其中 $t_k^{(i)} = (t_{k1}^{(i)}, t_{k2}^{(i)}, \cdots, t_{km}^{(i)})$，$t_{kj}^{(i)} \in \{a_{ij}^L, a_{ij}^U\}$，$i = 1, 2, \cdots, n$，$j = 1, 2, \cdots, m$，$k = 1, 2, \cdots, q$.

定义 8.25 设 $[\boldsymbol{a}]$, $[\boldsymbol{b}]$ 为两个 m 维区间数决策向量，在 $L_q(2^m)$ 正交试验设计下得到的布点集分别为 $T_a = \{t_1^{(a)}, t_2^{(a)}, \cdots, t_q^{(a)}\}$ 和 $T_b = \{t_1^{(b)}, t_2^{(b)}, \cdots, t_q^{(b)}\}$，则 $[\boldsymbol{a}]$ 和 $[\boldsymbol{b}]$ 的望小特性信噪比为

$$\eta=-10\log_{10}\left[\frac{1}{q}\sum_{k=1}^{q}d_M^2(t_k^{(b)},T_a)\right] \tag{8.95}$$

其中, η 越小, $[\boldsymbol{a}]$ 和 $[\boldsymbol{b}]$ 之间输出响应越强; $d_M^2(t_k^{(b)},T_a)$ 为按下式标准化得的 $t_k^{(b)}$ 到 T_a 的马氏距离

$$d_M^2(t_k^{(b)},T_a)=\frac{\mathrm{MD}^2(t_k^{(b)},T_a)-\min\limits_k \mathrm{MD}^2(t_k^{(b)},T_a)}{\max\limits_k \mathrm{MD}^2(t_k^{(b)},T_a)-\min\limits_k \mathrm{MD}^2(t_k^{(b)},T_a)},\quad k=1,2,\cdots,q \tag{8.96}$$

定义 8.26 记 η_i^+ 和 η_i^- 分别为决策方案 $d_i(i=1,2,\cdots,n)$ 与正理想方案 d^+ 和负理想方案 d^- 的望小特性信噪比, 即有

$$\begin{cases}\eta_i^+=-10\log_{10}\left[\dfrac{1}{q}\displaystyle\sum_{k=1}^{q}d_M^2(t_k^{(i)},T_+)\right]\\ \eta_i^-=-10\log_{10}\left[\dfrac{1}{q}\displaystyle\sum_{k=1}^{q}d_M^2(t_k^{(i)},T_-)\right]\end{cases} \tag{8.97}$$

其中, $t_k^{(i)}$ 为决策方案 $d_i(i=1,2,\cdots,n)$ 的第 k 个布点, T_+ 和 T_- 分别正负理想方案的布点集.

定义 8.27 记 γ_i 为决策方案 $d_i(i=1,2,\cdots,n)$ 与正理想方案 d^+ 的贴近度, 即有

$$\gamma_i=\frac{\eta_i^-}{\eta_i^-+\eta_i^+} \tag{8.98}$$

定理 8.14 当 $\eta_i^+\to 0$ 时, $\gamma_i\to 1$, 方案 $d_i\to d^+$; 当 $\eta_i^-\to 0$ 时, $\gamma_i\to 0$, 方案 $d_i\to d^-$.

根据定理 8.14 得到本方法的排序原理: γ_i 越大, 则相应的方案 d_i 越好.

综上所述, 得到本方法的决策步骤如下:

步骤 1 对区间数决策矩阵 $[\mathbf{X}]$ 进行规范化处理, 得规范化区间数决策矩阵 $[\mathbf{Z}]$;

步骤 2 对矩阵 $[\mathbf{Z}]$ 进行加权处理, 得区间数决策矩阵 $[\mathbf{A}]$;

步骤 3 确定正负理想方案的区间数决策向量;

步骤 4 确定决策方案 d_i 的布点集 $T_{(i)}$ 和正负理想方案的布点集 T_+ 和 T_-, $i=1,2,\cdots,n$;

步骤 5 计算 $T_{(i)}(i=1,2,\cdots,n)$ 中的布点到 T_+ 和 T_- 的马氏距离, 并进行标准化处理;

步骤 6 计算决策方案 $d_i(i=1,2,\cdots,n)$ 与正负理想方案的信噪比 η_i^+ 和 η_i^-;

步骤 7 根据 γ_i 值大小对决策方案 $d_i(i=1,2,\cdots,n)$ 排序.

8.7.4　实例应用

有四种投资方案 [38,39], 分别是 d_1, d_2, d_3 和 d_4, 假设一个投资者在对这四种投资方案中考虑五个决策属性, 分别是房屋面积 (x_1)、设施水平 (x_2)、小区环境 (x_3)、房屋价格 (x_4) 以及小区与工作单位的距离 (x_5), 其中 x_1, x_2, x_3 为效益型, x_4, x_5 为成本型, 这四种投资方案的区间数决策属性值如表 8.42 所示.

表 8.42　四种投资方案的区间数决策矩阵

	x_1	x_2	x_3	x_4	x_5
d_1	[90, 120]	[7, 11]	[6, 10]	[2900, 3300]	[9, 12]
d_2	[70, 100]	[3, 8]	[7, 11]	[3050, 3200]	[6, 10]
d_3	[65, 70]	[5, 13]	[11, 12]	[3150, 3250]	[7, 11]
d_4	[60, 80]	[4, 6]	[8, 9]	[3050, 3250]	[8, 14]

对表 8.42 进行规范化处理得表 8.43.

表 8.43　四种投资方案的区间数规范化决策矩阵

	x_1	x_2	x_3	x_4	x_5
d_1	[0.2432, 0.4211]	[0.1842, 0.5789]	[0.1429, 0.3125]	[0.2299, 0.2801]	[0.1527, 0.3214]
d_2	[0.1892, 0.3509]	[0.0789, 0.4211]	[0.1667, 0.3438]	[0.2317, 0.2663]	[0.1833, 0.4822]
d_3	[0.1757, 0.2456]	[0.1316, 0.6842]	[0.2619, 0.3750]	[0.2335, 0.2579]	[0.1666, 0.4133]
d_4	[0.1621, 0.2807]	[0.1053, 0.3158]	[0.1905, 0.2812]	[0.2335, 0.2663]	[0.1309, 0.3616]

给出决策属性的权重

$$w_1 = 0.2168, \quad w_2 = 0.4078, \quad w_3 = 0.1762, \quad w_4 = 0.0201, \quad w_5 = 0.1791$$

并对表 8.43 进行加权规范化处理得表 8.44.

表 8.44　四种投资方案的区间数加权规范化决策矩阵

	x_1	x_2	x_3	x_4	x_5
d_1	[0.0527, 0.0913]	[0.0751, 0.2361]	[0.0252, 0.0551]	[0.0046, 0.0056]	[0.0273, 0.0576]
d_2	[0.0410, 0.0761]	[0.0322, 0.1717]	[0.0294, 0.0606]	[0.0047, 0.0054]	[0.0328, 0.0864]
d_3	[0.0381, 0.0532]	[0.0537, 0.2790]	[0.0461, 0.0661]	[0.0047, 0.0052]	[0.0298, 0.0740]
d_4	[0.0351, 0.0609]	[0.0429, 0.1288]	[0.0336, 0.0495]	[0.0047, 0.0054]	[0.0234, 0.0648]

根据表 8.44 得正负理想方案的区间数决策向量, 如表 8.45.

表 8.45　正负理想方案的区间数决策向量

	x_1	x_2	x_3	x_4	x_5
d^+	[0.0527, 0.0913]	[0.0751, 0.2790]	[0.0461, 0.0661]	[0.0047, 0.0056]	[0.0328, 0.0864]
d^-	[0.0351, 0.0532]	[0.0322, 0.1288]	[0.0252, 0.0495]	[0.0046, 0.0052]	[0.0234, 0.0576]

由于有 5 个决策属性, 故选择 $L_8(2^7)$ 正交表, 如表 8.46.

表 8.46 $L_8(2^7)$ 正交表

试验＼属性	x_1	x_2	x_3	x_4	x_5		
1	1	1	1	1	1	1	1
2	1	1	1	2	2	2	2
3	1	2	2	1	1	2	2
4	1	2	2	2	2	1	1
5	2	1	2	1	2	1	2
6	2	1	2	2	1	2	1
7	2	2	1	1	2	2	1
8	2	2	1	2	1	1	2

根据表 8.46 对投资方案 $d_i(i=1,2,3,4)$、正理想方案 d^+ 和负理想方案 d^- 进行布点, 得布点集 $T_i(i=1,2,3,4)$、T_+ 和 T_-, 表 8.47 为投资方案 d_1 的布点集 T_1, 其他同理.

表 8.47 投资方案 d_1 的布点集 T_1

布点	x_1	x_2	x_3	x_4	x_5
	[0.0527, 0.0913]	[0.0751, 0.2361]	[0.0252, 0.0551]	[0.0046, 0.0056]	[0.0273, 0.0576]
t_{11}	0.0527	0.0751	0.0252	0.0046	0.0273
t_{12}	0.0527	0.0751	0.0252	0.0056	0.0576
t_{13}	0.0527	0.2361	0.0551	0.0046	0.0273
t_{14}	0.0527	0.2361	0.0551	0.0056	0.0576
t_{15}	0.0913	0.0751	0.0551	0.0046	0.0576
t_{16}	0.0913	0.0751	0.0551	0.0056	0.0273
t_{17}	0.0913	0.2361	0.0252	0.0046	0.0576
t_{18}	0.0913	0.2361	0.0252	0.0056	0.0273

计算布点集 $T_i(i=1,2,3,4)$ 中各布点到 T_+ 和 T_- 的马氏距离, 见表 8.48 和表 8.49.

表 8.48 各投资方案布点集中各布点到 T_+ 的马氏距离

布点集	$d_M^{2+}(1)$	$d_M^{2+}(2)$	$d_M^{2+}(3)$	$d_M^{2+}(4)$	$d_M^{2+}(5)$	$d_M^{2+}(6)$	$d_M^{2+}(7)$	$d_M^{2+}(8)$
T_1	12.6827	10.9845	3.7554	2.0572	3.0707	3.9047	10.8351	11.6691
T_2	12.0116	11.4066	4.187	3.5821	3.733	3.1281	8.0297	7.4247
T_3	6.8123	5.1189	6.4064	4.713	4.1138	4.0788	3.7079	3.6729
T_4	11.6146	9.4462	6.2471	4.0786	3.0935	4.0521	5.823	6.7816

表 8.49 各投资方案布点集中各布点到 T_- 的马氏距离

布点集	$d_M^{2-}(1)$	$d_M^{2-}(2)$	$d_M^{2-}(3)$	$d_M^{2-}(4)$	$d_M^{2-}(5)$	$d_M^{2-}(6)$	$d_M^{2-}(7)$	$d_M^{2-}(8)$
T_1	3.0633	7.3058	13.1258	17.3683	27.3790	30.9143	35.4566	38.9918
T_2	1.9219	10.0905	6.9960	15.1646	21.6780	17.5927	21.0932	17.0079
T_3	1.8457	5.3474	20.8004	24.3022	9.7907	7.2613	19.8545	17.3251
T_4	2.7525	5.6861	3.8889	6.8225	6.5585	7.7082	6.1116	7.2613

利用式 (8.96) 对表 8.48 和表 8.49 中马氏距离进行标准化处理, 并利用公式 (8.97) 计算投资方案 d_i $(i = 1,2,3,4)$ 与正理想方案 d^+ 和负理想方案 d^- 的信噪比 η_i^+, η_i^-, 如表 8.50.

表 8.50 各投资方案与正负理想方案的信噪比

η_1^+	η_2^+	η_3^+	η_4^+	η_1^-	η_2^-	η_3^-	η_4^-
3.0103	3.9716	4.3424	4.1217	2.8506	2.1575	2.9177	2.0428

利用公式 (8.98) 计算各投资方案与正理想方案 d^+ 的贴近度:

$$\gamma_1 = 0.4864, \quad \gamma_2 = 0.3520, \quad \gamma_3 = 0.4019, \quad \gamma_4 = 0.3314$$

根据排序原理, 对各投资方案进行排序

$$d_1 \succ d_3 \succ d_2 \succ d_4$$

故最优投资方案为 d_1.

为了验证本节方法可行、有效, 下面分别与不同的决策方法进行对比分析:

(1) 同文献 [38] 和文献 [39] 方法相比, 三种方法选出的最优投资方案均为 d_1, 如表 8.51.

表 8.51 文献 [38] 方法、文献 [39] 方法和本节方法的排序结果比较

方法	d_1	d_2	d_3	d_4	排序结果
文献 [38] 方法	0.3643	0.2647	0.2551	0.0750	$d_1 \succ d_2 \succ d_3 \succ d_4$
文献 [39] 方法	0.6981	0.4477	0.4036	0.5236	$d_1 \succ d_4 \succ d_2 \succ d_3$
本节方法	0.4864	0.3520	0.4019	0.3314	$d_1 \succ d_3 \succ d_2 \succ d_4$

三种方法选出的最优投资方案相同, 分析其原因主要是三种方法获取区间数决策向量信息的方式均能降低决策信息损失, 为选出最优投资方案提供了保证.

(2) 同文献 [40, 41] 方法和文献 [42-48] 方法相比, 本节方法更有利于选出最优方案, 如表 8.52.

表 8.52 文献 [40,41] 方法、文献 [42-48] 方法和本节方法的排序结果比较

方法	d_1	d_2	d_3	d_4	排序结果
文献 [40,41] 方法	0.6599	0.3787	0.7200	0.1161	$d_3 \succ d_1 \succ d_2 \succ d_4$
文献 [42-48] 方法	0.2623	0.2472	0.2813	0.2092	$d_3 \succ d_1 \succ d_2 \succ d_4$
本节方法	0.4864	0.3520	0.4019	0.3314	$d_1 \succ d_3 \succ d_2 \succ d_4$

本节方法与其他两种方法选出的最优方案不同, 分析其原因主要是本节方法的决策信息损失较小, 更能全面、充分地描述各投资方案的优劣 (相对正理想方

案). 而文献 [40,41] 方法和文献 [42-48] 方法的决策信息来自区间数决策向量的各分量, 并且最终集结为 1 个实数或 2 个实数, 决策信息损失较大, 因此不能全面、充分地描述各投资方案的优劣.

为了验证马氏距离比欧氏距离更优越, 下面利用欧氏距离计算各投资方案布点集中布点到正负理想方案布点集均值的距离, 得到各投资方案的排序结果如表 8.53.

表 8.53 不同距离的排序结果比较

距离	d_1	d_2	d_3	d_4	排序结果
欧氏距离	0.4977	0.4694	0.4996	0.4561	$d_3 \succ d_1 \succ d_2 \succ d_4$
马氏距离	0.4864	0.3520	0.4019	0.3314	$d_1 \succ d_3 \succ d_2 \succ d_4$

从表 8.53 可以看出, 利用欧氏距离得到的排序结果不但不利于选出最优投资方案, 而且各投资方案之间的区分度很小. 分析其原因主要是欧氏距离一方面信息表示能力较差, 另一方面受属性值量纲的影响较大, 导致各投资方案与正理想方案的贴近度区分较小.

通过以上分析表明本方法是可行、有效的, 能够很好地处理区间数多属性决策问题, 同时也为区间数多属性决策问题的研究提供了新的视角和途径.

参 考 文 献

[1] 徐玖平, 吴巍. 多属性决策的理论与方法 [M]. 北京: 清华大学出版社, 2006.

[2] 郭亚军. 综合评价理论、方法及应用 [M]. 北京: 科学出版社, 2007.

[3] Saaty T L. Decision Making in the Analytic Hierarchy[M]. New York: McGraw-Hill, 1988.

[4] 邱菀华. 管理决策熵学及其应用 [M]. 北京: 中国电力出版社, 2011.

[5] Sugeno M. Theory of fuzzy integral and its applications[D]. Tokyo: Tokyo Institute of Technology, 1974.

[6] Grabisch M, Murofushi T, Sugeno M. Fuzzy Measures and Integrals: Theory and Applications[M]. New York: Physica Verlag, 2000.

[7] Grabisch M. The representation of importance and interaction of features by fuzzy measures[J]. Pattern Recognition, 1996, 17(6): 567-575.

[8] Yager R R. On ordered weighted averaging aggregation operators in multicriteria decisionmaking[J]. IEEE Transactions on Systems, Man, and Cybernetics, 1988, 18(1): 183-190.

[9] Harsanyi J C. Cardinal welfare, individualistic ethics, and interpersonal comparisons of utility[J]. Journal of Political Economy, 1955, 63(3): 309-321.

[10] 王熙照. 模糊测度和模糊积分及在分类技术中的应用 [M]. 北京: 科学出版社, 2008.

[11] Murofushi T, Sugeno M. Fuzzy Measure and Integrals[M]. New York: Physica Verlag, 2000.

[12] Grabisch M. Fuzzy integral in multicriteria decision making[J]. Fuzzy Sets and Systems, 1995, 69(3): 279-298.

[13] 刘永祥, 黎湘, 庄钊文. 基于 Choquet 模糊积分的决策层信息融合目标识别 [J]. 电子与信息学报, 2003, 25(5): 695-699.

[14] 武建章, 张强. 基于 2-可加模糊测度的多准则决策方法 [J]. 系统工程理论与实践, 2010, 30(7): 1229-1237.

[15] 张广全. 模糊值测度论 [M]. 北京: 清华大学出版社, 1998.

[16] Grabisch M, Labreuche C. Fuzzy measures and integrals in MCDA[J]. Multiple Criteria Decision Analysis: State of the Art Surveys, 2005: 563-604.

[17] Ishii K, Sugeno M. A model of human evaluation process using fuzzy measure[J]. International Journal of Man-Machine Studies, 1985(22): 19-38.

[18] Takahagi E. On identification methods of λ-fuzzy measures using weights and λ[J]. Japanese Journal of Fuzzy Sets and Systems, 2000, 12(5): 665-676.

[19] Tukamoto Y. A measure theoretic approach to evaluation of fuzzy set defined on probability space[J]. Journal of Fuzzy Mathematics, 1982, 2(3): 89-98.

[20] Takahagi E. A fuzzy measure identification method by diamond pairwise comparisons and Φs transformation[J]. Fuzzy Optimization and Decision Making, 2008, 7(3): 219-232.

[21] Grabisch M. K-order additive discrete fuzzy measures and their representation[J]. Fuzzy Sets and Systems, 1997, 92(2): 167-189.

[22] Mayag B, Grabisch M, Labreuche C. A characterization of the 2-additive Choquet integral through cardinal information[J]. Fuzzy Sets and Systems, 2011, 184(1): 84-105.

[23] Marichal J L, Roubens M. Determination of weights of interacting criteria from a reference set[J]. European Journal of Operational Research, 2000, 124(3): 641-650.

[24] Grabisch M. K-order additive discrete fuzzy measure[C].Proceedings of sixth international conference on information processing and management of uncertainty in knowledge-based system, New York, IEEE, 1996: 1345-1350.

[25] Hammer P L, Rudeanu S. Boolean Methods in Operations Research and Related Areas[M]. Berlin: Springer, 1968.

[26] Grabisch M, Labreuche C. A decade of application of the Choquet and Sugeno integrals in multi-criteria decision aid[J]. Annals of Operations Research, 2010, 175(1): 247-286.

[27] 徐泽水. 不确定多属性决策方法及应用 [M]. 北京: 清华大学出版社, 2004.

[28] Taguchi G, Chowdhury S, Wu Y. The Mahalanobis-Taguchi System[M]. New York: McGraw-Hill, 2001.

[29] Taguchi G, Jugulum R. The Mahalanobis-Taguchi Strategy: A Pattern Technology System[M]. New York: John Wiley & Sons, 2002.

[30] Marichal J L, Roubens M. Dependence between criteria and multiple criteria decision aid[C]. In 2nd Int. Workshop on Preferences and Decisions,Trento, Italy, 1998:69-75.

[31] Grabisch M, Roubens M. Application of the Choquet integral in multicriteria decision making[J]. Fuzzy Measures and Integrals: Theory and Applications, 2000: 348-374.

[32] Grabisch M, Labreuche C, Vansnick J C. On the extension of pseudo-Boolean functions for the aggregation of interacting criteria[J]. European Journal of Operational Research, 2003, 148(1): 28-47.

[33] Chateauneuf A, Jaffray J Y. Some characterizations of lower probabilities and other monotone capacities through the use of Möbius inversion[J]. Mathematical Social Sciences, 1989(17): 263-283.

[34] 邓聚龙. 灰色系统的基本方法 [M]. 武汉: 华中工学院出版社, 1987.

[35] 刘思峰, 党耀国, 方志耕. 灰色系统理论及其应用 [M]. 5 版. 北京: 科学出版社, 2010.

[36] Krusinska E. A valuation of state of object based on weighted Mahalanobis distance[J]. Pattern Recognition, 1987, 20(4): 413-418.

[37] 许永平, 朱延广, 杨峰, 等. 基于 ANP 和模糊积分的多准则决策方法及其应用 [J]. 系统工程理论与实践, 2010, 30(6): 1099-1105.

[38] 王育红, 党耀国. 基于灰色关联系数和 D-S 证据理论的区间数投资决策方法 [J]. 系统工程理论与实践, 2009, 29(11): 128-134.

[39] 罗党. 一类灰色区间聚类决策方法 (英文)[J]. 郑州大学学报 (理学版), 2007, 39(1): 119-124.

[40] 尤天慧, 樊治平. 区间数多指标决策的一种 TOPSIS 方法 [J]. 东北大学学报, 2002, 23(9): 840-843.

[41] 郭辉, 徐浩军, 刘凌. 基于区间数 TOPSIS 法的空战目标威胁评估 [J]. 系统工程与电子技术, 2009, 31(12): 2914-2917.

[42] 徐泽水, 达庆利. 区间数排序的可能度法及其应用 [J]. 系统工程学报, 2003, 18(1): 67-70.

[43] 苏志欣, 王理, 夏国平. 区间数动态多属性决策的 VIKOR 扩展方法 [J]. 控制与决策, 2010, 25(6): 836-840.

[44] 肖峻, 张跃, 付川. 基于可能度的区间数排序方法比较 [J]. 天津大学学报, 2011, 44(8): 705-711.

[45] 卫贵武. 区间数多指标决策问题的新灰色关联分析法 [J]. 系统工程与电子技术, 2006, 28(9): 1358-1359.

[46] 齐照辉, 王祖尧, 张为华. 基于区间数多属性决策的导弹突防效能评估方法 [J]. 系统工程与电子技术, 2006, 28(11): 1700-1703.

[47] 宋业新, 尹迪, 张建军. 一种新的区间数多属性决策的集结方法 [J]. 系统工程与电子技术, 2004, 26(8): 1060-1062.

[48] 王正新, 党耀国, 宋传平. 基于区间数的多目标灰色局势决策模型 [J]. 控制与决策, 2009, 24(3): 388-392.